# 物联网设备安装与调试


唐　飞　练俊灏　崔　敏　主　编

陈要求　陈君瑜　王贤辰　林文浩　廖诗发　副主编

李土权　赖　涛　张俊玲　吴建宏

黄丽卿　贺近岚　梁名川　参　编



電子工業出版社

Publishing House of Electronics Industry

北京 • BEIJING

## 内 容 简 介

本课程主要针对物联网相关科研机构及企事业单位从事物联网设备安装与调试、工程实施、售后技术服务等工作岗位开设，主要任务是培养学生根据物联网工程实施与运维的相关项目文档及作业流程，完成物联网设备检测、安装、调试及云平台接入，设备运行监控和故障维护的能力。通过本书的学习，读者能够掌握物联网设备安装与调试相关的理论与技能，能完成物联网工程中设备安装、配置、运维等工作任务。本书让读者初步了解物联网设备安装与调试的基本知识和技术，以及掌握解决各类实际问题的思路与方法，向读者展示了物联网高科技的巨大魅力，为读者打开了一扇深入学习物联网技术的大门。

本书可作为各类职业院校物联网应用技术、计算机及相关专业的教学用书，也可作为物联网设备安装、调试从业人员的自学参考用书。



**图书在版编目（CIP）数据**

物联网设备安装与调试 / 唐飞，练俊灏，崔敏主编. —北京：电子工业出版社，2024.4
ISBN 978-7-121-47766-9

Ⅰ. ①物… Ⅱ. ①唐… ②练… ③崔… Ⅲ. ①物联网－设备安装－职业教育－教材②物联网－设备－调试方法－职业教育－教材 Ⅳ. ①TP393.4②TP18

中国国家版本馆 CIP 数据核字（2024）第 084392 号

责任编辑：白 楠
印 刷：北京盛通数码印刷有限公司
装 订：北京盛通数码印刷有限公司
出版发行：电子工业出版社
北京市海淀区万寿路 173 信箱 邮编 100036
开 本：787×1 092 1/16 印张：13.75 字数：352 千字
版 次：2024 年 4 月第 1 版
印 次：2025 年 1 月第 2 次印刷
定 价：42.50 元

凡所购买电子工业出版社图书有缺损问题，请向购买书店调换。若书店售缺，请与本社发行部联系，联系及邮购电话：（010）88254888，88258888。

质量投诉请发邮件至 zlts@phei.com.cn，盗版侵权举报请发邮件至 dbqq@phei.com.cn。

本书咨询联系方式：bain@phei.com.cn。

# 前　　言

本书是职业院校物联网专业必修课教学用书，依据 1+X 物联网工程实施与运维职业技能等级标准和职业岗位调研，在教材内容和呈现形式等方面改革创新，体现中、高职课程衔接和职业教育信息化，有效推动项目教学、场景教学、岗位教学等教学模式改革。

本书的总体设计思路是以物联网设备安装与调试类岗位的工作内容为教学主线，按照“理论—项目构建—项目实施”的流程，从易到难组织教学过程，采用“项目教学法”教学模式，培养学生的物联网设备检测、安装、调试及云平台接入、设备运行监控和故障维护的能力。

本书共 6 个项目，分别是智慧农业、智能生产、智慧大厦、智能零售、智慧园区和智慧配送，通过 6 个项目系统讲解了物联网设备安装与调试的原理及实践动手技术。本书在介绍物联网设备安装与调试基本原理后，重点阐述物联网设备安装与调试应用技术，突出了学以致用的重要性；在内容的编排上淡化了学科性，避免过多介绍偏深的理论，注重理论在具体运用中的要点、方法和技术操作，并结合实际范例，逐层分析和利用物联网设备安装与调试技术进行实际项目应用。

在本书编写过程中，编者尽可能做到把物联网的最新和最准确的相关知识、技能传递给读者，由于编者水平有限，书中难免有不妥和错漏之处，恳请读者批评指正。

编　者

# 目　录

# 项目1 智慧农业—环境监测系统设备检测与安装

## 引导案例

如今，我们随时随地都可以吃到不同季节的水果和蔬菜，这主要得益于蔬菜大棚技术，但是蔬菜大棚技术的发展也经历过一个艰难的过程，从一开始使用木框玻璃到引进塑料薄膜，再到如今的装配式镀锌薄壁钢管大棚，蔬菜大棚技术已经取得了前所未有的进步。

我国市场经济体制确立，以及农村种植业结构的调整，都带动着蔬菜大棚技术的发展和智能温室大棚的诞生。我国多地建设了大型的大棚蔬菜基地，比如山东寿光、甘肃齐寿、四川青川等。此举不仅带动了地方经济，而且在一定意义上为我国人民实现了“水果蔬菜自由”。

现在市面上的大棚种类包括冬暖式大棚、立体种植大棚、无土栽培大棚、日光温室大棚等，形式多样，但是其技术的关键就在于通过科学的设备和方法来改变环境中的温湿度、光照强度、含水量等，人为地创造出适宜的生态环境，从而调整蔬菜的生产季节。另外，大棚还具有生产效益高、生产操作方便等优点，为种植户带来更多的收益。

农业大棚内部仿真效果图

**项目摘要：**

2022年2月山东某科技公司经过多轮竞拍，突出重围，最终中标，为一家广州果蔬产品种植有限公司位于山东的农作物种植基地进行蔬菜大棚智能化改造，其招标公司要求最终效果能增加园区内的机械化覆盖率，减少劳动力的浪费以及资源的无效消耗，并且能达到智能化控温的效果。

本项目的主要技术要求：

- 达到实时监控该环境温湿度、$CO_2$浓度等信息的效果。
- 可以在现场设备中观察并显示出各项数值。

- 要求使用的传感器利用有线通信方式来传输数据。
- 改造工程所使用的设备全部由广州果蔬产品种植有限公司负责提供。

# 任务 1　设备开箱检查

## 【任务目标】

- 熟悉物联网工程实施的全部流程。
- 具备独立对设备开箱检查的能力。
- 能够通过查看产品说明书、厂商发货清单，对设备的完整性进行核实。

## 【任务描述与要求】

**任务描述**：2022 年 12 月广州果蔬产品种植有限公司向山东某科技公司购买了 200 套蔬菜大棚相关监测设备（合同编号：NLE-202212-XDLJY-11），已全部抵达园区，开箱验收团队需要对设备数量以及设备性能进行三方验收工作，并且记录下全过程。

**任务要求**：

- 确定抵达的设备型号、规格和数量是否与要求一致。
- 对比产品的样式、核查配套附件，确定设备是否完整、良好。
- 保证相应的开箱验收单填写正确。

## 【知识储备】

### 1.1.1　工程项目进度流程

一个工程项目从开始到多方商议后签订合同，要经历非常多的步骤，比如制定该项目的实施计划、需求调研，以及最终的方案制定等，都是一些重要的前期工作。而在合同确认签订到最终的工程交付之间，还需要经过 6 个阶段，如图 1-1-1 所示。

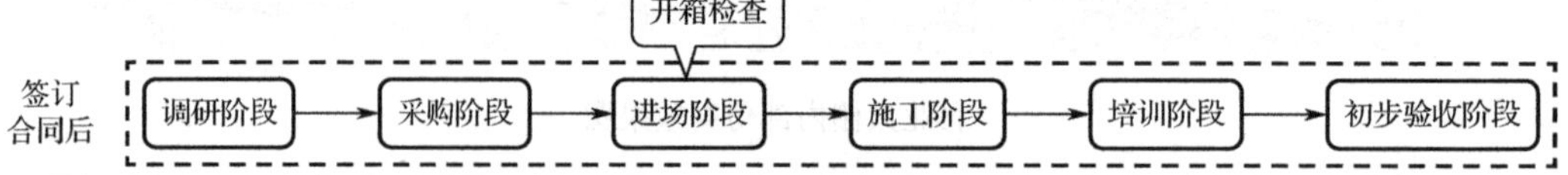


图 1-1-1　工程项目进度流程

（1）调研阶段

调研阶段是指通过实地考察对项目现场进行勘测，了解现场环境，结合相关的项目基础信息表，做出有针对性的可行性规划，从而为最终的项目实施提供可靠依据。

（2）采购阶段

采购阶段是指项目团队根据项目设计方案制定并提交采购计划表到最终采购结束的全部过程。

（3）进场阶段

进场阶段是指项目团队、设备仪器等到达现场，工作人员实施开箱检查，完成仪器交接的过程。

（4）施工阶段

施工阶段是指设备（或材料）进场后，施工团队根据要求，完成符合规范的设备安装的过程。另外，项目团队有义务在工程实施前，对施工团队进行岗前培训，确保施工人员能够完成施工进度以及遵守施工规范。同时，需要对整个施工以及培训过程中使用到的项目设备的安装、调试进行记录，特别要注意细节部分的交接。

（5）培训阶段

培训阶段是指项目施工结束后对收货方的培训服务过程，包括设备和系统的使用方法、后期的管理维护等。

（6）初步验收阶段

初步验收阶段是指项目实施方目前的实施进度达到初步验收的要求后，提出申请并完成验收的过程。

## 1.1.2　开箱检查的意义

设备的开箱检查一般发生在项目进场阶段，这时收货方需要安排专业人员进行设备清点、开箱核对。在项目实施中，我们不能小看这一个环节，因为它能够让收货方及时发现和处理任何未知原因所产生的设备问题，为项目建成后的设备长期运行提供保障。

设备开箱核对是一种控制设备品质和数量的方法，不仅可以避免买卖双方因为设备受损原因不明产生互相推责的现象，还可以在一定程度上减少返工，促进施工进度。同时，国家严格执行相关的设备交接核验制度，也能够有效增强供货商的设备出厂质量检测环节，提高设备质量。

总之，设备开箱检查工作对项目实施、后续维护都非常重要，如图 1-1-2 所示是设备开箱检查的好处。

图 1-1-2　设备开箱检查的好处

## 1.1.3　开箱检查前的准备

设备开箱检查是一项系统而复杂的工作，开箱检查前有很多准备工作需要完成。

**1．检验人员准备**

确定检验人员（图 1-1-3）是准备工作的第一步，检验人员必须接受过设备信息、开箱检查工作的相关培训，并且成员必须由建设单位、承建单位、监理单位和供货单位等共同商议指派的人员组成。

图 1-1-3　检验人员

建设单位：组织基本建设材料，负责设备的采购、供应；履行进行基本建设工作的一切法律手续；负责与勘察设计单位签订勘察设计合同，负责与施工单位签订建筑安装合同；对竣工工程及时验收，办理工程结算和财务决算。

监理单位：由建设单位商议决定的第三方工程监管单位。

承建单位：承担项目建设的一方，按照相关的法律以及标书，需要保证按时按质完成承包任务，并接受相关部门的监督。

供货单位：提供设备、材料、工具以及对应培训服务的公司。

原则上设备开箱检验小组成员全部要参与设备开箱检验，凡是已经通知但未到达现场参加检验的任何一方，对开箱检验的结果要进行认可。

**2．了解验收技术要求**

在进行设备开箱检验前，参加检验的人员需要了解设备采购的数量、使用到的耗材及配套设施，还包括保证这些设备正常工作的测试。

**3．资料准备**

各方需要共同商议制定一个规范的开箱检测流程，确保每一方能够明确各自所需要承担的责任和义务。如果是大型的施工项目，可能还需要提前对检查人员划定分工区域，并且提供大型设备购置的论证报告及批文。另外，应该准备好相关的设备购置清单、设备到货验收单以及设备采购合同、现场核对表单等。

**4．设备分类**

在设备生产完成后，同类型的设备仪器会放置在一起，而经过运输后，可能会发生混乱，所以为了确保开箱检查的完整性、全面性，一般会将设备按照仪器仪表类、无线通信类、传感器等进行分类。

## 1.1.4　开箱检查实施流程

**1．开箱检查流程**

设备开箱前，应查明设备的名称、型号和规格，查清箱号、箱数及包装情况，以免开错。表 1-1-1 为开箱检查常用的顺序步骤。

表 1-1-1　开箱检查常用的顺序步骤

| 实施步骤 | 示例图 | 步骤说明 |
| --- | --- | --- |
| 第一步<br>外观检查 |  | 检查设备内外包装是否完好，有无破损、碰伤、浸湿、受潮、变形等情况，标示是否清楚 |
| 第二步<br>数量验收 | 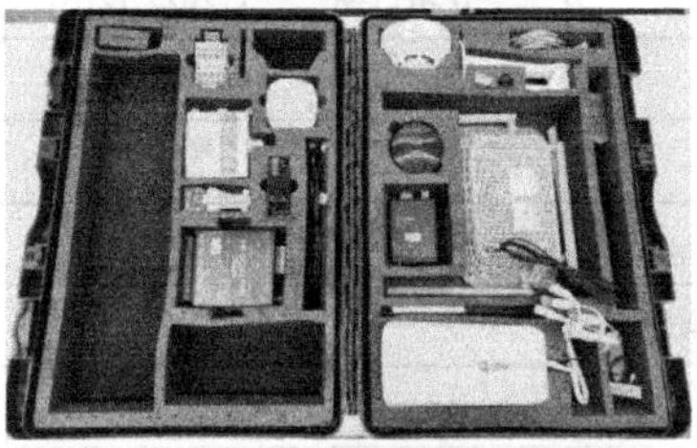 | 以供货合同和装箱单为依据，检查设备、附件的规格、型号、配置及数量，并逐件清查核对。做好数量验收记录，将信息写明，留一份给存档部门 |
| 第三步<br>配套文件检查 |  | 认真检查随箱资料是否齐全，如仪器说明书、操作规程、检修手册、保修卡、产品检验合格证书等，并且确保它们的配套一致性 |
| 第四步<br>齐套性检查 | 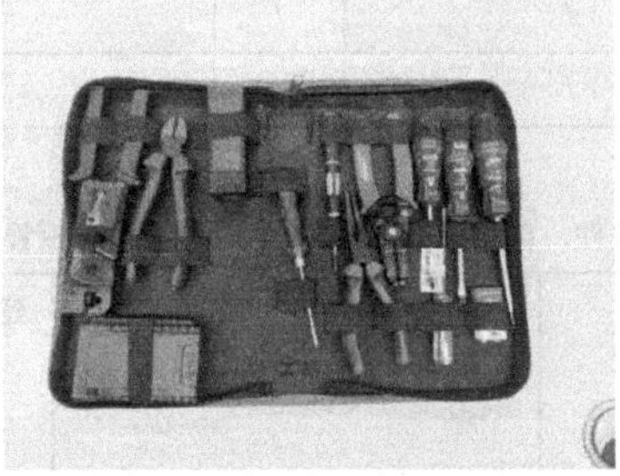 | 确定设备及所需的各部件和附件是否配套并合乎使用要求，各个接口是否相互匹配 |
| 第五步<br>填写开箱验收单 |  | 根据实际验收情况填写开箱验收单，若有问题和破损件应详细记录。最后，参加验收的检验小组人员要在验收单上签字 |

### 2. 设备现场开箱检查注意事项

- 开箱时的地点需要提前确定，减少二次搬运的可能，并且应该选择适当的工具，不应野蛮开箱，以免影响设备的精度等。
- 重要设备、主机设备等不易确认内部质量的设备，必须有相关专业技术人员参与检验。
- 开箱验收后，需恢复设备和部件的内包装，有利于后期的维护和保养。
- 开箱验收除通过纸质材料记录开箱检验相关数据外，还要拍照佐证，也可进行录像。

## 1.1.5 开箱验收单填写

设备开箱验收单在市面上没有统一的格式，但是每个企业可能都有自己的模板，一般都会包括检查项目、时间、检查设备、数量、各方签字栏等部分。表 1-1-2 为常规的开箱验收单模板。

表 1-1-2 开箱验收单

<table>
<tr><td>项目名称</td><td colspan="2">蔬菜大棚智能农业监测项目</td><td>合同编号</td><td>NLE-202212-XDLJY-11</td></tr>
<tr><td>设备名称</td><td colspan="2">智能农业检测系统设备</td><td>开箱日期</td><td>2022.12.10</td></tr>
<tr><td>总数量</td><td colspan="2">200 套</td><td>检验数量</td><td>10 套</td></tr>
<tr><td colspan="5">进场检验记录</td></tr>
<tr><td colspan="2">包装情况</td><td colspan="3">外包装良好</td></tr>
<tr><td colspan="2">随机文件</td><td colspan="3">合格证、检定证书、说明书等随箱附件齐全</td></tr>
<tr><td colspan="2">备件与附件</td><td colspan="3">无</td></tr>
<tr><td colspan="2">设备外观</td><td colspan="3">外观质量无磨损、撞击</td></tr>
<tr><td colspan="5">缺、损附备件明细</td></tr>
<tr><td>序号</td><td>名 称</td><td>规格/型号</td><td>数量</td><td>备注</td></tr>
<tr><td>/</td><td>/</td><td>/</td><td>/</td><td>/</td></tr>
<tr><td>/</td><td>/</td><td>/</td><td>/</td><td>/</td></tr>
<tr><td>/</td><td>/</td><td>/</td><td>/</td><td>/</td></tr>
<tr><td>/</td><td>/</td><td>/</td><td>/</td><td>/</td></tr>
<tr><td>/</td><td>/</td><td>/</td><td>/</td><td>/</td></tr>
<tr><td colspan="5">检验结论：<br>经现场开箱，进行设备的数量及外观检查，符合设备移交条件，自开箱检验之日起移交承包单位保管</td></tr>
<tr><td>承建单位：<br><br>代表：</td><td>供货单位：<br><br>代表：</td><td colspan="2">监理单位：<br><br>代表：</td><td>建设单位：<br><br>代表：</td></tr>
</table>

说明：本表一式 4 份，由监理单位填写。承建单位、供货单位、监理单位、建设单位各留存 1 份。

填写说明：

① 项目名称、合同编号、设备名称需确保和合同中的内容一致。

② 总数量为供货单位本次送到的实际设备数量。

③ 开箱日期、检验数量：按实际开箱检查当天的日期和检验数量进行填写。

④ 包装情况、随机文件、备件与附件、设备外观按实际检验结果填写。

⑤ 缺、损附备件明细：填写异常的设备和配件信息，内容较多可以另附页。

⑥ 检验结论：需体现最终检验结果。

⑦ 签字：检验小组人员签字确认。

## 【任务实施】

任务实施前必须先准备好以下设备和资源。本次任务使用的设备清单和设备说明书存放在本书配套资源中。

| 序　号 | 设备/资源名称 | 数　量 | 是否准备到位（√） |
|---|---|---|---|
| 1 | 物联网工程实施与运维套件 | 1套 | |
| 2 | 开箱验收单 | 1份 | |
| 3 | 设备清单 | 1份 | |
| 4 | 空白纸和笔 | 若干 | |
| 5 | 相机（手机） | 1台 | |

**1．检查外包装**

查看外包装是否完好，是否有凹陷、水浸的痕迹等。外包装检查要包含上、下、左、右、前、后共六个面，如发现异常状况，需记录在开箱验收单上，并拍照留下记录，如图 1-1-4 所示。

**温馨提示：**为了防止验收单上的内容写错造成涂改，可以先将验收情况记录在空白纸上。

**2．核对设备型号规格**

根据设备清单完成设备的型号和规格确认，并确认配套附件，如螺丝、电源插头、信号线是否合格。设备的型号规格信息一般会粘贴或丝印在设备的外壳上，如图 1-1-5 所示为 RS232 转 RS485 设备、风扇设备的型号规格表示方式。

图 1-1-4　外观检查

图 1-1-5　设备型号规格表示方式

**温馨提示：**一般情况下每个设备上都会有型号规格标注，但是由于本次任务所用设备是一个套件，因此厂家只对套件进行了标注，没有对各个设备单独进行标注。

**3．检查随机文件**

检查设备制造单位的合格证、检测报告、说明书等随机技术文件是否完整、真实及有效。由于本次实验设备无这些配套文件，因此按“无”进行填写。

**4．清点设备数量和检查外观**

根据设备清单，清点厂家提供的所有设备，并检查设备的外观。

**5．填写开箱验收单**

完成开箱验收单的信息填写。填写要求：信息完整、字体清晰、不得随意涂改。

**温馨提示：**在工作中，文件有涂改的地方，需要在涂改处旁边签上涂改人员的姓名。

## 【任务小结】

本任务相关的知识小结思维导图如图 1-1-6 所示。

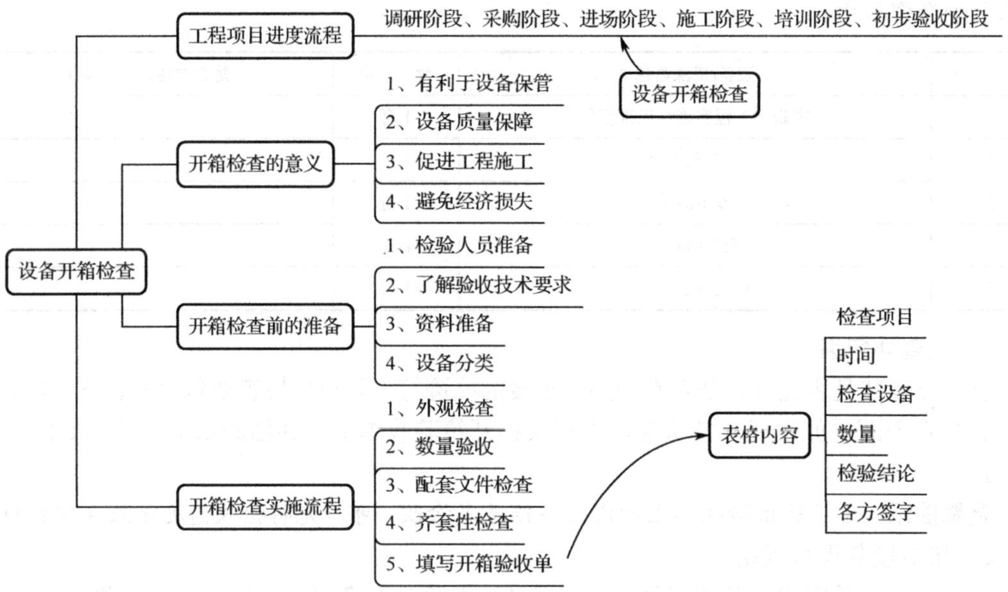


图 1-1-6　任务 1 设备开箱检查思维导图

## 【任务工单】

完整工单存放在本书配套资源中，不在书中体现。

<table>
<tr><td>项目 1：智慧农业—环境监测系统设备检测与安装</td><td>任务 1：设备开箱检查</td></tr>
<tr><td colspan="2">本次任务关键知识引导<br>1．工程项目根据项目实施过程的重要节点和工作内容可划分为（　　　）、（　　　）、（　　　）、（　　　）、（　　　）、（　　　）6 个阶段。<br>2．设备开箱检查处在项目实施过程中的（　　　）阶段。<br>3．设备开箱检查能有效避免（　　　）的经济损失。<br>4．设备开箱检查前需要进行的准备是检查人员准备、（　　　）、（　　　）、（　　　）。<br>5．建设项目投资方，称为“业主单位”，也叫做（　　）。<br>A．承建单位　B．供货单位　C．监理单位　D．建设单位<br>6．监理单位是由（　　）聘请的。<br>A．承建单位　B．供货单位　C．监理单位　D．建设单位<br>7．设备开箱检查流程中第一步是要检查设备的（　　　）。<br>8．设备开箱验收单需要签字的单位有（　　　）、（　　　）、（　　　）、（　　　）。</td></tr>
</table>

# 任务2　环境监测设备性能检测

## 【职业能力目标】

- 具备使用万用表检测安装环境和设备性能的能力。
- 具备使用万用表和串口调试工具检测传感器设备电性能的能力。

## 【任务描述与要求】

**任务描述：** 为了对环境质量状况进行监视和测定，需要在蔬菜大棚中安装环境监测系统设备，而为了确保检测数值的精确性，现在需要对本次监测使用到的设备进行性能测试。

**任务要求：**

- 确定温湿度变送器是否能正常工作。
- 确定二氧化碳变送器是否能正常工作。
- 确定光照度变送器是否能正常工作。

## 【知识储备】

### 1.2.1　设备性能检测常用工具

在设备安装之前，确定现场环境是否符合设备运行条件是十分重要的，同时，确保设备在该环境中能够正常运行，且保证设备质量、性能良好，也是为了在后期减少实验误差的必要步骤。检测物联网硬件设备性能的工具主要包括万用表、示波器、串口调试工具。

**1. 万用表**

万用表不仅可以用来测量被测量物体的电阻、交直流电压，还可以测量直流电压，有的万用表还可以测量晶体管的主要参数以及电容器的电容量等。熟练掌握万用表的使用方法是电子技术的最基本技能之一。在物联网设备的安装与调试中使用到万用表的频率也非常高，主要使用的就是数字万用表。数字万用表由表笔（红表笔、黑表笔）、仪表两部分组成，如图1-2-1所示。

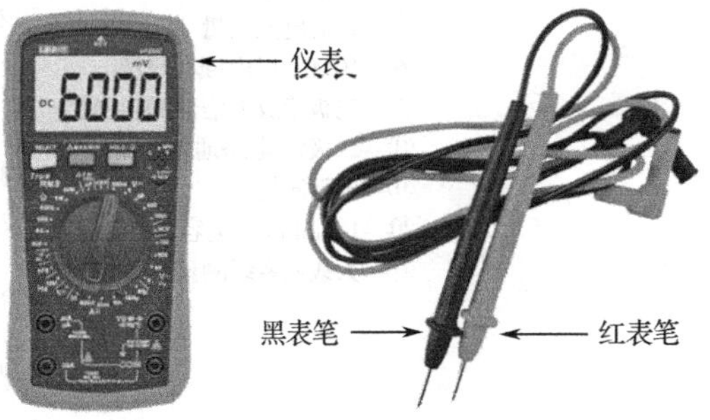

图1-2-1　数字万用表

下面我们来学习一下数字万用表的具体使用方法：

① 使用前，应认真阅读有关的使用说明书，熟悉电源开关、量程开关、插孔、特殊插口的作用。

② 将电源开关置于ON位置。

③ 交直流电压的测量：根据需要将量程开关拨至DCV（直流）或ACV（交流）的合适

量程，红表笔插入 V/Ω 孔，黑表笔插入 COM 孔，并将表笔与被测线路并联，即显示读数。

④ 交直流电流的测量：将量程开关拨至 DCA（直流）或 ACA（交流）的合适量程，红表笔插入 mA 孔（<200mA 时）或 10A 孔（≥200mA 时），黑表笔插入 COM 孔，并将万用表串联在被测电路中即可。测量直流电流时，数字万用表能自动显示极性。

⑤ 电阻的测量：将量程开关拨至合适的量程，红表笔插入 V/1 孔，黑表笔插入 COM 孔。如果被测电阻值超出所选择量程的最大值，万用表将显示“1”，这时应选择更高的量程。测量电阻时，红表笔为正极，黑表笔为负极，这与指针式万用表正好相反。因此，测量晶体管、电解电容器等有极性的元器件时，必须注意表笔的极性。

图 1-2-2 为数字万用表的各功能端口介绍，图 1-2-3 为万用表挡位选择说明。

①—数值显示屏

②—最大/最小切换

③—功能按键选择

④—测量功能选择开关

⑤—mA/μA电流测量插孔

⑥—20A电流挡测量插孔

⑦—公共插孔/负极插孔

⑧—电压/电阻/二极管/电路通断/频率/温度测量插孔

⑨—三极管测量插孔

⑩—短按数据保持/长按显示背光

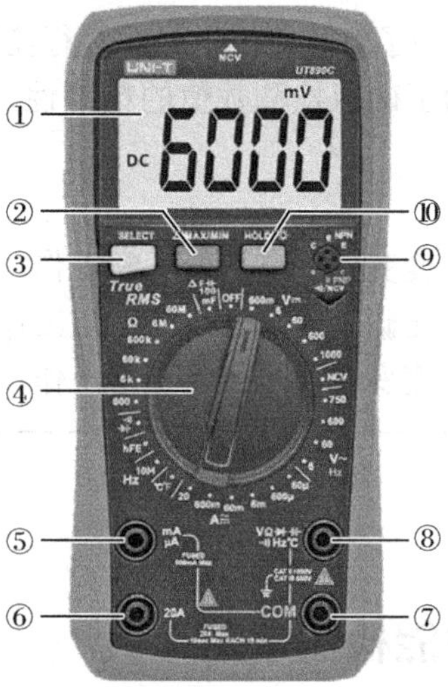


图 1-2-2　数字万用表功能端口图

①—关机
②—直流电压测量
③—非接触电压检测（NCV）
④—交流电压测量
⑤—直流电流测量
⑥—10MHz以内频率测量
⑦—三极管放大倍数β值测量
⑧—二极管/电路通断测量
⑨—电阻测量
⑩—100mF以内电容测量
⑪—火线或零线测量（LIVE）

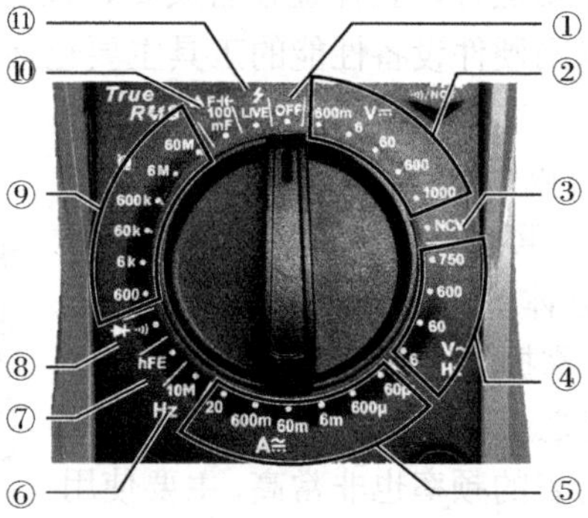


图 1-2-3　万用表挡位选择说明

另外，在使用万用表时应注意：

① 如果无法预先估计被测电压或电流的大小，则应先拨至最高量程挡测量一次，再视情况逐渐把量程减小到合适位置。测量完毕，应将量程开关拨到最高电压挡，并关闭电源。

② 满量程时，仪表仅在最高位显示数字“1”，其他位均消失，这时应选择更高的量程。

③ 禁止在测量高电压（220V 以上）或大电流（0.5A 以上）时更换量程，以防止产生电弧，烧毁开关触点。

④ 测量电压时，应将数字万用表与被测电路并联；测电流时万用表应与被测电路串联；测直流量时不必考虑万用表正、负极性。

**2. 示波器**

如图 1-2-4 所示是一款示波器设备，示波器的作用是测量交流电或脉冲电流波的形状，由电子管放大器、扫描振荡器、阴极射线管等组成。除观测电流的波形外，还可以测定频率、电压强度等。凡可以变为电效应的周期性物理过程都可以用示波器进行观测，便于人们研究各种电现象的变化过程。万用表重在“量测”，示波器重在“分析”。

随着科技的进步，示波器也在不断更新，在物联网设备安装与调试中发挥的作用越来越大，不仅可以使用示波器观察电压、电流的变化，还可以对各种传感器输出信号、通信接口传输信号等进行测量，完成 RFID 数据的解码、射频指标计算等工作，有助于对设备的性能进行分析。

但是，示波器的体积较大，价格也比较贵，所以不适用于需要经常移动的外出工作中，而是更多使用于精细的研发实验中。

**3. 串口调试工具**

如图 1-2-5 所示是一款串口调试工具软件。该软件是串口调试助手，有多个版本，支持 9600、19200 等各种常用波特率及自定义波特率，可以自动识别串口，能设置校验位、数据位和停止位，能以 ASCII 码或十六进制接收或发送任何数据或字符，可以任意设定自动发送周期，能将接收的数据保存成文本文件并以任意大小发送。该软件主要用于计算机和硬件终端设备（如单片机、485 传感器）之间进行通信。而硬件连接方面，传统台式计算机支持标准 RS232 接口，但是带有串口的笔记本电脑很少见，所以常需要 USB/232 转换接口，并且安装相应驱动程序。

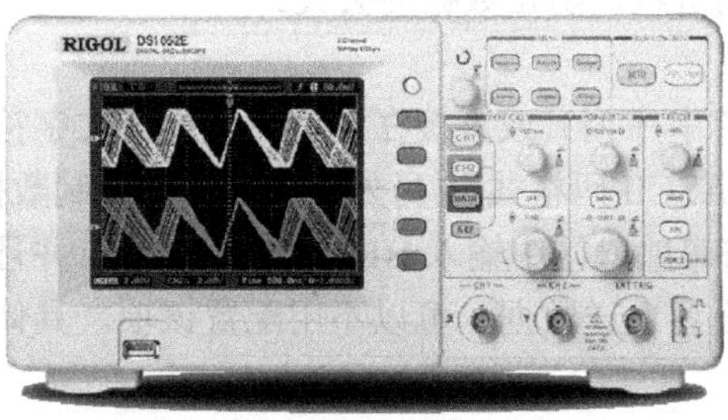


图 1-2-4　示波器

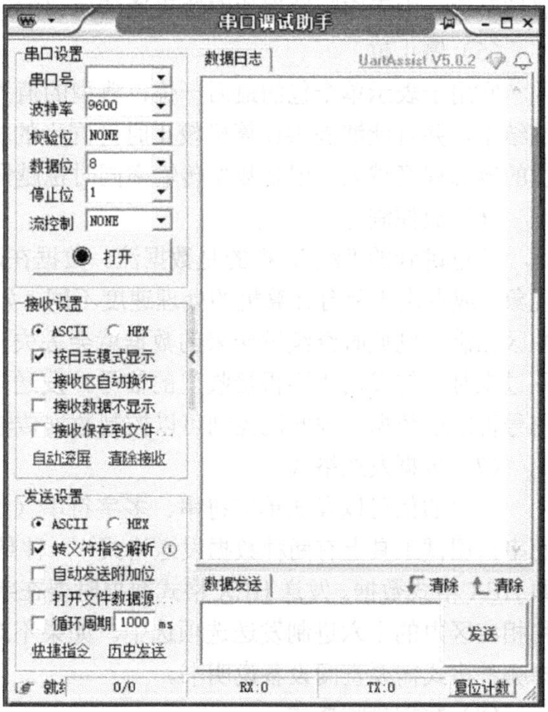


图 1-2-5　串口调试工具软件

另外，串口调试工具需要配置的参数很多，下面我们来一一介绍。

（1）串口号

在使用串口线通信的时候，一般需要查看串口号是多少，计算机与设备设置一致后才能通信。查看电脑串口号的方法步骤是：第一步：将串口先插在计算机上，如果是第一次插入该串口，驱动安装成功之后计算机桌面右下角会提示串口号，如果没有提示，在“我的电脑”右击，然后选择“管理”；第二步：在“计算机管理”界面，选择“系统工具”；第三步：在“计算机管理”界面的“系统工具”里选择“设备管理器”；第四步：在“设备管理器”中选择端口。

（2）波特率

波特率指信号被调制以后在单位时间内的变化，即单位时间内载波参数变化的次数。波特率的单位是每秒比特数（bps），常用的单位还有每秒千比特数等。在串口通信中常用的设备波特率是 2400bps、4800bps、9600bps 等，不同设备的该参数可以通过查阅设备说明书进行获取。

（3）校验位

串口通信过程中有四种校验方式：奇校验（Odd）、偶校验（Even）、1 校验（Mark）和 0 校验（Space）。当然没有校验位也是可以的。在使用串口调试工具时，通常将校验位设置为没有校验位，也就是 None。

（4）数据位

这是衡量通信中实际数据位的参数。当计算机发送一个信息包，实际的数据不会是 8 位的，标准的值是 5、6、7 和 8 位。如何设置取决于你想传送的信息。比如，标准的 ASCII 码是 0～127（7 位），扩展的 ASCII 码是 0～255（8 位）。如果数据使用简单的文本（标准 ASCII 码），那么每个数据包使用 7 位数据。每个包是指一个字节，包括开始/停止位、数据位和奇偶校验位。由于实际数据位取决于通信协议的选取，术语“包”指任何通信的情况。

（5）停止位

它用于表示单个包的最后一位，典型的值为 1、1.5 和 2 位。停止位不仅仅可以表示传输的结束，并且能够提供计算机校正时钟同步的机会。适用于停止位的位数越多，不同时钟同步的容忍程度越大，但是数据传输率同时也越慢。

（6）流控制

这里讲到的“流”，指的是数据流。数据在两个串口之间传输时，常常会出现丢失数据的现象，或者由于两台计算机的处理速度不同（如台式机与单片机之间的通信），接收端数据缓冲区已满，则此时继续发送来的数据就会丢失。流控制能解决这个问题，当接收端数据处理不过来时，就发出“不再接收”的信号，发送端就停止发送，直到收到“可以继续发送”的信号再发送数据。因此流控制可以控制数据传输的进程，防止数据的丢失。

（7）数据发送格式

串口通信可以发送单字符串、多字符串（字符串序列）或直接在键盘上发送英文字符。而串口调试工具上有两种数据发送格式，一种是“ASCII 码格式”，另外一种是十六进制数据，即 HEX 格式数据。发送 HEX 格式数据时要在字符串输入区中输入 HEX 格式字符串，并且要将相应区内的十六进制发送选项选中。如果不对设备发送数据，可以不用配置该项。具体选择哪种格式需要查阅设备说明书。

（8）数据接收格式

串口通信可以接收单字符串、多字符串（字符串序列）。串口调试工具主要有两种数据接收格式，一种是“ASCII 码格式”，另外一种是十六进制数据，即 HEX 格式数据。如果设备不接收数据，可以不用配置该项。具体选择哪种格式需要查阅设备说明书。

## 1.2.2　传感器的定义和分类

传感器（transducer/sensor）是一种检测装置，能接收到被测量的信息，并能将接收到的信息，按一定规律变换成电信号或其他所需形式的信息输出，以满足信息的传输、处理、存储、显示、记录和控制等要求。传感器的种类按不同标准划分如下：

（1）按用途可以分为力敏传感器、位置传感器、液位传感器、能耗传感器、速度传感器、加速度传感器、射线辐射传感器、热敏传感器。

（2）按工作原理可以分为振动传感器、湿敏传感器、磁敏传感器、气敏传感器、真空度传感器、生物传感器等。

（3）按输出信号可以分为：

① 模拟传感器将被测量的物理量转换为模拟电压或电流信号，输出的信号值随着被测量物理量的变化而连续变化；

② 数字传感器将被测量的物理量转换为离散的数字信号，通常表示为二进制编码，如 0 和 1 或高电平和低电平；

③ 开关传感器特指一类具有开关功能的传感器，其输出仅有两个离散的状态，通常是开和关。

（4）按测量目的可以分为物理型传感器、化学型传感器、生物型传感器。

（5）按其构成可以分为基本型传感器、组合型传感器、应用型传感器。

（6）按使用形式可以分为主动型传感器、被动型传感器。

图 1-2-6 为常用的传感器示例。

人体探测器

| | |
|---|---|
| 工作电压 | DC9-16V |
| 环境温度 | -10℃to+50℃ |
| 探索范围 | 6*0.8m（安装高度在3.6m时） |
| 探测角度 | 15° |
| 消耗电流 | ≤20mA（DC12V时） |
| 探测距离 | 6m |
| 报警输出 | 常闭/常开可选 |
| 产品尺寸 | 80mm×34.5mm×28mm |

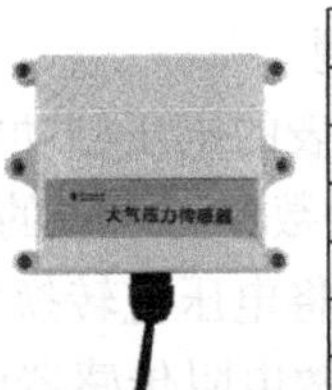



大气压力传感器

| | |
|---|---|
| 供电电源 | 24VDC（默认） |
| 输出形式 | 4-20MA输出 |
| 工作温度 | -10～60℃ |
| 负载能力 | 电流型≤600Ω，电压型≥3kΩ |
| 准确度 | ±1% |
| 非线性 | ≤0.2%FS |
| 响应时间 | ≥30ms |
| 量程范围 | 0～110kPa |

温湿度传感器

| | |
|---|---|
| 供电电压 | DC：3.1-5.5V |
| 测量范围 | 温度：-10～+80℃<br>湿度：0～99.9%RH |
| 精度 | 温度：±0.5℃<br>湿度：±3%RH（25℃） |
| 输出信号 | 单总线/$I^2C$信号 |
| 外壳材料 | PC塑料 |
| 重量 | 0.5g |

光照度传感器

| | |
|---|---|
| 直流供电 | 12-24VDC |
| 耗电 | ≤0.15W（@12VDC，2℃） |
| 精度 | ±5%（25℃） |
| 光照强度 | 0-20万Lux |
| 稳定性 | ≤5%/y |
| 输出信号 | 0-5V |
| 工作压力 | 0.9-1.1atm |

图 1-2-6　常用传感器示例

## 1.2.3　模拟传感器的性能检测

根据信号类型，模拟传感器可以分为电压型模拟传感器、电流型模拟传感器和电阻型模拟传感器。

1．电压型模拟传感器检测

其工作原理是，传感器内部的电压变送器用来测量电压并进行变换，将电压变送器接电后，经过变换输出模拟量信号。然后计算从基波至50次谐波，用均方根值的公式来算出有效值。

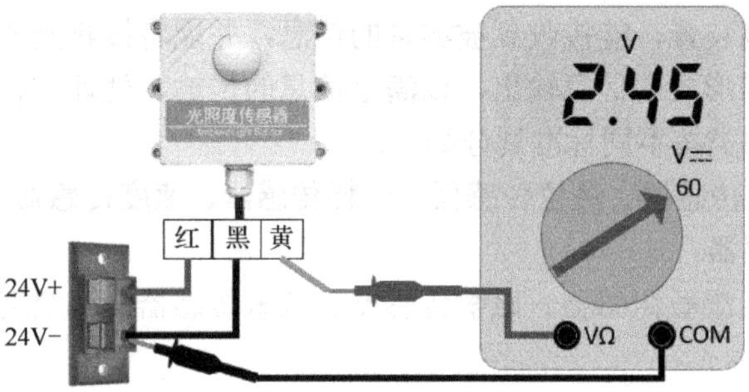


图1-2-7　光照度传感器检测

而该类型的传感器可以使用万用表的电压挡功能进行检测。例如：现有一光照度传感器其输出的信号为0～5V，如图1-2-7所示进行测试。

① 万用表调至直流电压60V挡位；
② 红表笔接万用表VΩ插孔；
③ 黑表笔接万用表COM插孔；
④ 红表笔探头接传感器信号线；
⑤ 黑表笔探头接传感器地线；
⑥ 给传感器正常供电。

若测量的数值在0至5V之间，而且接收到的光照强度越强，测得的电压值越大，则表示该光照度传感器正常。但是无论光照强度多大，测得的数值最高只能是5V。

2．电流型模拟传感器检测

该类型传感器可以使用万用表的电流挡功能进行检测。例如：现有一个光照度传感器，它的输出信号为4～20mA。把万用表调至直流电流60mA挡位，将红表笔接万用表mA插孔，黑表笔接万用表COM插孔，红表笔探头接传感器信号线，黑表笔探头接传感器地线，最后给传感器正常供电。

若数值在4～20mA之间，而且接收到的光照强度越强，测得的电流值越大，反之越小，则说明该光照度传感器正常。但是无论光照强度如何变化，测得的数值只能在4～20mA之间。

3．电压型模拟量传感器检测

该类型传感器可以使用万用表的电压档功能进行检测。例如，给热敏电阻传感器附加上10mA的电流，并置于常温下，用数字万用表的两个表笔分别接传感器的两只引脚，测出它的两端电压值，然后使用欧姆定律将电压值转换为电阻值，将该阻值与标称阻值对比，若阻值相差±2Ω视为正常，反之说明热敏电阻传感器的性能变差甚至损坏。也可以将热敏电阻进行加温检测，用打火机进行加温，万用表的数字随着温度升高而发生变化，说明热敏电阻温度传感器正常，阻值没变化，说明热敏电阻传感器损坏。

**注意：**在测量传感器的电流时要特别小心，一旦操作错误，很有可能烧坏万用表，测完电流后，要立即将万用表的红表笔插回电压插孔，并将旋钮调至电压档。

## 1.2.4　开关传感器的性能检测

开关传感器输出的信号只有两种状态：一种是导通或断开，另一种是高电平或低电平。开关传感器根据工作原理可以分为触点式和无触点式两种。

1．触点式开关传感器检测

该类型传感器是机械式的开关传感器，通过机械动作来实现触点的导通或断开，从而进一步控制后端设备的电信号。例如：图1-2-8为限位开关，其属于触点式开关传感器，该传感器共有 3 个引脚，分别是公共脚（COM）、常开脚（NO）和常闭脚（NC）。

- 传感器无触发时：COM 和 NC 引脚间连通，COM 和 NO 引脚间不通。
- 传感器触发时：COM 和 NC 引脚间不通，COM 和 NO 引脚间导通。

该类型的传感器本质上就和机械开关一样，因此检测这种传感器可以使用万用表的二极管检测挡位进行检测，可以按图 1-2-9 所示连接传感器和万用表。

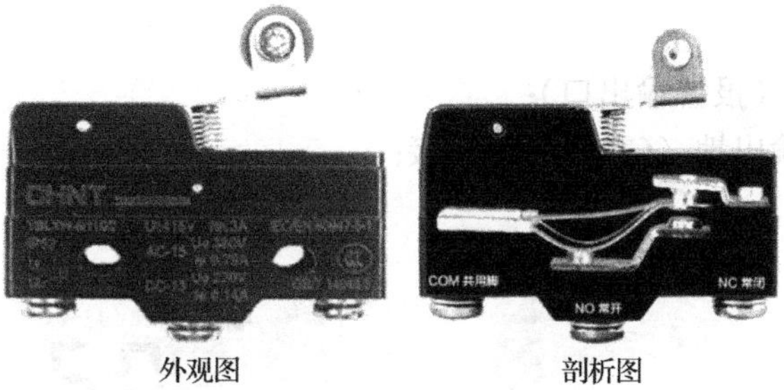


图 1-2-8　限位开关

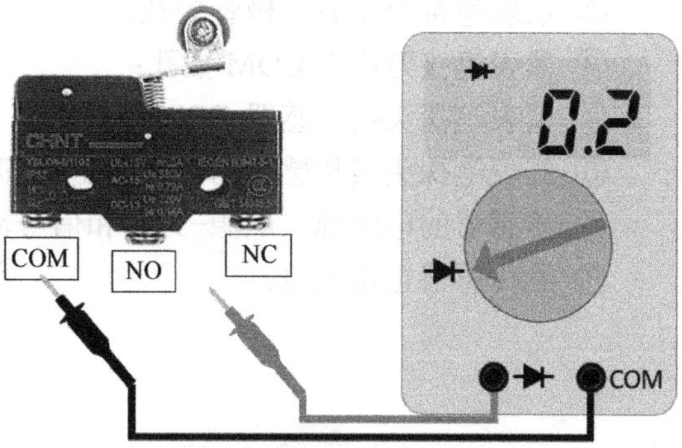


图 1-2-9　触点式开关传感器检测

① 万用表调至二极管检测挡位；

② 红表笔接万用表二极管插孔；

③ 黑表笔接万用表 COM 插孔；

④ 黑表笔探头接传感器 COM 引脚；

⑤ 红表笔探头依次接传感器的 NO 和 NC 引脚。

触点式开关传感器性能正常的情况下测量的结果如表 1-2-1 所示。

**表 1-2-1　触点式开关传感器检测结果**

| 红表笔探头接传感器引脚位置 | 传感器触发状态 | 万用表结果 |
|---|---|---|
| NO 引脚 | 没触发 | 不响或显示 OL（无穷大） |
| | 触发 | 发出响声或数值在 0.7 以下 |
| NC 引脚 | 没触发 | 发出响声或数值在 0.7 以下 |
| | 触发 | 不响或显示 OL（无穷大） |

如果测得的结果不符合上述现象则可以判定该传感器为不良品。

### 2. 无触点式开关传感器检测

这种类型的传感器出厂时输出的数据被设置为输出高电平或低电平状态。

非工业级的无触点式开关传感器其输出的电平为高电平或低电平两种信号，这种传感器使用万用表电压挡直接测量即可。具体操作可参考“电压型模拟传感器检测”。

工业级的无触点式开关传感器其内部通常带有一个继电器，其输出可以分为常开型、常闭型和常开常闭型三种。

① 常开型开关传感器输出的数据正常情况下是断开状态，一旦触发就会变成闭合状态。

② 常闭型开关传感器输出的数据正常情况下是闭合状态，一旦触发就会变成断开状态。

③ 常开常闭型开关传感器的输出数据可以根据客户需要选择输出回路实现常开常闭控制，这是目前大多数开关传感器采用的方式。

对于这种工业级无触点开关传感器可以使用万用表的二极管检测挡位进行检测。

例如：烟雾传感器就是一款常开常闭型开关传感器。其内部有个跳针可以用来选择是常开还是常闭型，如图 1-2-10 所示。

图 1-2-11 所示为烟雾传感器和万用表的检测连接图。

① 万用表调至二极管检测挡位；
② 红表笔接万用表二极管插孔；
③ 黑表笔接万用表 COM 插孔；
④ 黑表笔探头接传感器 COM 引脚；
⑤ 红表笔探头接传感器的信号输出引脚（报警输出口）；
⑥ 传感器的电源地（电源-）要和信号输出地（COM 口）短接；
⑦ 给传感器正常供电。

图 1-2-10　常开常闭选择

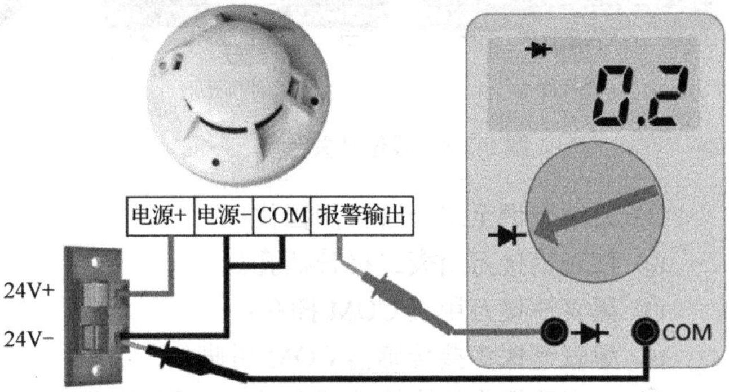


图 1-2-11　烟雾传感器检测

烟雾传感器性能正常的情况下测量的结果如表 1-2-2 所示。

**表 1-2-2　烟雾传感器检测结果**

| 设 置 状 态 | 传感器触发状态 | 万用表结果 |
|---|---|---|
| 常闭型输出 | 没触发 | 发出响声或数值在 0.7 以下 |
| | 触发 | 不响或显示 OL（无穷大） |
| 常开型输出 | 没触发 | 不响或显示 OL（无穷大） |
| | 触发 | 响声或数值在 0.7 以下 |

如果测得的结果不符合上述现象，则可以判定该传感器为不良品。

## 1.2.5　数字传感器的性能检测

数字传感器和以上两种类型相比，有两个最大的特点：一是能自动采集数据并对其进行预处理、存储和记忆，具有唯一标记，便于故障诊断；二是使用标准的数字通信接口，可直接连入计算机，也可与标准工业控制总线连接，方便灵活。

但是对于数字传感器的信号输出性能检测，还需要根据其实际情况中用到的接口类型来测试，下面介绍几种常用的接口类型检测方法。

### 1. IIC 接口、SPI 接口和 CAN 接口

这些类型接口的数字传感器检测时需要研发编写专门的程序和检测操作文档才能完成检测，这里不进行介绍，在工程中遇到这种类型的传感器通常需要搭建好与其有关的系统环境，再通过接收传感器上传的数据来判断传感器好坏。

### 2. RS485 接口

检测 RS485 接口的传感器通常是连接到计算机，使用串口调试工具或厂家配套工具软件进行检测。由于计算机没有 RS485 接口，因此，需要使用 USB 接口转换器与 RS485 接口设备相连。如图 1-2-12 所示是常用的接口转换设备。

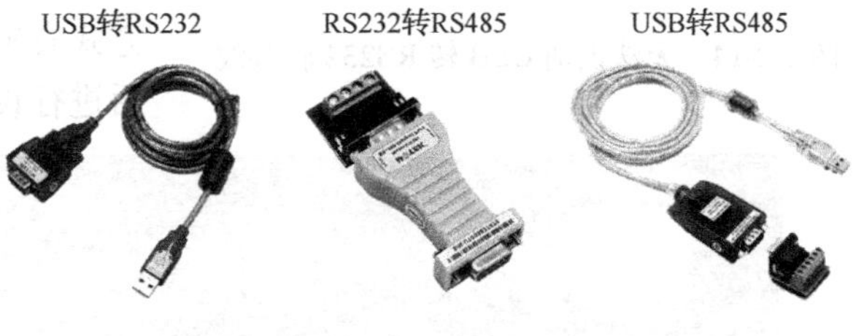


图 1-2-12　常用接口转换设备

数字传感器内部带有处理芯片，每个厂家设置的芯片操作指令也不一样，在检测或配置数字传感器时，需要结合设备说明书进行。

## 【任务实施】

任务实施前必须先准备好以下设备和资源。

| 序　号 | 设备/资源名称 | 数　量 | 是否准备到位（√） |
|---|---|---|---|
| 1 | 温湿度变送器 | 1 个 | |
| 2 | 二氧化碳变送器 | 1 个 | |
| 3 | 光照度变送器 | 1 个 | |
| 4 | USB 转 RS232 接口转换设备 | 1 条 | |
| 5 | RS232 转 RS485 接口转换设备 | 1 个 | |
| 6 | 相关设备说明书 | 1 套 | |

### 1. 检测温湿度变送器性能

将温湿度变送器的 RS485 接口连接至计算机，如图 1-2-13 所示。

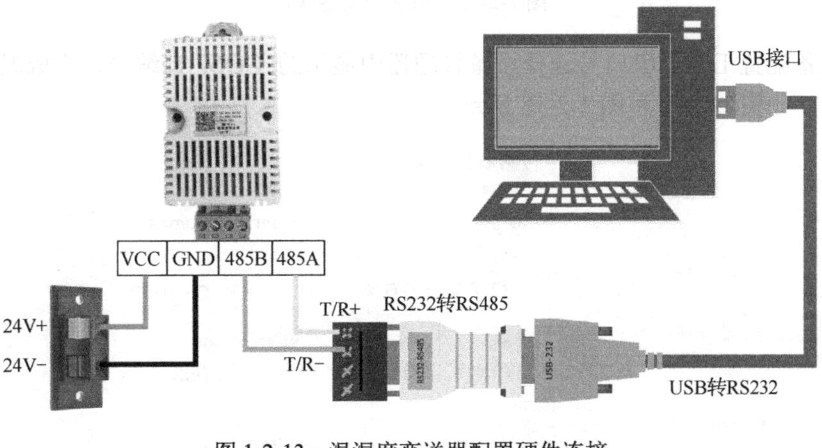


图 1-2-13　温湿度变送器配置硬件连接

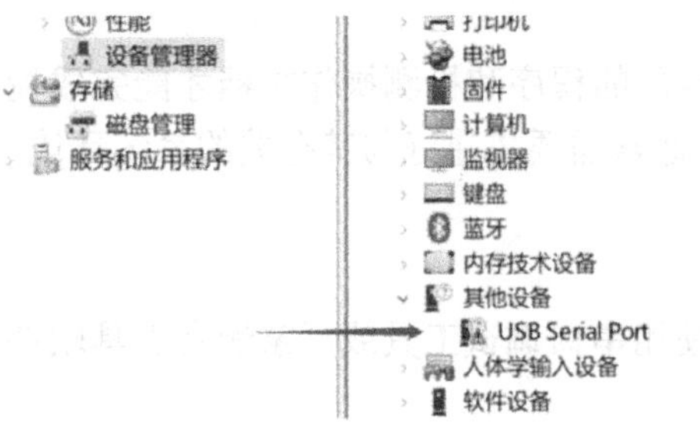


图 1-2-14　无法识别 USB 转 RS232 转接线

这里使用到 USB 转 RS232 转接线，因此需要安装转接线的驱动，否则计算机无法识别该设备。如图 1-2-14 所示为计算机的设备管理器中显示无法识别 USB 接口转换器设备。

USB 转 RS232 转接线的驱动安装要根据 USB 转 RS232 转接线的芯片类型来选择对应的安装方式，驱动程序可向供货商索取。这里使用最简单的方式安装，就是直接从网上下载驱动管理工具，然后进行设备扫描安装即可，如图 1-2-15 所示。

图 1-2-15　安装设备驱动

安装完成后，计算机的设备管理器中就能显示出 USB 转 RS232 设备的 COM 口编号，如图 1-2-16 所示为 COM8 口。

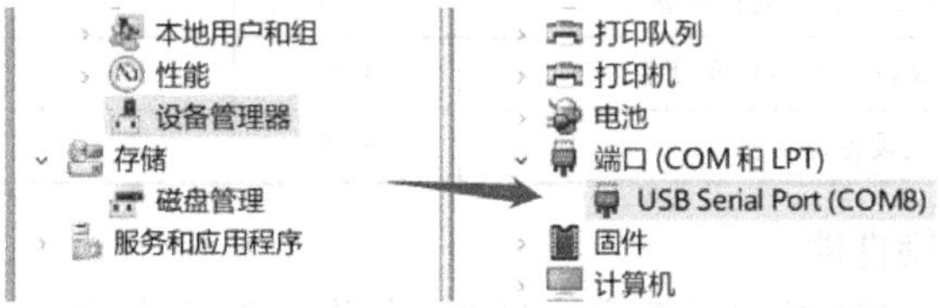


图 1-2-16　识别到设备端口

使用设备配置工具，串口号选择设备管理器中显示的 COM 口编号，完成温湿度变送器的数值获取，如图 1-2-17 和图 1-2-18 所示。

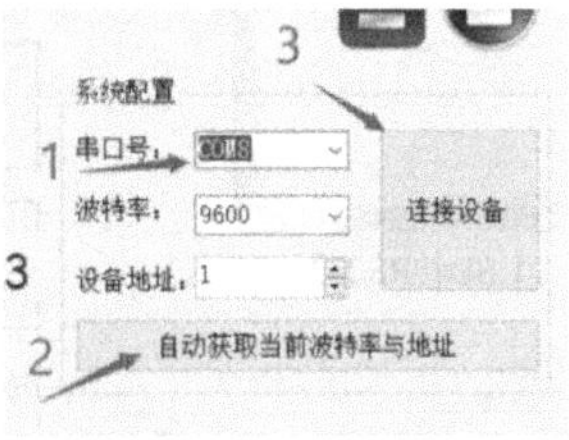


图 1-2-17　连接配置

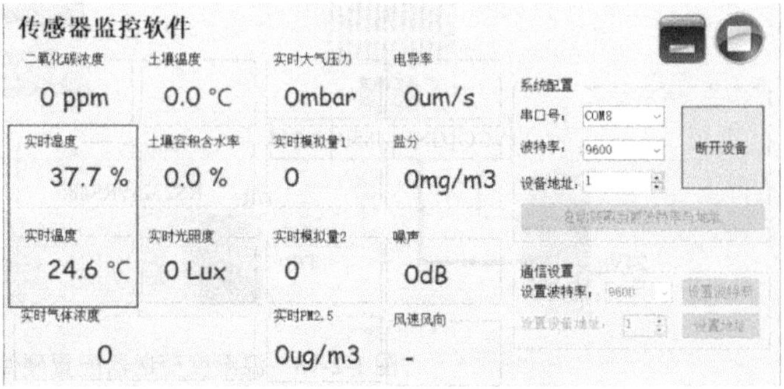


图 1-2-18　获取温湿度数值

在温湿度变送器性能正常的情况下，测量的温度、湿度值必须和实际环境的数值一样，才能表明该温湿度变送器性能良好。

**2. 检测光照度变送器性能**

将光照度变送器的 RS485 接口连接至计算机，如图 1-2-19 所示。

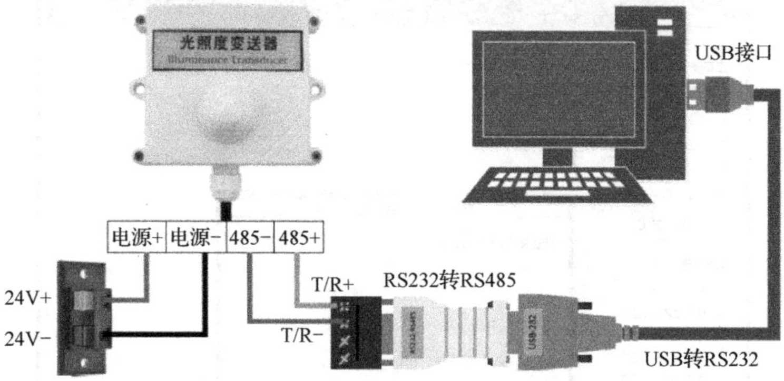


图 1-2-19 光照度变送器配置硬件连接

查阅光照度变送器的设备说明书，获得数据采集的方法说明。图 1-2-20 为光照度变送器的部分设备说明书。

备注：如果忘记传感器的原地址，可以使用广播地址0xfe代替，使用广播地址0xfe时主机在同一时间只能接一个从机。

二、查询数据

查询变送器（地址为2）的数据（光照强度），主机→从机

| 地址 | 功能码 | 起始寄存器地址高 | 起始寄存器地址低 | 寄存器长度高 | 寄存器长度低 | CRC16低 | CRC16高 |
|---|---|---|---|---|---|---|---|
| 0x02 | 0x03 | 0x00 | 0x00 | 0x00 | 0x02 | 0xc4 | 0x38 |

若变送器接收正确，返回以下数据，从机→主机

| 地址 | 功能码 | 数据长度 | 寄存器 0 数据高 | 寄存器 0 数据低 | 寄存器 1 数据高 | 寄存器 1 数据低 | CRC16 低 | CRC16 高 |
|---|---|---|---|---|---|---|---|---|
| 0x02 | 0x03 | 0x04 | 0x00 | 0x01 | 0x56 | 0x69 | 0x67 | 0x7d |
| | | | 光照强度：单位：Lux | | | | | |

数据表示方法：将数据换算成十进制

以上数据表示，光照强度：87657 Lux

图 1-2-20 光照度变送器说明书

根据设备说明书的内容可知，要获取光照度变送器所采集到的光照数值，需要发送指令：

```
0x02 0x03 0x00 0x00 0x00 0x02 0xc4 0x38
```

因为还不知道光照度变送器的设备地址，所以根据说明书提示可以用 0xfe 替代，这时指令是：

```
0xfe 0x03 0x00 0x00 0x00 0x02 0xc4 0x38
```

其中，0xc4 0x38 是原指令的 CRC16 校验码，而设备地址从 0x02 换成了 0xfe，这时需要重新计算 CRC16 校验码，有些串口调试工具中自带 CRC16 校验码计算功能，具体使用方法在下面会进行介绍。

最后，运行串口调试工具，参考图 1-2-21 所示，完成配置。

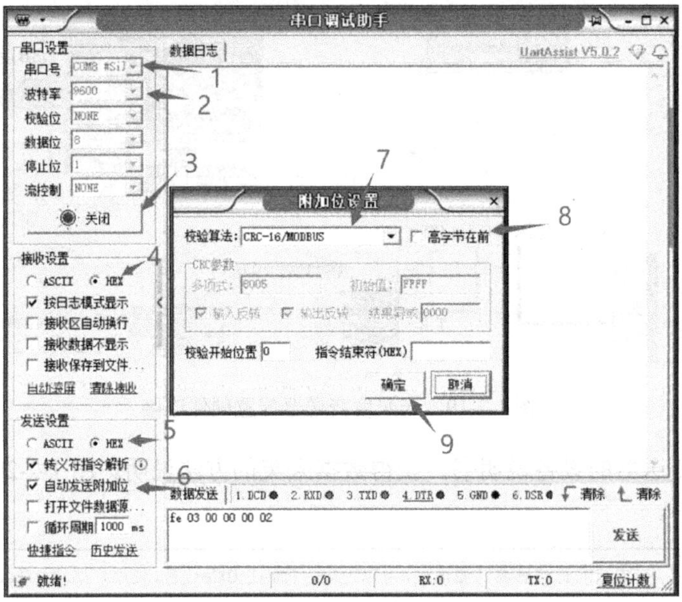


图 1-2-21　串口调试工具配置

① 选择串口号。

② 波特率为 9600bps，可参考说明书获得。

③ 打开串口连接。

④ 接收设置为 HEX 格式。

⑤ 发送设置为 HEX 格式。

⑥ 选中“自动发送附加位”，该项设置可以自动计算 CRC16 的校验码。

⑦ 设置附加位校验算法为 CRC-16/Modbus。

⑧ 取消“高字节在前”前面的复选框（可以通过查阅设备说明书的指令说明获取）。

⑨ 确定设置信息。

完成了上述的设置后，下面就可以发送指令获取光照数值。如图 1-2-22 所示，由于设置了串口调试工具使用 HEX 格式发送，因此可以将指令中每个字节前的 0x 去掉，同时由于设置了自动发送附加位（CRC-16/Modbus），所以需要将指令中的最后两个 CRC16 的校验码去掉。最后的测试指令是：

```
fe 03 00 00 00 02
```

设备性能正常的情况下：指令发送后，设备会返回一串数据给串口调试工具，如 03 03 04 00 00 01 83 99 C2，根据设备说明书中的指令说明可知，其中 00 00 01 83 为变送器输出的数据（转换成十进制就是 387Lux），当改变变送器接收的光照强度时，接收到的数据也会随之变化。如果设备没有返回数据，或数据不会变化，则可以判定设备为不良品。

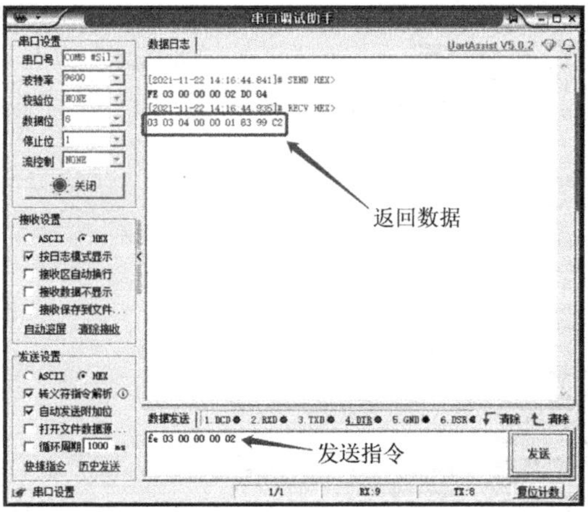


图 1-2-22　发送光照数据查询发送

**温馨提示：**可以使用计算器进行十六进制转十进制计算。

表 1-2-3 为本次操作中每一位指令的具体说明。

**表 1-2-3　光照度变送器查询地址指令**

<table>
<tr><td rowspan="2">查询数据</td><td>地址</td><td>功能码</td><td>起始寄存器地址高</td><td>起始寄存器地址低</td><td colspan="2">寄存器长度高</td><td>寄存器长度低</td><td>CRC16 低</td><td>CRC16 高</td></tr>
<tr><td>0xFE</td><td>0x03</td><td>0x00</td><td>0x00</td><td colspan="2">0x00</td><td>0x02</td><td>0xD0</td><td>0x04</td></tr>
<tr><td rowspan="2">返回</td><td>地址</td><td>功能码</td><td>数据长度</td><td colspan="2">寄存器 0 数据</td><td colspan="2">寄存器 1 数据</td><td>CRC16 低</td><td>CRC16 高</td></tr>
<tr><td>0x01</td><td>0x03</td><td>0x04</td><td colspan="2">0x00 0x00</td><td colspan="2">0x01 0x83</td><td>0x99</td><td>0xC2</td></tr>
</table>

### 3. 检测二氧化碳变送器性能

将二氧化碳变送器的 RS485 接口连接至计算机，如图 1-2-23 所示。

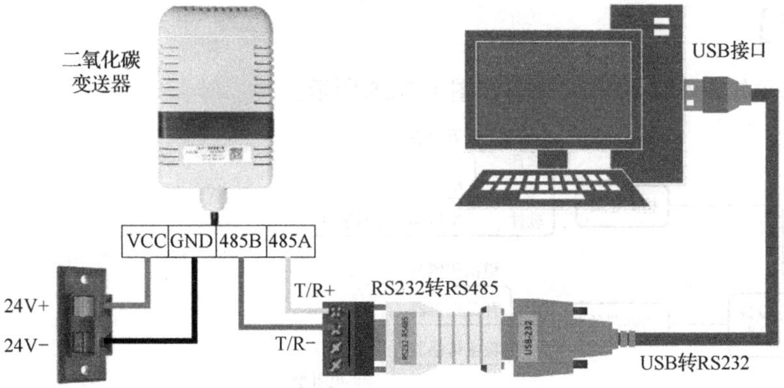


图 1-2-23　二氧化碳变送器配置硬件连接

本次二氧化碳变送器的性能检测操作如图 1-2-24 所示，指令说明如表 1-2-4 所示。

① 发送查询数据指令，因为刚开始不知道二氧化碳变送器的设备地址，所以使用 FE 代替，FE 表示广播。

② 返回指令，其中第 4 位和第 5 位的数值 02 35 表示的是目前环境中的二氧化碳浓度数值，将数字换算成十进制，以上数据表示，二氧化碳浓度为 565ppm。

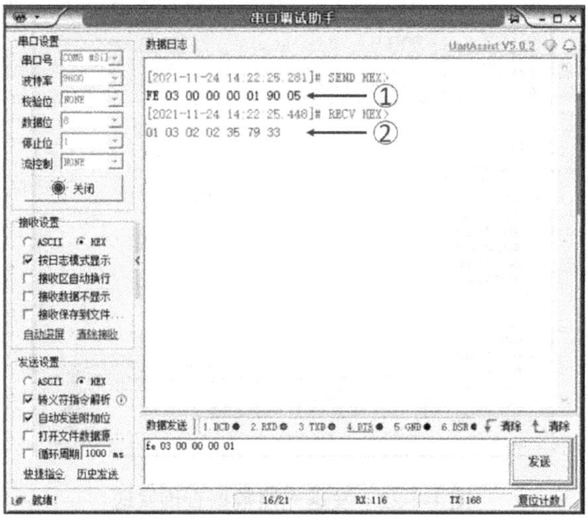


图 1-2-24　二氧化碳变送器测试指令

**表 1-2-4　二氧化碳传感器查询地址指令**

| 查询 | 地址 | 功能码 | 起始寄存器地址高 | 起始寄存器地址低 | 寄存器长度高 | 寄存器长度低 | CRC16 低 | CRC16 高 |
|---|---|---|---|---|---|---|---|---|
| 数据 | 0xFE | 0x03 | 0x00 | 0x00 | 0x00 | 0x01 | 0x90 | 0x05 |
| 返回 | 地址 | 功能码 | 数据长度 | 寄存器 0 数据高位 | | 寄存器 0 数据低位 | CRC16 低 | CRC16 高 |
| | 0x01 | 0x03 | 0x02 | 0x02 | | 0x35 | 0x79 | 0x33 |

二氧化碳变送器性能正常的情况下测量的结果是：获取的数值要能随环境二氧化碳含量的变化而变化，由于没有专业仪器做数值参考，所以只要获取的二氧化碳数值不是最高、最低或不变，就能表明该传感器性能良好。

## 【任务小结】

本任务相关知识小结的思维导图如图 1-2-25 所示。

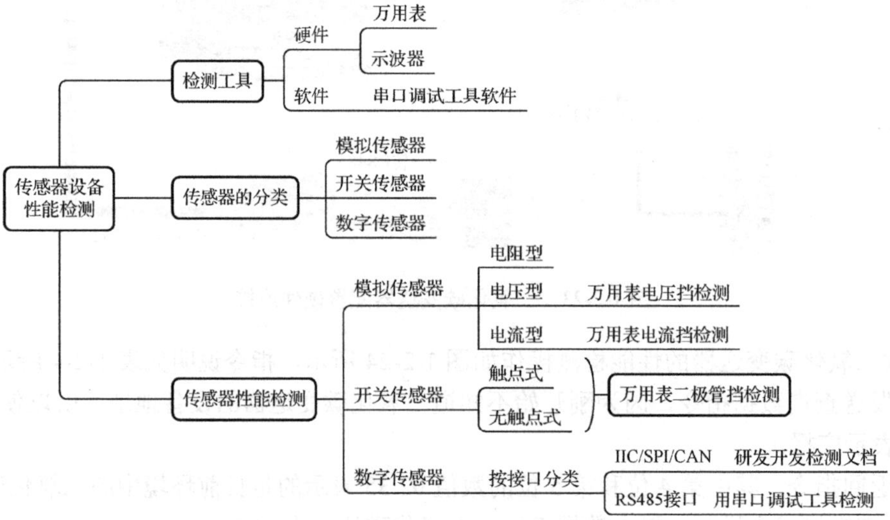


图 1-2-25　任务 2 传感器设备性能检测思维导图

## 【任务拓展】

根据所学知识，判断所提供的实训套件设备中红外对射传感器和温湿度传感器分别属于哪种类型的传感器，并完成对这两个传感器的性能检测。

## 【任务工单】

完整工单存放在书本配套资源中，不在书中体现。

| 项目 1：智慧农业-环境监测系统设备检测与安装 | 任务 2：环境监测设备性能检测 |
|---|---|
| **本次任务关键知识引导**<br>1．检测物联网硬件设备性能的工具主要有（　　　　　）、（　　　　　）、（　　　　　）等。<br>2．万用表中 NCV 挡意思是（　　　　　　），相当于是感应电笔，即可以不用破皮感知电线电缆是否有电。<br>3．万用表重在（　　　　），示波器重在（　　　　）。<br>4．串口调试工具需要配置的参数有（　　　　　）、（　　　　　）、校验位、数据位、停止位、流控制、数据发送格式和数据接收格式。<br>5．传感器按输出信号的性质分类，可分为（　　　　　）、（　　　　　）和（　　　　　）。<br>6．模拟传感器输出的标准信号主要是（　　　　）、（　　　　）、（　　　　）、（　　　　）。<br>7．开关传感器根据工作原理分类可以分为（　　　　　）和（　　　　　）两种。<br>8．RS485 接口传输采用的是（　　　　）信号传输方式。<br>9．触点式开关传感器共有 3 个引脚，分别是（　　）。<br>A．NA、NC、COM　　B．NO、NB、COM<br>C．NO、NC、COM　　D．NA、NB、NC | |

# 任务 3　环境监测系统设备安装与配置

## 【职业能力目标】

- 掌握配置各类型传感器的能力。
- 掌握通过配置物联网网关设备获取 RS485 传感器数据的能力。

## 【任务描述与要求】

**任务描述：**根据设备安装连线拓扑图，完成蔬菜大棚环境检测系统的设备安装与配置。

**任务要求：**

- 完成所有传感器的通信地址配置。

- 完成硬件环境安装和连线。
- 正确配置物联网网关，确保物联网网关能成功采集到所有传感器的数值。

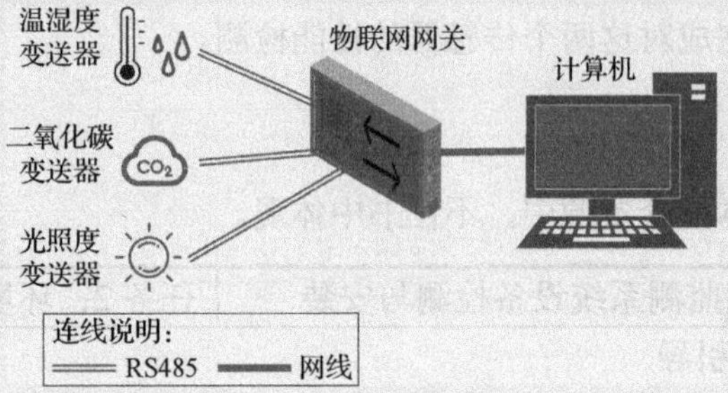


## 【知识储备】

## 1.3.1 设备安装技术基础

### 1. 设备安装规范要求

（1）设备安装选点

一个工程的设备安装选点是需要提前规划的，因为虽然设备安装的位置通常会标注在设计文档、施工图纸中，但从项目设计阶段到施工阶段，现场环境可能存在变动，标注的精确度也不同，所以通常还需要在资料标注设备安装位置基础上，结合项目施工时的实际情况进行选点安装。

设备安装选点通常需要遵守以下要求：

① 严格遵守国家、行业标准与规范规定的设备布设距离、密度等要求；

② 了解设备结构以及设计文档中对于设备测量范围、测量精度对设备安装的要求；

③ 明确安装要求、设备厂商所制定的设备选点及安装的相关要求；

④ 提前明确现场环境（供电、通信、防雷、维护等）的要求。

（2）设备安装的方式

常见设备安装方式有立杆式安装、壁挂式安装、吊顶式安装、导轨式安装等，其中壁挂式安装、吊顶式安装、导轨式安装通常选择厂家设备配备的结构件进行安装，立杆式安装通常根据现场情况以及设备安装规范的要求选择不同的立杆标准进行安装。

（3）规范布线

① 安装设备前需要先看懂图纸及技术要求。

② 检查设备型号、产品型号、规格数量等与图纸是否相符。若发现图纸有不明或者错误之处应报知组长或与设计人员沟通。

③ 安装设备连接线时应该横平竖直，变换布线走向时应垂直布放，线的连接布放应牢固可靠，整洁美观。

④ 连接设备的电源线和信号线之间需要有间隔距离，避免互相干扰，导致信号传输错误；连接线路的连接线中间尽量不要有接头，若连接接头只能在设备的接线端子上；接线端子上的连接线应该紧压在端子里面，铜线芯不要暴露在外面，且接线端子不能压到绝缘层，否则

会引起接触不良，从而导致设备无法供电或信号传输错误等情况出现。

⑤ 电源线一般采用红黑线进行布线，红线连接电源正极，黑线连接电源负极；信号线一般采用黄、蓝、绿颜色的线进行布线。

## 2. 设备安装常用工具

要安装设备，就需要使用到安装工具，正确使用安装工具能大幅度提高设备安装效率和安装质量。物联网设备的安装工作主要是固定设备和对导线进行连接处理，常用的工具有螺丝刀、斜口钳、剥线钳、尖嘴钳、六角螺丝刀和扳手，如表 1-3-1 所示。

**表 1-3-1　常用工具表**

| 序号 | 工具名称 | 作用 | 示意图 |
|---|---|---|---|
| 1 | 螺丝刀 | 螺丝刀又叫螺丝起子、螺丝批或改锥，是以旋转方式将螺丝紧定或送出的工具。一般常用的有一字螺丝刀和十字螺丝刀 | 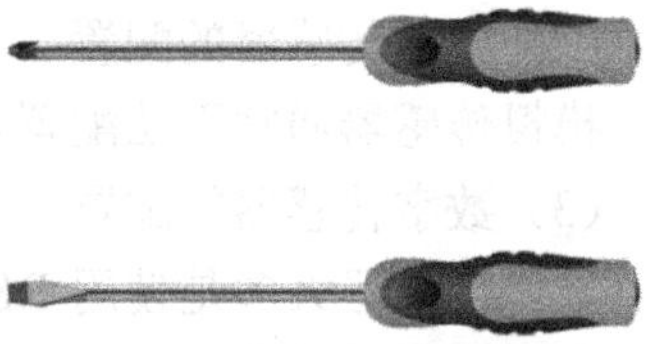 |
| 2 | 斜口钳 | 斜口钳主要用于剪切导线，也可用来剖切软电线的胶皮或塑料绝缘层 | 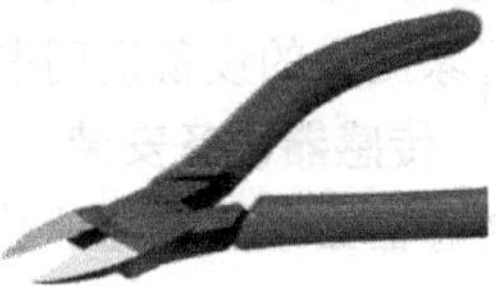 |
| 3 | 剥线钳（网线钳） | 剥线钳是用来卡住 BNC 连接器外套与基座的，同时具有剥线、剪线功能。三用剥线钳，功能多，结实耐用，是信息时代家庭常备工具，集成了网线钳所有功能，能方便进行切断、压线、剥线等操作 |  |
| 4 | 尖嘴钳 | 尖嘴钳钳柄上套有绝缘套管，是一种常用的钳形工具。尖嘴钳能在较狭小的工作空间操作，不带刃口者可以用来折弯金属线或者夹持小零件，带刃口者能剪切硬电线和细小零件 |  |
| 5 | 六角螺丝刀 | 六角螺丝刀主要应用于电子、机械设备、家居等。六角螺丝刀的优点是方便坚固、拆卸不易滑角。六角螺丝刀的螺丝头的边是六边形的形状。六角螺丝刀分内六角和外六角两种：内六角螺丝刀的螺丝头呈现的是圆形，中间是凹凸进去的六边形；外六角螺丝刀的螺丝头部边缘呈现出六边形的形态 |  |
| 6 | 扳手 | 扳手是一种以旋转方式将螺栓紧定或旋出的省力工具，主要有活动扳手、固定呆扳手、螺丝套筒、内六角扳手等几种。常用的是活动扳手，其开口的宽度可在一定范围内调节 | 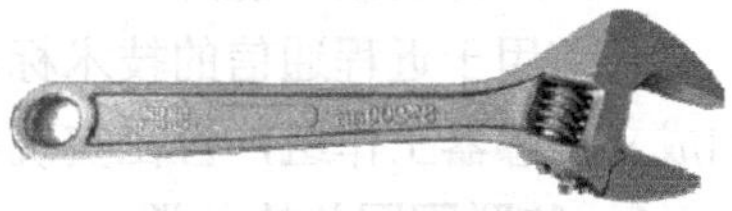 |

### 1.3.2 传感器安装配置

安装传感器设备之前需要先对传感器进行配置。

**1. 传感器配置**

传感器可以分为模拟传感器、开关传感器和数字传感器，不同类型的传感器配置方法也不同。

（1）开关传感器的配置

开关传感器的配置主要采用改变设备内部跳针帽的位置的方式，从而改变其信号的输出状态是常闭还是常开。如本项目任务 2 中【知识储备 1.2.4】“无触点式开关传感器检测”中的烟雾探测器。

（2）模拟传感器的配置

模拟传感器通常无法配置，出厂默认设置好信号输出状态。

（3）数字传感器的配置

数字传感器大多是使用 RS485 通信方式。RS485 通信方式主要采用 Modbus 协议。使用的配置工具通常是串口调试工具或厂家配置工具，然而，不管使用哪一种配置工具，都需要阅读厂家提供的设备说明书进行配置。

**2. 传感器设备安装**

传感器必须安装在能够采集到准确数据且便于调试和维护的位置。

### 1.3.3 物联网网关的功能和分类

物联网的体系架构中，在感知层和网络层两个不同的网络之间需要一个中间设备，那就是“物联网网关”。物联网网关既可以用于广域网互连，也可以用于局域网互联。此外物联网网关还需要具备设备管理功能，运营商通过物联网网关设备可以管理底层的各感知节点，了解各节点的相关信息，并实现远程控制。

**1. 物联网网关的主要功能**

（1）协议转换能力

把不同通信方式的节点数据（如 LoRa、ZigBee、蓝牙），转换成统一的广域网通信，通过 TCP、HTTP、MQTT 传输到物联网平台，变成统一的数据和信令；将上层下发的数据包解析成感知层协议可以识别的信令和控制指令。

（2）可管理能力

使用网关前首先要对网关进行管理，比如权限管理、状态管理、注册管理等。网关实现子网内的节点的管理，如获取节点的标识、状态、属性、能量等，以及实现远程唤醒、控制、诊断、升级和维护等。因为不同子网的技术标准是不一样的，协议的复杂性也是不相同的，所以网关具有的管理能力也不同。

（3）广泛的接入能力

目前用于近程通信的技术标准很多，现在国内外已经在针对物联网网关进行标准化工作，如成立传感器工作组，旨在实现各种通信技术标准的互联互通。

**2. 物联网网关的分类**

网关按功能大致分三类，每一种类型的网关在网络中的拓扑结构如图 1-3-1 所示。

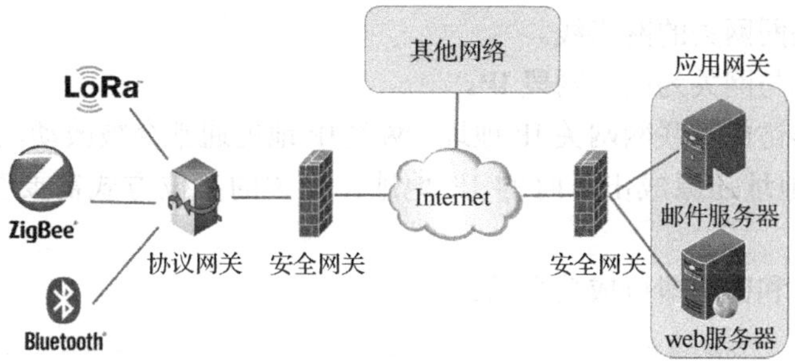


图 1-3-1 网关应用网络拓扑图

（1）协议网关

此类网关的主要功能是在不同协议的网络之间的协议转换。通常说的物联网网关就是指协议网关，通用的已经有好几种，如 802.3（Ethernet）、IrDa（红外线数据联盟）、WAN（广域网）和 802.5（令牌环）等。不同的网络具有不同的数据封装格式、数据分组大小、传输率。然而，这些网络之间进行数据共享、交流却是必不可少的。为消除不同网络之间的差异，使得数据能顺利进行交流，需要一个专门的翻译媒介，也就是协议网关。通过它使得一个网络能够与其他的网络连接起来成为一个巨大的因特网。

（2）应用网关

此类网关主要是针对一些专门的应用而设置的，其主要作用是将某个服务的一种数据格式转化为该服务的另外一种数据格式，从而实现数据交流。这种网关除具备本身的网关功能外，也可以作为某个特定服务的服务器。最常见的此类服务器就是邮件服务器。电子邮件有很多种格式，如 POP3、SMTP、FAX、X.400、MHS 等，如果 SMTP 邮件服务器提供了 POP3、SMTP、FAX、X.400 等邮件的网关接口，那么就可以通过 SMTP 邮件服务器向其他服务器发送邮件了。

（3）安全网关

最常用的安全网关就是包过滤器，实际上就是对数据包的原地址、目的地址和端口号、网络协议进行授权。通过对这些信息的过滤处理，让有许可权的数据包传输通过网关，而对那些没有许可权的数据包进行拦截甚至丢弃。这跟软件防火墙有一定的相同之处，但是与软件防火墙相比，安全网关数据处理量大，处理速度快，可以很好地对整个本地网络进行保护而不对网络造成瓶颈。

## 1.3.4 物联网网关设备配置

虽然不同厂家的物联网网关配置方法不一样，但也有相同之处。由于物联网网关主要负责协议转换，因此其主要配置有用户名登录配置、网络接入配置、设备接入配置、云平台连接配置。

**1. 用户名登录配置**

用户名登录配置用于配置登入物联网网关配置界面的用户名和密码。由于物联网网关负责控制和监控设备的运行状态，因此为了设备系统的运行安全，物联网网关一般都设置有登录账号，默认的登录账号一般在设备说明书中提供，登录成功后，即可根据需要修改物联网网关的登录账号信息。下面讲解进入物联网网关配置界面的通用步骤。

① 连接好物联网网关的网络线。

② 配置计算机与网关为同一网段 IP。

③ 使用浏览器访问物联网网关 IP 地址（网关 IP 地址通常会被改动，因此需要复位网关，即可将网关的 IP 地址还原成出厂时的 IP 地址，网关的复位方式需要查阅设备说明书），如图 1-3-2 所示。

④ 输入用户名和密码即可成功登录。

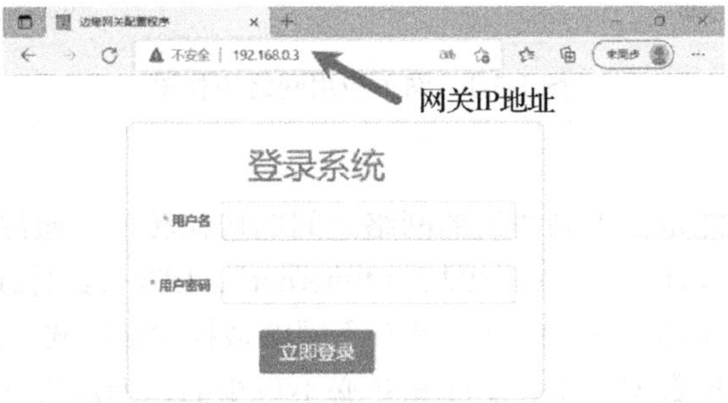


图 1-3-2　登录物联网网关配置界面

## 2. 网络接入配置

网络接入配置用于配置物联网网关接入互联网网络。通常物联网网关支持以太网和无线两种方式接入互联网，以太网采用有线连接方式，无线采用 Wi-Fi 连接方式。

有线连接方式：使用该方式连接时需要配置 IP 地址、子网掩码、默认网关、DNS 服务器等信息，如图 1-3-3 所示。

无线连接方式：使用该方式连接时只要搜索到需要的 Wi-Fi 名称后，点击连接即可，如图 1-3-3 所示，采用该方式连接需要先配置好路由器的 Wi-Fi。

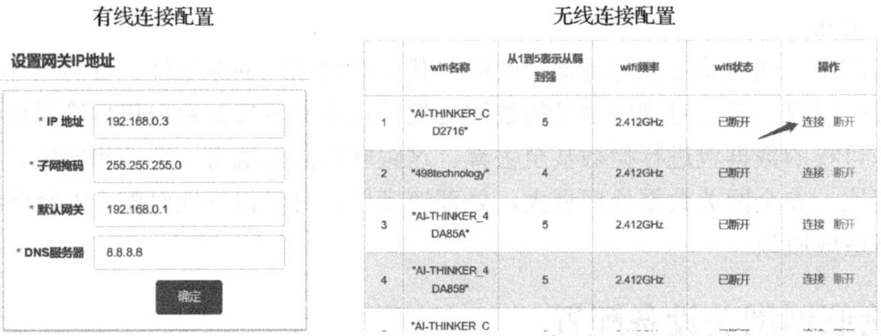


图 1-3-3　物联网网关网络配置

## 3. 设备接入配置

设备接入配置用来配置物联网网关与传感器、无线传感网、执行器等设备的连接。物联网网关对设备的接入配置是通过连接器完成的。

连接器组件用于配置物联网网关连接到外部系统（例如串口服务器、摄像机等）或直接连接到设备（例如 Modbus 设备、ZigBee 设备等）。物联网网关通常不只是与一种外接设备进行通信连接，所以一个物联网网关中会有很多个连接器，在配置物联网网关的时候，要根据具体连接的设备选择连接器类型。表 1-3-2 所示为某一物联网网关的连接器功能介绍。

表 1-3-2　物联网网关连接器说明表

| 序号 | 连接器设备类型 | 功 能 说 明 | 支持接入方式 | | |
|---|---|---|---|---|---|
| 1 | Modbus over Serial | 连接 Modbus 协议设备 | 串口接入 | 串口服务器接入 | 网络设备 |
| 2 | Zigbee over Serial | 连接新大陆 ZigBee 协调器 | 串口接入 | 串口服务器接入 | 网络设备 |
| 3 | LoRa over Serial | 连接新大陆 NewSensor 网关 | 串口接入 | 串口服务器接入 | / |
| 4 | CAN over TCP | CAN 总线设备连接器 | / | / | 网络设备 |
| 5 | UHF RFID reader | 连接 RFID 中距离读写器设备 | 串口接入 | 串口服务器接入 | / |
| 6 | LED Display | 连接 LED 显示屏 | 串口接入 | 串口服务器接入 | / |
| 7 | UHF Desktop | 桌面型 USB 超高频读卡器 | 串口接入 | 串口服务器接入 | / |
| 8 | ZigBee 2 MQTT | ZigBee 协议狗，智能家居设备 | 串口接入 | / | / |
| 9 | WIEGAND BUS | 连接韦根门禁读卡器 | 串口接入 | 串口服务器接入 | / |
| 10 | NLE SERIAL-BUS | 连接彩色灯条控制设备 | 串口接入 | 串口服务器接入 | / |
| 11 | NLE Modbus-RTU SERVER | ModbusRTU 连接器（通用型） | 串口接入 | 串口服务器接入 | 网络设备 |
| 12 | NLE NE Collector | 新大陆环境云软件 | 串口接入 | 串口服务器接入 | / |
| 13 | NLE REX GATEWAY | 连接瑞瀛智能家居网关 | 串口接入 | 串口服务器接入 | / |
| 14 | AI IPC | 地平线摄像头 | / | / | 网络设备 |
| 15 | OMRON PLC | 欧姆龙 PLC 设备 | / | / | 网络设备 |
| 16 | HAIDAI Face Recognizer | 海带人脸识别设备 | / | / | 网络设备 |
| 17 | HAIDAI BRESEE CAMERA | 海带车牌识别设备 | / | / | 网络设备 |

网关中的连接器的数量通常不是固定的，会随着设备的升级而增加或减少。物联网网关的连接器要配置为哪一种接入方式，需要根据设备实际情况与网关的连接方式进行选择。

- 串口接入：设备直接与物联网网关的 USB 口或 RS485 接口连接时使用。
- 串口服务器接入：设备通过串口服务器设备与物联网网关进行通信连接时使用。
- 网络设备：设备采用以太网方式与物联网网关进行通信时使用。

### 4．云平台连接配置

云平台连接配置用于配置物联网网关与物联网云平台的连接，从而使物联网网关能上传数据至物联网云平台和从云平台上获取数据。

物联网网关要连接物联网云平台，通常需要配置的信息有连接方式、云平台地址、云平台端口、网关标识、连接安全密钥等。

下面对每一项配置信息进行说明：

① 连接方式：用于配置物联网网关采用哪种通信协议和云平台连接。

② 云平台地址：设置物联网云平台所在服务器的 IP 地址。

③ 云平台端口：设置物联网云平台所在服务器的连接端口，一个服务器是可以有很多个端口的，并不是服务器上的每个端口都是连接的物联网云平台，这里需要配置物联网网关具体要连接的是服务器上的哪个端口。

④ 网关标识：类似于身份证，物联网云平台是通过网关标识找到物联网网关设备的。

⑤ 连接安全密钥：安全身份码，目的是防止非法设备接入物联网云平台。

图 1-3-4 为某一款物联网网关的连接方式介绍。

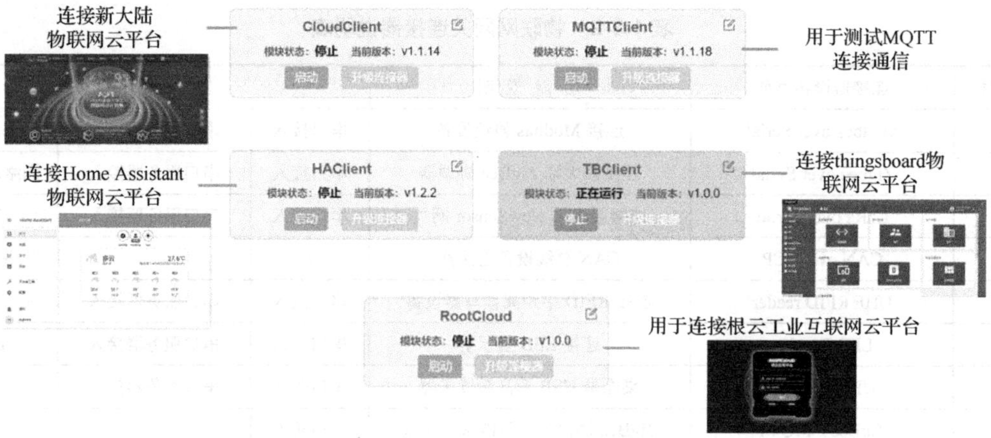


图 1-3-4　物联网网关的连接方式

## 【任务实施】

任务实施前必须先准备好以下设备和资源。

| 序　号 | 设备/资源名称 | 数　量 | 是否准备到位（√） |
|---|---|---|---|
| 1 | 温湿度变送器 | 1 个 | |
| 2 | 二氧化碳变送器 | 1 个 | |
| 3 | 光照度变送器 | 1 个 | |
| 4 | 物联网中心网关 | 1 个 | |
| 5 | USB 转 RS232 线 | 1 条 | |
| 6 | RS232 转 RS485 | 1 个 | |
| 7 | 网线 | 1 根 | |

本次任务使用物联网中心网关设备，图 1-3-5 为物联网中心网关设备的接口说明。

①蓝牙天线。
②Wi-Fi天线。
③DIO引脚，和GND短接5秒以上可复位网关IP地址。
④RS485接口，用于连接485接口设备。
⑤4个USB接口，可连接USB转RS232线。
⑥RJ45，连接网络线，用于联网。
⑦DC-12V，电源口。
⑧设备运行指示灯。
⑨MASKROM，预留接口。
⑩RST，预留接口。
⑪HDMI，外接显示屏使用。
⑫OTG，烧写网关固件使用。
⑬LOADER，烧写网关固件使用。

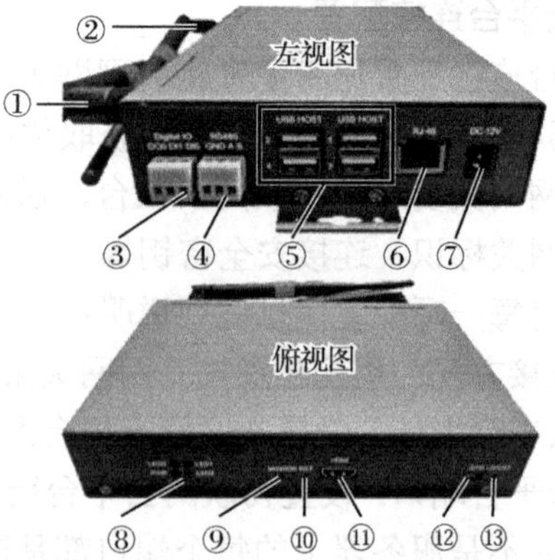


图 1-3-5　物联网网关硬件接口说明图

### 1. 配置传感器

本次任务使用到的传感器是温湿度变送器、二氧化碳变送器和光照度变送器 3 个设备，为这些传感器配置设备地址和通信的波特率，这里将按表 1-3-3 所示信息，配置 3 个传感器。

表 1-3-3　三个传感器的配置规划表

| 设 备 名 称 | 设 备 地 址 | 波 特 率 |
|---|---|---|
| 温湿度变送器 | 1 | 9600 |
| 二氧化碳变送器 | 2 | 9600 |
| 光照度变送器 | 3 | 9600 |

**温馨提示：**设备地址可以自行定义，只要确保不重复即可。

（1）温湿度变送器配置

将温湿度变送器的 RS485 接口连接至计算机，如图 1-3-6 所示。

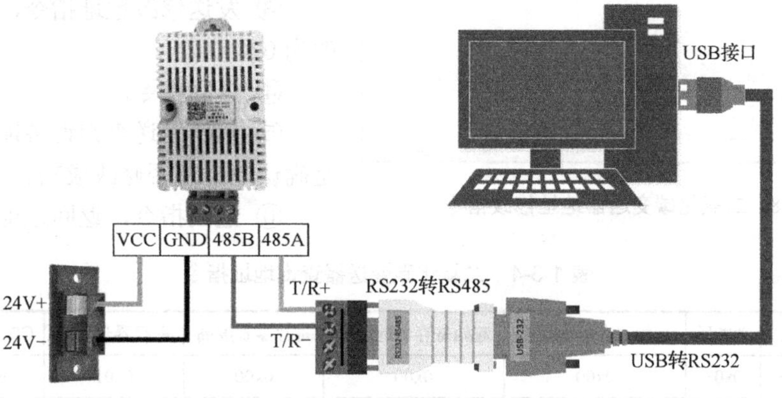


图 1-3-6　温湿度变送器配置硬件连接

使用设备厂家提供的配置工具完成温湿度变送器配置，具体软件操作如图 1-3-7 所示。

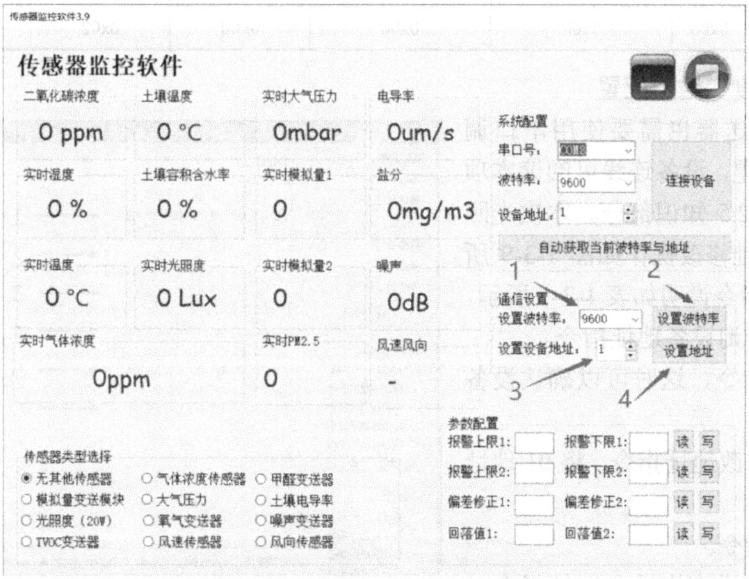


图 1-3-7　温湿度变送器配置软件操作

（2）二氧化碳变送器配置

参考温湿度变送器与计算机的连接方式完成二氧化碳变送器的连接。运行串口调试工具，使用表 1-3-4 二氧化碳变送器指令表，完成地址配置。串口调试工具的配置操作可阅读本项目任务 2 中 1.2.5 知识部分。二氧化碳变送器的地址修改指令操作如图 1-3-8 所示，指令说明如表 1-3-4 所示。

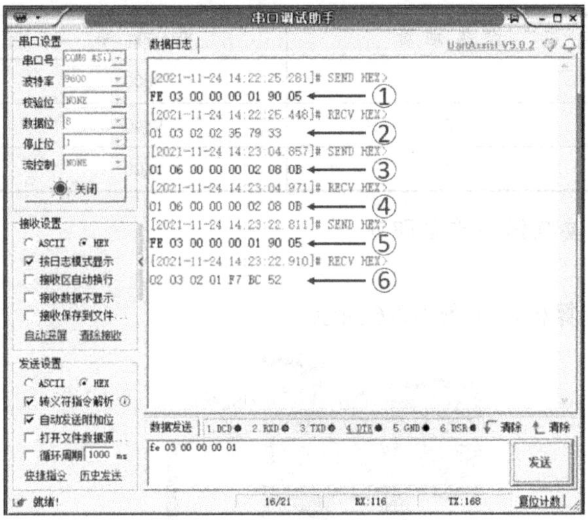


图 1-3-8　二氧化碳变送器地址修改指令

① 发送查询设备地址指令，因为刚开始不知道二氧化碳变送器的设备地址是多少，所以使用 FE 代替，FE 为广播地址。

② 返回指令，这时可以确认设备地址为 01。

③ 发送修改地址指令，将 01 地址修改为 02。

④ 返回指令。

⑤ 重新发送查询设备地址指令，目的是确认地址是否修改成功。

⑥ 返回指令，返回地址必须是 02。

**表 1-3-4　二氧化碳变送器查询地址指令**

<table>
<tr><td rowspan="2">查询地址</td><td>地址</td><td>功能码</td><td>起始寄存器地址高</td><td>起始寄存器地址低</td><td>寄存器长度高</td><td>寄存器长度低</td><td>CRC16 低</td><td>CRC16 高</td></tr>
<tr><td>0xFE</td><td>0x03</td><td>0x00</td><td>0x00</td><td>0x00</td><td>0x01</td><td>0x90</td><td>0x05</td></tr>
<tr><td rowspan="2">返回</td><td>地址</td><td>功能码</td><td>数据长度</td><td colspan="2">寄存器 0 数据高位</td><td>寄存器 0 数据低位</td><td>CRC16 低</td><td>CRC16 高</td></tr>
<tr><td>0x01</td><td>0x03</td><td>0x02</td><td colspan="2">0x02</td><td>0x35</td><td>0x79</td><td>0x33</td></tr>
<tr><td rowspan="2">修改地址</td><td>原地址</td><td>功能码</td><td>预留 1</td><td>预留 2</td><td>预留 3</td><td>新地址</td><td>CRC16 低</td><td>CRC16 高</td></tr>
<tr><td>0x01</td><td>0x06</td><td>0x00</td><td>0x00</td><td>0x00</td><td>0x02</td><td>0x08</td><td>0x0B</td></tr>
</table>

（3）光照度变送器配置

光照度变送器也需要使用串口调试工具进行配置，设备连线可阅读本项目任务 2 中 1.2.5 知识部分。本次光照度变送器的地址修改操作如图 1-3-9 所示，查询地址指令说明如表 1-3-5 所示。

① 发送查询设备地址指令。

② 返回指令，这时可以确认设备地址为 01。

③ 发送修改地址指令，将 01 地址修改为 03。

④ 返回指令。

⑤ 重新发送查询设备地址指令，目的是确认地址是否修改成功。

⑥ 返回指令，返回地址必须是 03。

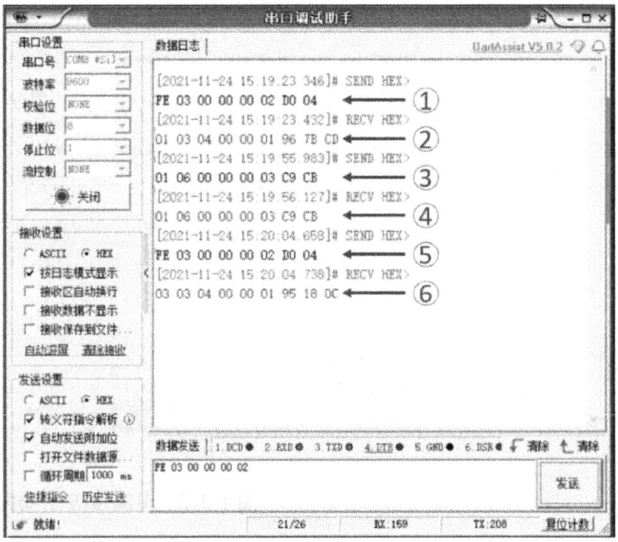


图 1-3-9　光照度变送器地址修改指令

表 1-3-5　光照度变送器查询地址指令

| | | | | | | | | |
|---|---|---|---|---|---|---|---|---|
| 查询地址 | 地址 | 功能码 | 起始寄存器地址高 | 起始寄存器地址低 | 寄存器长度高 | 寄存器长度低 | CRC16 低 | CRC16 高 |
| | 0xFE | 0x03 | 0x00 | 0x00 | 0x00 | 0x02 | 0xD0 | 0x04 |
| 返回 | 地址 | 功能码 | 数据长度 | 寄存器 0 数据 | | 寄存器 1 数据 | CRC16 低 | CRC16 高 |
| | 0x01 | 0x03 | 0x04 | 0x00 0x00 | | 0x01 0x96 | 0x7B | 0xCD |
| 修改地址 | 原地址 | 功能码 | 预留 1 | 预留 2 | 预留 3 | 新地址 | CRC16 低 | CRC16 高 |
| | 0x01 | 0x06 | 0x00 | 0x00 | 0x00 | 0x03 | 0xC9 | 0xCB |

### 2. 搭建硬件环境

传感器配置完成后，按图 1-3-10 所示完成设备安装和连线，要求设备安装整齐美观，并遵循横平竖直和就近原则。

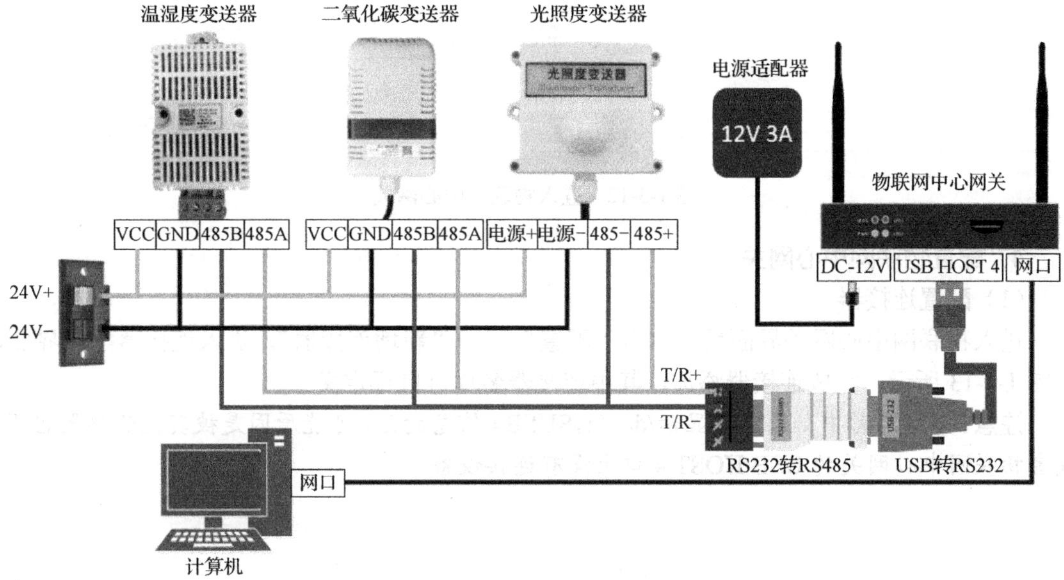


图 1-3-10　环境监测系统设备连线图

### 3. 登入物联网中心网关配置界面

设备安装连线完成后，需要配置物联网网关，以下为物联网网关的关键配置步骤。

（1）确认物联网中心网关 IP 地址

物联网中心网关 IP 地址出厂默认为 192.168.1.100，如果已改动，可复位物联网中心网关使其 IP 改回出厂 IP。

（2）配置计算机 IP 地址

本次物联网网关采用直连计算机的连接方式，中间没有经过路由器，这时两个设备的 IP 可以采用交叉配置，也就是将计算机的 IP 地址配置成物联网网关的默认网关地址，将计算机的默认网关地址配置成物联网网关的 IP 地址，如图 1-3-11 所示。

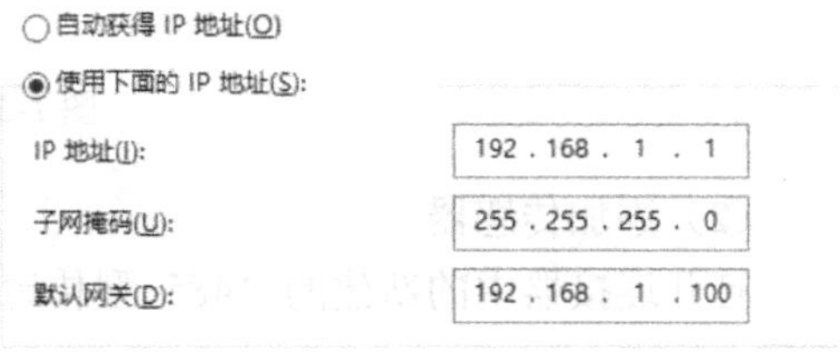


图 1-3-11　计算机 IP 配置

（3）登入物联网网关

在浏览器中输入物联网中心网关的默认 IP 地址 192.168.1.100，并输入登录账号（默认用户名：newland；默认密码：newland），即可完成登录，如图 1-3-12 所示。

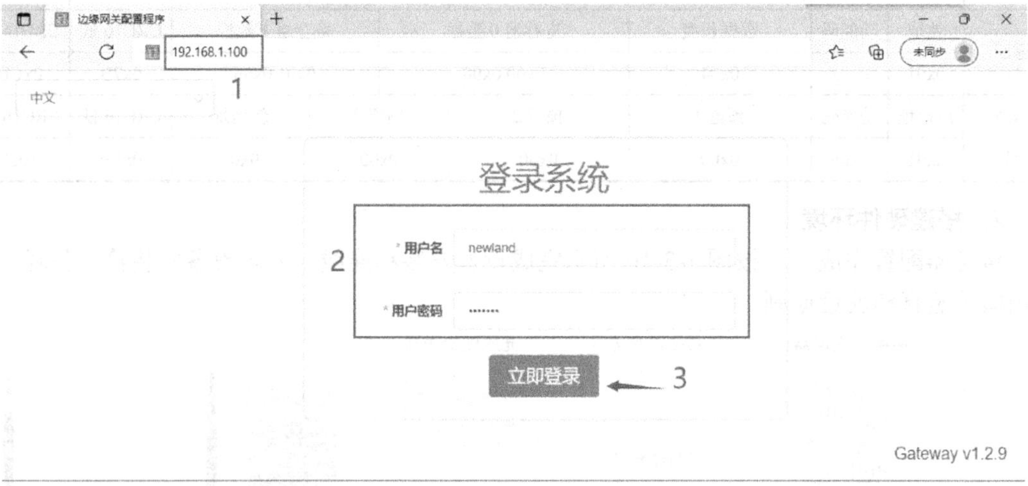


图 1-3-12　登入物联网中心网关

## 4．配置物联网中心网关

（1）配置连接器

进入物联网中心网关界面后，单击“配置”——“新增连接器”，进入连接器配置界面，如图 1-3-13 所示，完成连接器添加，其中连接器名称可自行定义。

**注意：串口名称中如果没有显示/dev/ttySUSB4 信息的话，可能原因是被其他连接器占用，或者物联网中心网关的 USB HOST 4 口上没有连接设备。**

图 1-3-13　连接器配置

（2）添加传感器

打开连接器中的新建的“485 型传感器”栏目，在右边单击“新增”按钮，如图 1-3-14 所示。

按照图 1-3-15、图 1-3-16、图 1-3-17 所示，完成温湿度变送器、二氧化碳变送器、光照度变送器的添加。其中设备名称和标识名称可自定义。

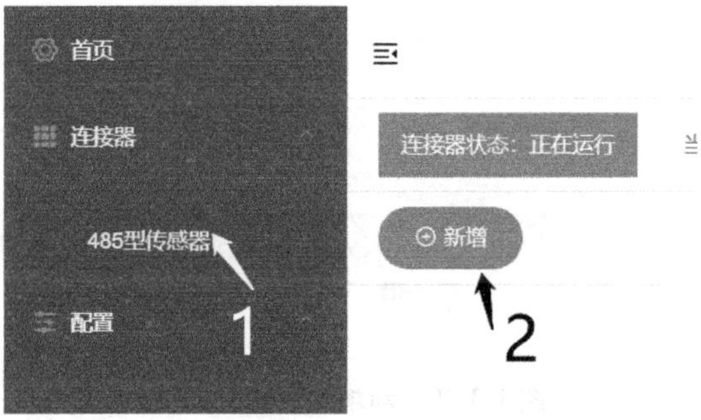


图 1-3-14　新增传感器

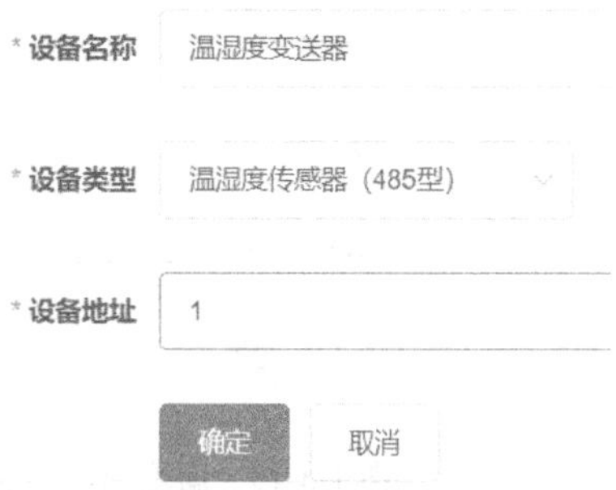


图 1-3-15　新增温湿度变送器

图 1-3-16　新增二氧化碳变送器

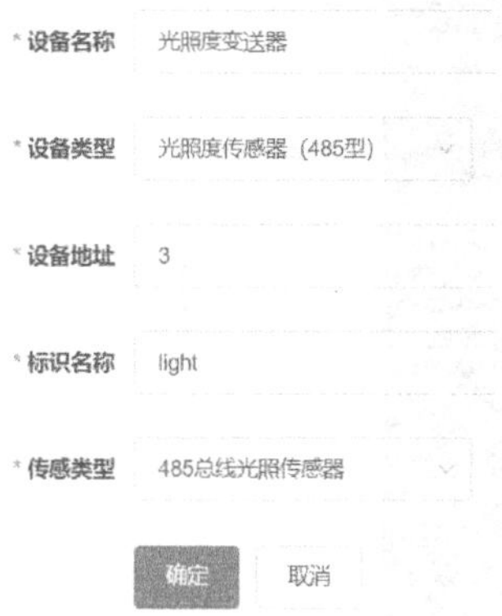


图 1-3-17　新增光照度变送器

由于温湿度变送器中包含温度和湿度的数据，所以需要对其进行进一步配置。按照图 1-3-18、图 1-3-19、图 1-3-20 所示，完成温度传感器和湿度传感器的添加，其中传感名称和标识名称可自定义。

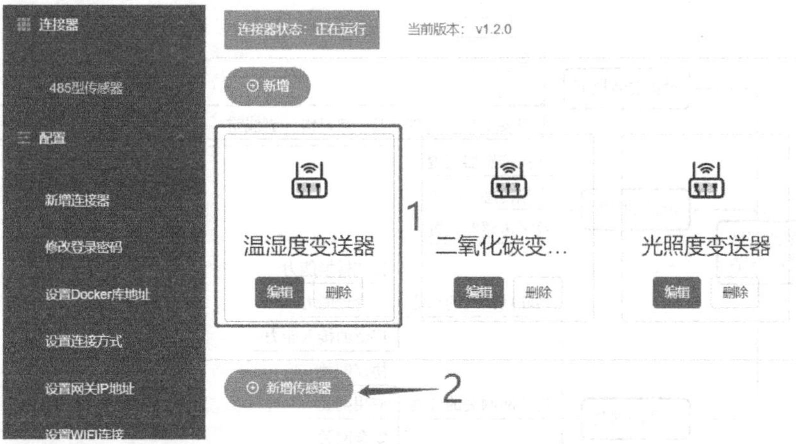


图 1-3-18　配置温湿度传感器

**5．测试功能**

最终效果要能在物联网中心网关的“数据监控”界面中，可以看到二氧化碳浓度、光照度、温度、湿度的数值，如图 1-3-21 所示。

图 1-3-19　新增温度传感器

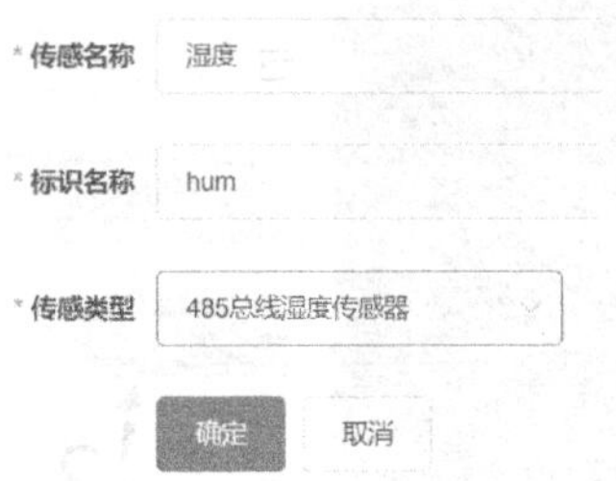


图 1-3-20　新增湿度传感器

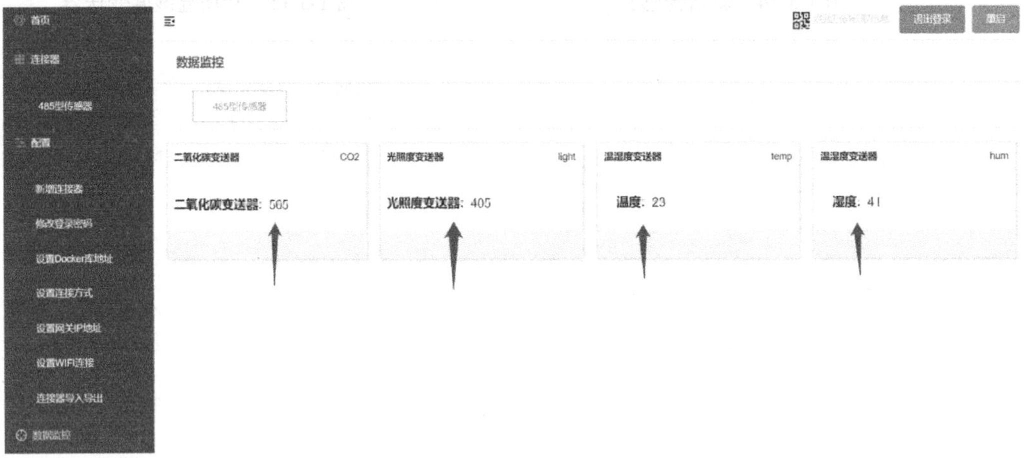


图 1-3-21　环境检测系统效果界面

## 【任务小结】

本次任务的相关知识小结思维导图如图 1-3-22 所示。

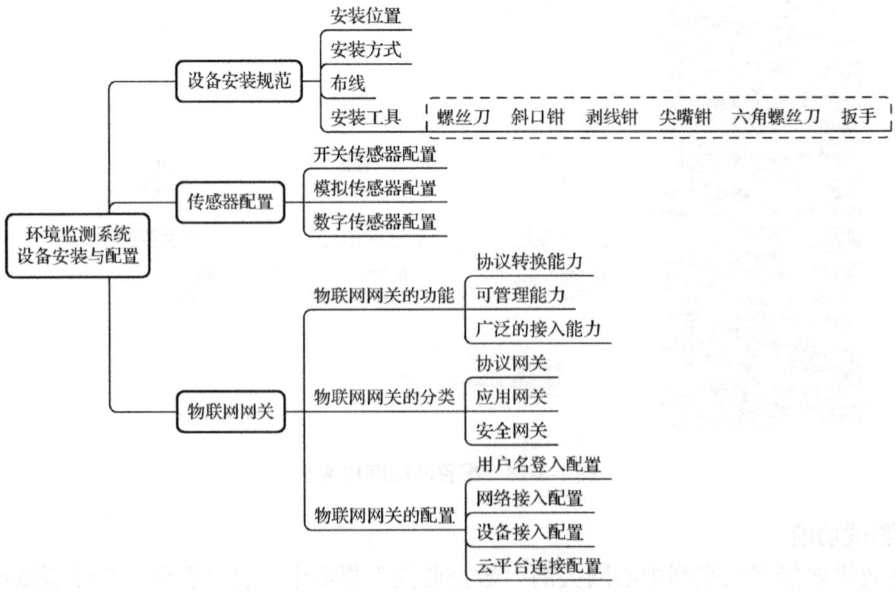


图 1-3-22　任务 3 环境监测系统设备安装与配置思维导图

## 【任务拓展】

将上述实验中物联网网关连接传感器的端口从 USB HOST 4 改成 RS485，要求根据学过的知识正确搭建硬件环境，最终实现物联网网关能正确获取所有传感器数值。

## 【任务工单】

完整工单存放在本书配套资源中，不在书中体现。

| 项目 1：智慧农业—环境监测系统设备检测与安装 | 任务 3：环境监测系统设备安装与配置 |
| --- | --- |
| **本次任务关键知识引导**<br>1. 常见的设备安装方式有（　　　　）、（　　　　）、（　　　　）、（　　　　）等。<br>2. 外六角螺丝刀的螺丝头部边缘是呈现（　　　　）的形态的六角螺丝刀。<br>3. 采用 RS485 通信方式的数字传感器，主要采用（　　　　）协议。<br>4. 物联网网关既可以用于（　　　　）互连，也可以用于（　　　　）互连。<br>5. 物联网网关的主要功能是（　　　　）、（　　　　）、（　　　　）。<br>6. 网关按功能大致可以分为（　　　　）、（　　　　）、（　　　　）三类。<br>7. 对物联网网关进行配置前，需要先连接计算机与物联网网关之间的（　　　　）线。<br>8. 通常物联网网关支持（　　　　）和（　　　　）两种方式接入互联网。<br>9. 用于配置物联网网关连接到外部系统设备的组件是（　　　　）。<br>10. 温湿度变送器的设备地址是 3，那么在物联网网关的连接器中需要将温湿度变送器的设备地址配置为（　　）。<br>A. 1　　B. 2　　C. 3　　D. 4 | |

# 项目 2　智能生产—生产线运行管理系统安装与调试

## 引导案例

继我国提出制造强国战略之后，各地开始出台“智改数转”计划——智能化改造和数字化转型。智能制造在工业领域发挥着越来越重要的作用，智能化生产线在国内也越来越普及。智能化生产线不仅是生产制造的保障，更是企业制造能力的体现。智能化生产线逐渐凸显其优势且已经带领部分先进制造企业进入了新的生产赛道。

现代企业如何在竞争激烈的环境下生存下来，借助生产管理系统达到其他企业不能及的竞争优势，才是企业今后发展的生存之道，高耗能、低产值的发展模式已经逐渐被社会所抛弃，成本低、品质好、交货时间短、生产弹性大是现在以及可预见的未来客户的主要诉求。生产管理就是要找出如何做好且领先同业的方法，彻底执行，以获得企业特殊的且其他企业不容易学到的竞争优势。

当前，智能化浪潮由线上向线下奔涌，大数据、云计算、人工智能和 5G 技术等数字技术与传统产业加快融合。从智能化改造，到搭建工业互联网平台，再到建设数字化车间、无人工厂、智能工厂等，智能制造成为传统制造行业转型升级的破题之举，不少地方已开展一系列的实际行动来追赶智能化的浪潮。

加快推进智能制造，是制造业升级的必然路径，也是形成更多新的增长点的有效途径。中央全面深化改革委员会第十四次会议强调，“以智能制造为主攻方向，加快工业互联网创新发展，加快制造业生产方式和企业形态根本性变革”。2020 年的国务院《政府工作报告》也明确指出，“发展工业互联网，推进智能制造”。这反映出，智能制造正日益成为未来制造业发展的重大趋势和核心内容，对推动工业向中高端迈进具有重要作用。加快推进新一代信息技术和制造业融合发展，提升制造业数字化、网络化、智能化发展水平，才能进一步加速推动“制造”向“智造”的转变。

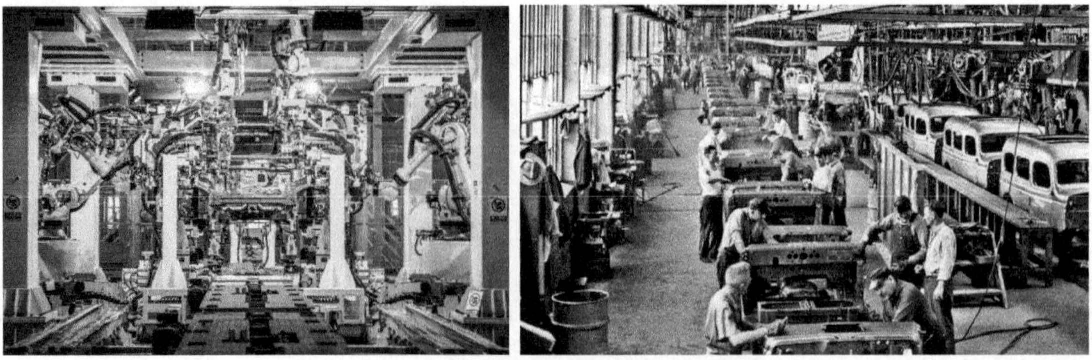

智能化生产线与传统生产线对比图

**项目介绍：**

现有一家工厂要对一条传统生产线进行智能化试点改造，要求能监控生产线的工作状况。对于客户的要求，公司设计了一个解决方案。

方案涉及的主要事项：

- 为保证智能生产线控制系统的稳定可靠，整体系统设备间的通信采用有线连接方式。
- 使用物联网监控技术实现对智能化生产线的本地管理和控制。
- 运用物联网云平台技术实现对整个生产线的远程智能化监控管理。
- 本次项目使用的设备全部采用工业级设备从而保证系统运行稳定。

# 任务 1　生产线控制系统安装与调试

## 【职业能力目标】

- 具备阅读设备接线图的能力。
- 具备正确、规范接线的能力。
- 具备调试数字量采集控制器的能力。

## 【任务描述与要求】

**任务描述：**生产线智能化改造涉及生产线控制系统和生产线运行数据采集系统两部分，涉及的设备和线路较为复杂，需要进行分模块化安装。这里先完成设备控制部分的安装和调试。

**任务要求：**

- 正确阅读和理解设备接线图，完成设备的安装。
- 正确配置数字量采集控制器设备和物联网网关设备。
- 实现通过物联网网关设备控制执行设备操作。

## 【知识储备】

### 2.1.1　识读设备接线图

接线图一般表示电气设备和元器件的相对位置、文字符号、端子号、导线号、导线类型、导线截面等。所有的元器件都按其所在的实际位置绘制在图纸上，且同一电器的各元件根据其实际结构，使用与原理图相同的图形符号画在一起，并用点画线框上，其文字符号以及接线端子的编号应与原理图中的标注一致，以便对照检查接线情况。要看懂设备接线图，需要知道每个符号代表的意思。电气符号有上百种之多，其中有很多是平时很少会使用到的，图 2-1-1 所示是物联网中常用的一些电气符号。

**1．图纸组成结构**

设备接线图由标题栏、会签栏、图框线、边框线等组成，如图 2-1-2、表 2-1-1 所示。

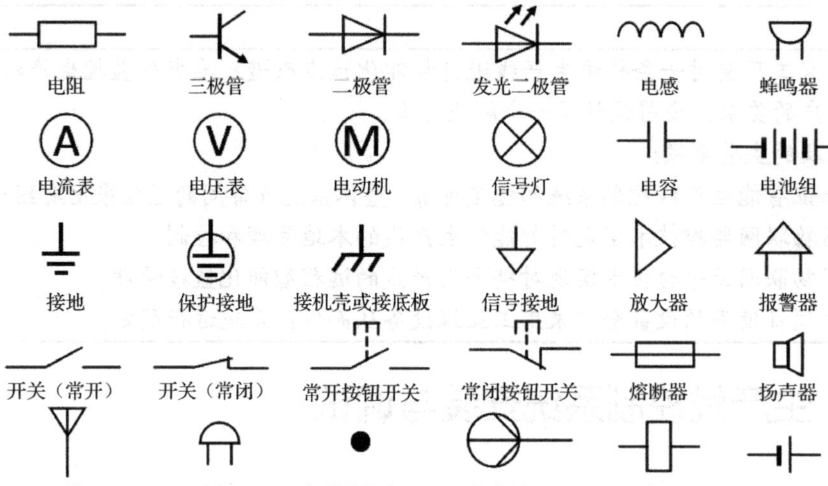


图 2-1-1　常用电气符号

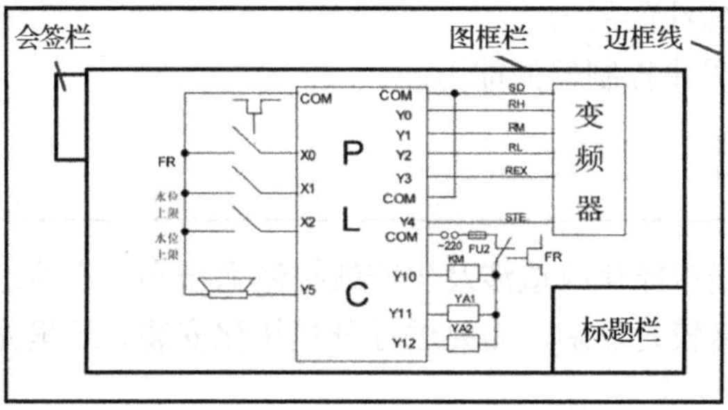


图 2-1-2　图纸组成结构

**表 2-1-1　图纸的组成**

| 图 纸 组 成 | 作　用 |
|---|---|
| 标题栏 | 用来确定图纸的名称、图号、张次、更改信息和有关人员签署等内容，一般位于图纸的下方或右下方 |
| 会签栏 | 图纸上由会签人员填写所代表的有关专业、姓名、日期等的一个表格，不需要会签的图纸可不设会签栏 |
| 图框线 | 图框线用于标明接线图的大小，接线图必须在图框线的范围内 |
| 边框线 | 整张图纸的边界 |

### 2. 设备接线图识读技巧

设备接线图在绘制时应遵循一定的规范，这样便于识图者理解图纸中所绘制的内容，下面列举了一些识读技巧。

① 先主后辅，读主电路部分要从电源引入端开始，经开关、线路到用电设备；二次回路阅读也要从电源出发，按照元器件的顺序依次分析。

② 分功能识读，图纸中电路或元件的位置是按功能和工作顺序进行布置的。

③ 在设备接线图中，同一种电器一般用相同的字母表示，但在字母的后边加上数字或其他字母下标以示区别，例如：两个继电器分别用 km1/km2 表示，或用 kmf/kmr 表示。

④ 设备的状态通常都按常态给出，常态也就是指设备未通电时的状态，对按钮、行程开

关等，则是指未受外力作用时的状态。

⑤ 在原理图中两条交叉导线的表示方法：有直接电联系的连接点，会加个黑圆点表示；无直接电联系的交叉导线连接点不会画黑圆点或者会用半圆弧跨越连接。

⑥ 设备接线图是依据原理图绘制出来的，因此，在看设备接线图时应结合原理图对照一起看，对回路编号、端子编号以及对外连接进行分析，对看图也有一定的帮助。

**想一想：**图 2-1-3 中的 5 组 A、B 导线，两根导线连接在一起的是哪几组？答案在书籍配套资源中。

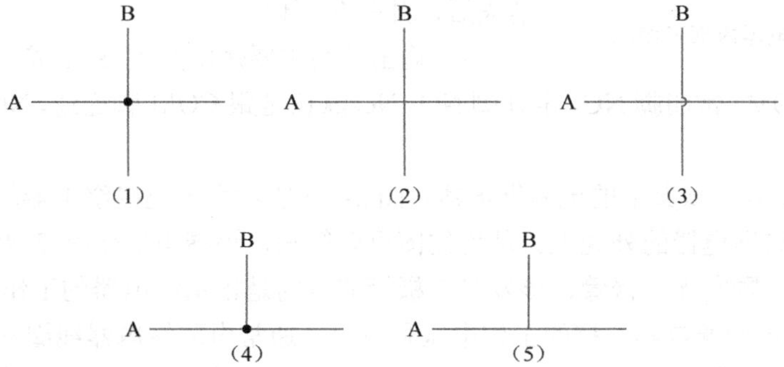


图 2-1-3　导线连接

## 2.1.2　执行设备

执行设备是指接收控制器的控制信号，从而改变自身设备的运行状态，达到用户所需效果的设备。在智能生产线中，安装了很多执行设备，如风扇、警示灯、显示屏等。执行设备属于物联网系统架构中的感知层，通常一个物联网应用系统控制执行设备运行后，还需要收集执行设备的运行状态信息，因为控制系统发送信号给执行设备，不代表执行设备就能正确执行控制系统的命令，所以会在执行设备上安装一些传感器，或者根据执行设备运行后的环境数据判断其是否正常运转。

### 1. 继电器

工业中许多设备是强电压大电流大功率设备，如果直接操作会对人身安全造成危害。而工业中控制器设备输出的信号，通常是低电平信号或者是小电流信号，如何用一个低电平或小电流信号去控制大功率设备？这就需要用到继电器，来进行控制转换。

继电器是一种电控制器件，是当输入量（激励量）的变化达到规定要求时，在电气输出电路中使被控量发生预定的阶跃变化的一种电器。它具有控制系统（又称输入回路）和被控制系统（又称输出回路），通常应用于自动化的控制电路中，它实际上是用小电流去控制大电流运作的一种“自动开关”。故在电路中起着自动调节、安全保护、转换电路等作用。在物联网中，通常用继电器去实现小电流控制大电流电气设备的作用。

继电器的种类很多，按输入量可分为电压继电器、电流继电器、时间继电器、速度继电器、压力继电器等，按工作原理可分为电磁式继电器、感应式继电器、电动式继电器、电子式继电器等，按用途可分为控制继电器、保护继电器等，按输入量变化形式可分为有无继电器和量度继电器。电磁继电器是利用输入电路内电流在电磁铁铁芯与衔铁间产生的吸力作用而工作的一种电气继电器。图 2-1-4 所示为电磁继电器的内部工作原理。

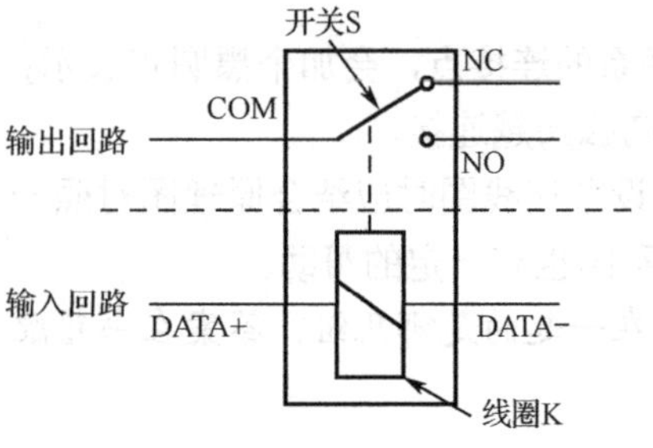


图 2-1-4　电磁继电器内部工作原理

① 上半部分属于输出回路，通常用于连接负载，如灯泡，风扇。

② 下半部分属于输入回路，通常用于连接控制器设备，如数字量采集控制器。

③ 输入回路由一个线圈 K 组成，当电流流过线圈时，也就是线圈两端 DATA+和 DATA-存在电压差时，线圈就会产生磁场，从而控制输出回路中的开关 S 工作，当电流消失后，开关 S 复位。

④ 输出回路主要是由开关 S 组成，开关有三个引脚分别是公共脚 COM，常闭脚 NC，常开脚 NO，NC 默认是跟 COM 脚连通，NO 脚默认跟 COM 脚断开。

图 2-1-5 所示为一款典型的电磁继电器，图 2-1-6 所示为该电磁继电器的连线图，连线图一般会丝印在电磁继电器的外壳上。从连线图可以得知，该继电器带有 2 组开关，同时在线圈的两端还加了一颗发光二极管，该发光二极管的目的是指示继电器的工作状态。

图 2-1-7 所示为继电器支持的工作电压和电流，通常电磁继电器线圈支持的工作电压较低，一般为 DC24V 或 DC5V，而继电器中的开关因为要接负载，因此一般都支持 220V 交流电 10A 电流。10A 的电流跟平时用的接线板支持的电流是一样大的。

图 2-1-8 为继电器与负载的常用连接方式图，这里只用到继电器中的一组开关。

图 2-1-5　电磁继电器

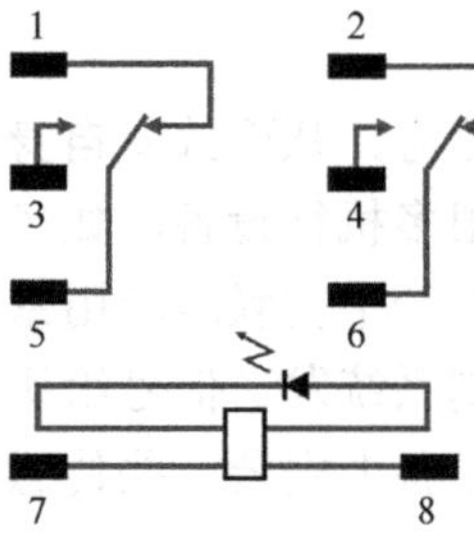


图 2-1-6　引脚连接图

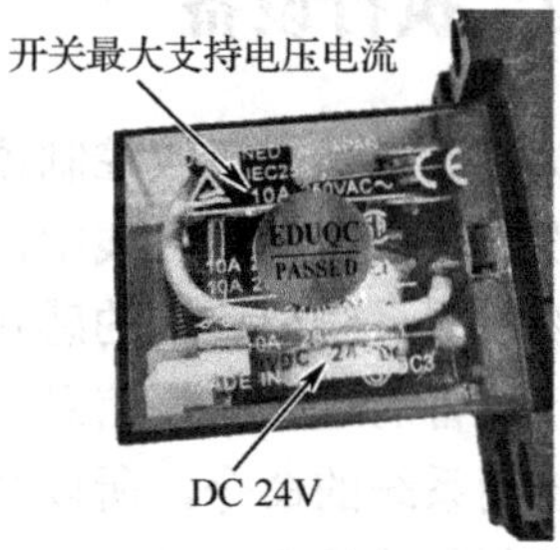


图 2-1-7　工作电压指示

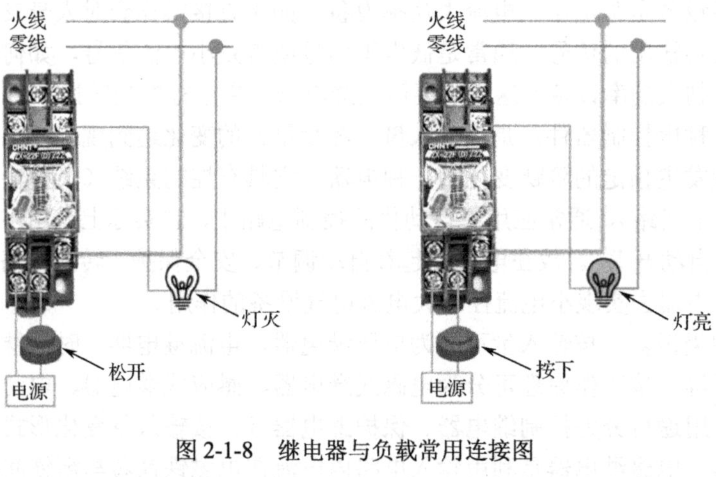


图 2-1-8　继电器与负载常用连接图

2. 自锁和互锁控制技术

在工业控制中，为了电气安全和电气功能需要，会使用到自锁和互锁控制技术，而要实现自锁和互锁功能需要用到继电器的辅助触点。首先需要明白什么叫做自锁，什么叫做互锁。

（1）自锁技术

自锁就是用自己的触头将本接触器线圈回路的按钮开关给短接掉，在按钮开关松开以后使得线圈回路不断开，这就是自锁。这样就可以利用继电器的常开触点并联在按钮开关上，当按下按钮时继电器线圈得电，继电器动作，常开触点闭合，这时在松开按钮以后由于继电器的常开触点已经闭合了，即使松开按钮，继电器一样得电，这就完成了自锁。接下来，我们看看实际电路如何实现自锁。

图 2-1-9 所示为自锁电路的连线方式。当启动按钮按下后，灯泡点亮，这时断开启动按钮，灯泡还是会继续点亮，除非断开停止按钮。

从图中可知，自锁就是在接触器线圈得电后，利用自身的常开辅助触点③和⑤保持回路的接通状态。如把常开辅助触点与启动按钮并联，这样，当启动按钮按下时，接触器动作，辅助触点③和⑤闭合，进行状态保持，此时再松开启动按钮，接触器也不会失电断开。通常，除启动按钮和辅助触点并联之外，还要再串联一个按钮，起停止作用。

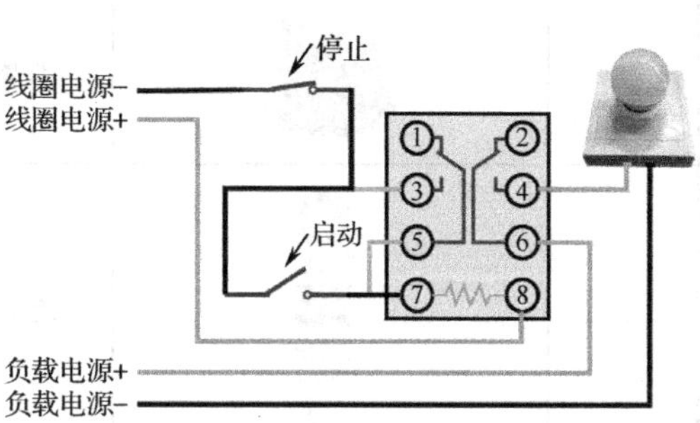


图 2-1-9　继电器自锁连接图

（2）互锁技术

互锁就是由两个或者两个以上的接触器完成的相互有逻辑关系的控制电路，比如继电器 2 的线圈通过继电器 1 的常闭触点以后才接通电源，那么如果接触器 1 一旦动作，接触器 2 就永远不会动作，这是最简单的互锁，就是由一个继电器控制另一个继电器或者很多个继电器的动作与否。

图 2-1-10 所示为互锁电路的连线方式。当开关 1 按下后，负载 1 灯亮，此时按下开关 2，负载 2 灯不会点亮，除非开关 1 断开，开关 2 才能控制负载 2 灯点亮。同样，当开关 2 按下后，负载 2 灯点亮，这时开关 1 也起不到作用。

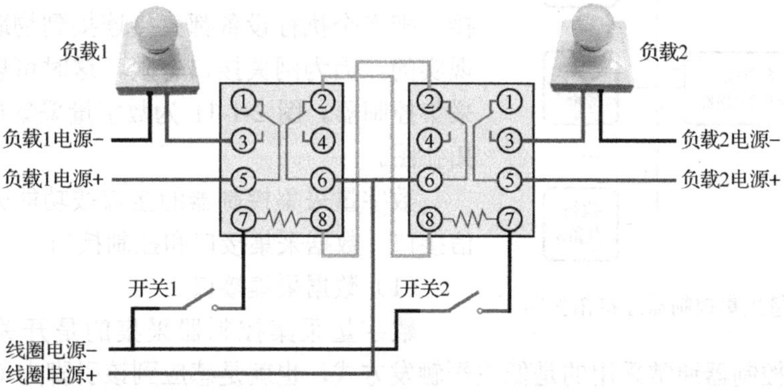


图 2-1-10　继电器互锁连接图

互锁技术在多个领域都有应用。例如：互锁技术广泛应用于铁路信号系统，确保列车在轨道上的安全运行。通过互锁技术，控制信号和道岔可以实现自动化操作，并确保列车在安全距离内行驶。在工业过程中，互锁技术可以用于保证自动化设备和系统的安全操作。例如，在生产线上，只有当特定条件满足时，机器才会启动或停止，以避免意外发生。

### 3. 执行设备性能检测

通常采用直接供电的方式来检测执行设备的性能好坏，只要直接给设备接上对应的电源，看设备的运行效果是否符合说明书要求。表 2-1-2 中列举了一些常见的物联网设备的性能检测方法。

表 2-1-2　常用物联网设备性能检测方法

| 序　号 | 样　图 | 设备名称 | 检测方法 |
|---|---|---|---|
| 1 |  | 报警灯 | 通常有 2 根引线，按说明书连接电源后报警灯闪烁，说明设备性能良好 |
| 2 | 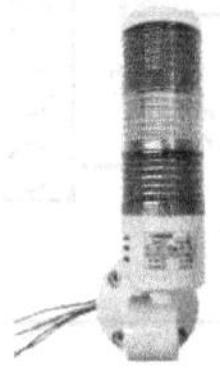 | 三色警示灯 | 通常有 4 根引线，1 根引线是公共线，其他 3 根引线分别对应红、黄、绿 3 颗灯，3 颗灯依次按说明书正确连接电源后对应灯点亮，说明设备性能良好 |
| 3 | 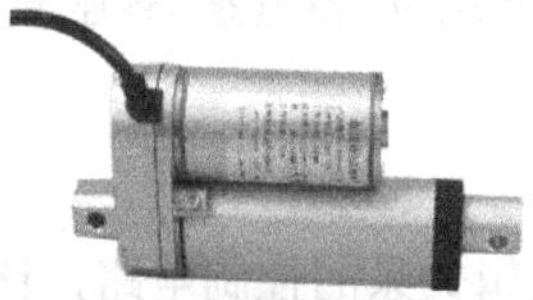 | 推杆电机 | 通常有 2 根引线，正接电机正转、反接电机反转，因此，按说明书正接电源后推杆伸长，反接推杆缩回，说明设备性能良好 |
| 4 |  | 风扇 | 通常有 2 根引线，按说明书正确连接后风扇旋转，反接风扇不转，说明设备性能良好 |

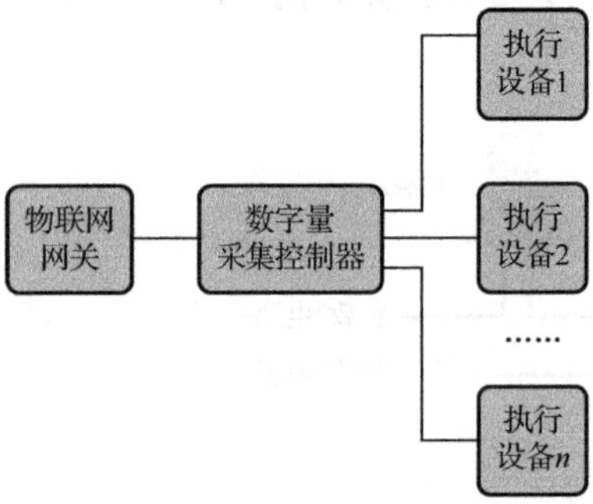


图 2-1-11　数字量采集控制器连接拓扑图

### 4. 数字量采集控制器

物联网应用场景中通常会有多个执行设备相连接，把多个执行设备都直接连接到物联网网关是不现实的，因为网关接口有限，这时可以使用数字量采集控制器。图 2-1-11 为数字量采集控制器的连接拓扑图。

数字量采集控制器的接口按功能分类，分为通信接口、数据采集接口和控制接口。

（1）数据采集接口

数字量采集控制器采集的是开关传感器的数据。数字量采集控制器通常采用的是低电平触发方式，也就是感应到该引脚为 0 信号时，就认为该引脚有信号输入。这种方式的好处在于提高设备信号采集的准确性，因为传感器信号在传输过程中是会衰减的，所以要是采用高电平触发的话，如果信号线太长或衰减太严重就会造成信号误判，以为没有接收到信号。

数字量采集控制器的信号采集接口通常也是由 2 个引脚组成，分别是一正一负，正引脚用于接收传感器数据，负引脚用于和传感器设备接地，目的是保证设备间的等电位。接口的标识一般用 DI 表示，如图 2-1-12 所示为两款不同厂家的数字量采集控制器的数据采集接口表示形式。

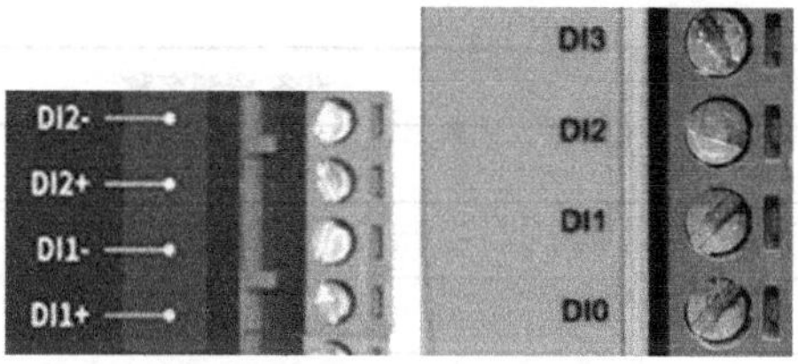


图 2-1-12　数字量采集控制器采集接口

（2）通信接口

数字量采集控制器通常支持与其他设备协同作业，接口主要是采用有线通信方式中的网络接口和总线接口。常用 RS485 通信接口，该接口支持 Modbus 协议，这样便于设备扩展。根据 Modbus 协议的特点，数字量采集控制器在使用前，需要对设备的“设备地址”和“波特率”参数进行配置。数字量采集控制器的通信接口的配置通常有三种方法：使用设备配置工具配置、使用指令协议配置和拨码方式配置，具体使用哪一种方法需要看设备说明书。

（3）控制接口

数字量采集控制器的控制接口是指用于控制外部设备运行的引脚接口，如控制继电器、灯泡、风扇等设备运行。控制接口输出的信号一般都是采用开关信号，使用低电平输出，也就是引脚要输出信号时，该引脚会输出 0V 电压。另外，目前很多控制接口都支持配置为控制输出延迟功能，也就是可以配置输出接口在输出信号以后继续保持一段时间后才变回原本状态，该功能一般默认是关闭状态，需要根据设备说明书进行配置后才能使用。如图 2-1-13 所示为几款不同厂家的数字量采集控制器的控制接口表示形式。

（1）　　（2）　　（3）

图 2-1-13　数字量采集控制器控制接口

- 图 2-1-13（1）设备的控制接口带有继电器功能，OUT1 口从左到右分别是 NC、COM、NO。
- 图 2-1-13（2）设备 DO0、DO1 为控制引脚，D GND 是控制引脚的地引脚，用于保证等电位。
- 图 2-1-13（3）设备 DO3、DO4、DO5 为控制引脚，D. GND 是控制引脚的地引脚。

## 【任务实施】

任务实施前必须先准备好以下设备和资源。

| 序　号 | 设备/资源名称 | 数　量 | 是否准备到位（√） |
|---|---|---|---|
| 1 | ADAM-4150 | 1 个 | |
| 2 | 报警灯 | 1 个 | |
| 3 | 三色灯 | 1 个 | |

续表

| 序　号 | 设备/资源名称 | 数　量 | 是否准备到位（√） |
|---|---|---|---|
| 4 | 电动推杆 | 1个 | |
| 5 | 继电器 | 5个 | |
| 6 | 物联网中心网关 | 1个 | |
| 7 | USB 转 RS232 线 | 1条 | |
| 8 | RS232 转 RS485 | 1个 | |
| 9 | 网线 | 1根 | |

## 1．搭建硬件环境

首先，需要搭建生产线控制系统的硬件环境，需要使用到的数字量采集控制器为 ADAM-4150 设备，图 2-1-14 为 ADAM-4150 设备的接口说明。

| 序号 | 引脚 | 说明 |
|---|---|---|
| 1 | DO0～DO7 | 控制输出接口，用于连接执行设备 |
| 2 | DI0～DI6 | 采集输入接口，用于连接传感器 |
| 3 | D.GND | 信号地，保证等电位，通常和电源地接 |
| 4 | DATA+ | RS485接口，RS485正极 |
| 5 | DATA- | RS485接口，RS485负极 |
| 6 | +VS | 电源接口，连接DC24V正极 |
| 7 | GND | 电源接口，连接DC24V地 |
| 8 | 拨码开关 | Init位置进入配置状态 |
| | | Normal位置进入正常工作状态 |

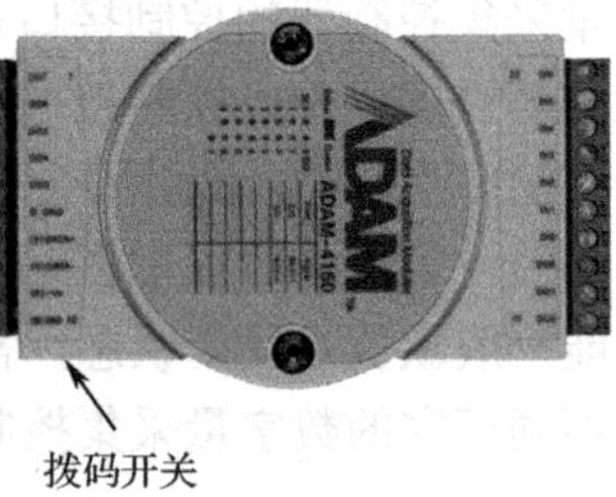


图 2-1-14　ADAM-4150 设备接口说明

认真识读图 2-1-15 所示的设备接线图，完成设备的安装和接线，保证设备接线正确。

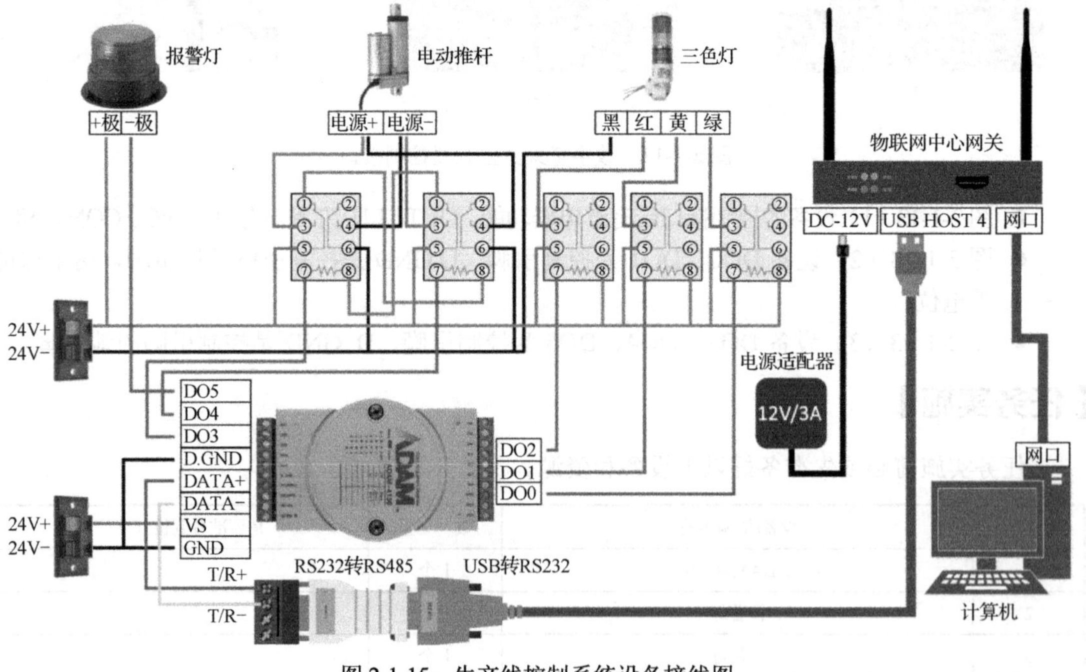


图 2-1-15　生产线控制系统设备接线图

**2．配置 4150 采集控制器**

设备接线完成后，需要对数字量采集控制器进行配置。将拨码开关拨至 Init 位置，如图 2-1-16 所示，完成后，将 USB 转 RS232 线的 USB 头插在电脑上。

**温馨提示：**这里需要先断开 USB 转 RS232 线与网关的连接，配置完成后需要将线接回物联网网关。

运行 ADAM-4150 配置工具，首先需要搜索设备连接的串口号，右击“Serial”选项，选择“Refresh Subnode”，完成串口号扫描，如图 2-1-17 所示，扫描到的串口号为 COM8 口。

**温馨提示：**需要确保设备管理器中能识别到 USB 转 RS232 线后，该步骤才有效。

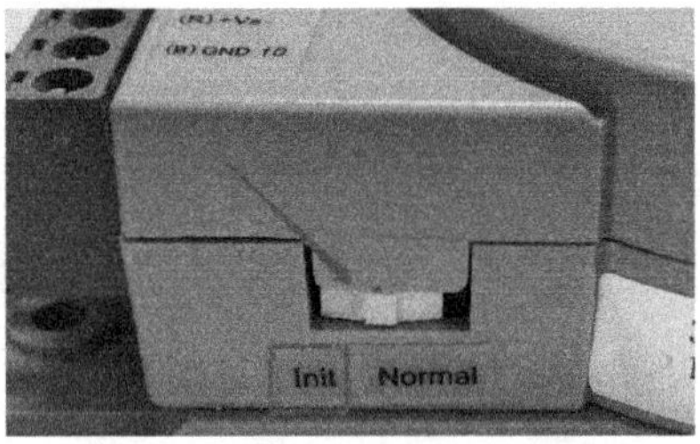


图 2-1-16　拨码开关拨至 Init 状态

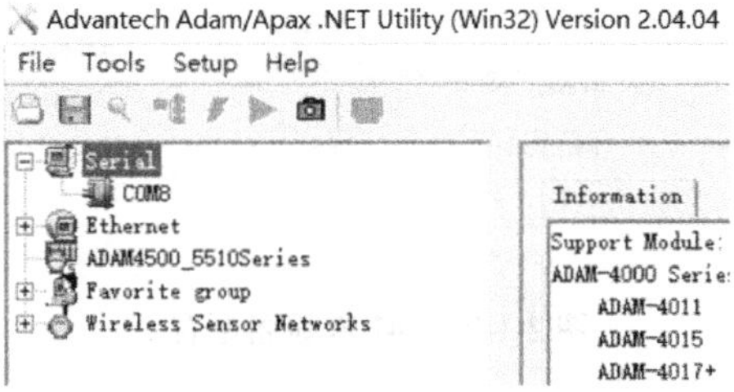


图 2-1-17　搜索串口号

下一步，搜索设备，右击“COM8”选择“Search”搜索设备，默认从 0 地址开始搜索，如图 2-1-18、图 2-1-19 和图 2-1-20 所示，在 COM8 口下搜索到 4150 设备。

**温馨提示：**只要搜索到 4150 设备后，就可以停止搜索，无需等到搜索结束。

**温馨提示：**4150 设备后面如果不是*号，说明 4150 设备没有拨至 Init 位置。注意拨码后要重启设备才能生效。

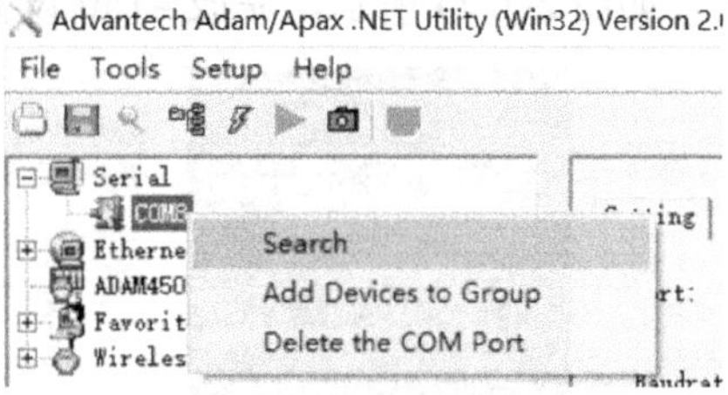


图 2-1-18　搜索设备

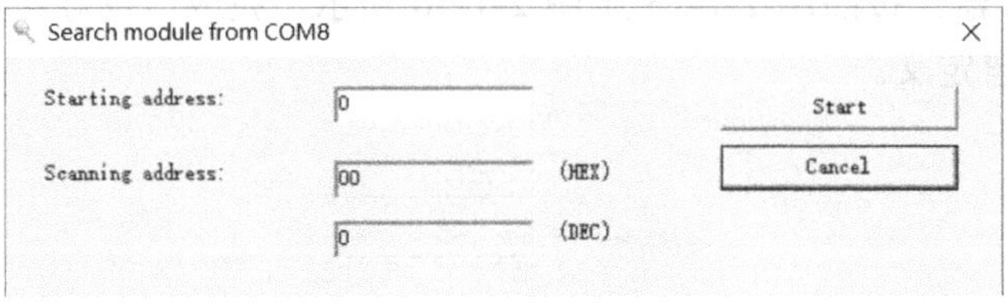


图 2-1-19　搜索设备设置

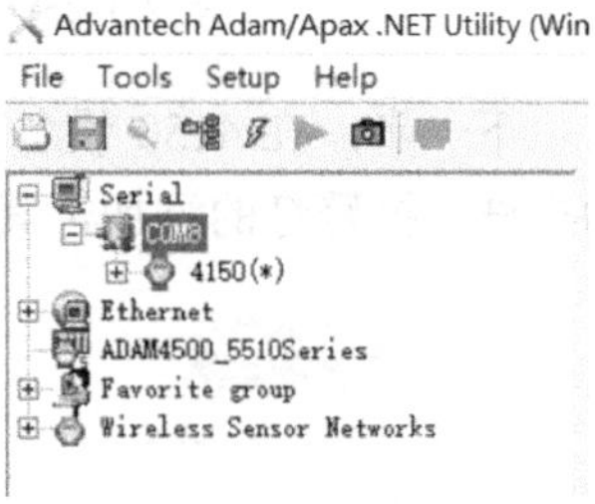


图 2-1-20　搜索到 4150 设备

下一步，配置 4150 设备，如图 2-1-21 所示，选择 4150 设备中的“Module setting”选项，设置 Address 为 1，Baudrate 为 9600bps，Protocol 为 Modbus，然后单击“Apply change”按钮，完成配置。

最后，配置完成后，需要将拨码开关还原到 Normal 状态，并将 USB 转 RS232 线接回物联网网关上。

**3．配置物联网中心网关**

正确配置计算机 IP 地址，并使用浏览器登入物联网中心网关配置界面。

（1）配置连接器

进入物联网中心网关界面后，选择“配置”→“新增连接器”，进入连接器配置界面，如图 2-1-22 所示，完成连接器添加，其中连接器名称可自定义。

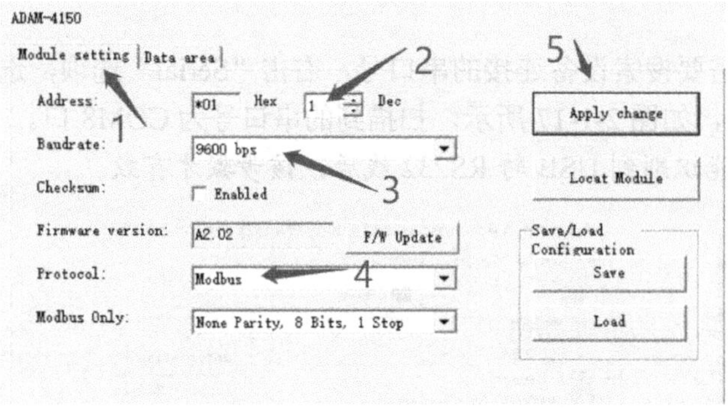


图 2-1-21　4150 设备配置

图 2-1-22　连接器配置

（2）添加执行器

打开连接器中的新建的“4150 采集控制器”栏目，再单击“新增”按钮，如图 2-1-23 所示。如图 2-1-24 所示，完成 4150 设备的添加，其中设备名称和标识名称可自定义。

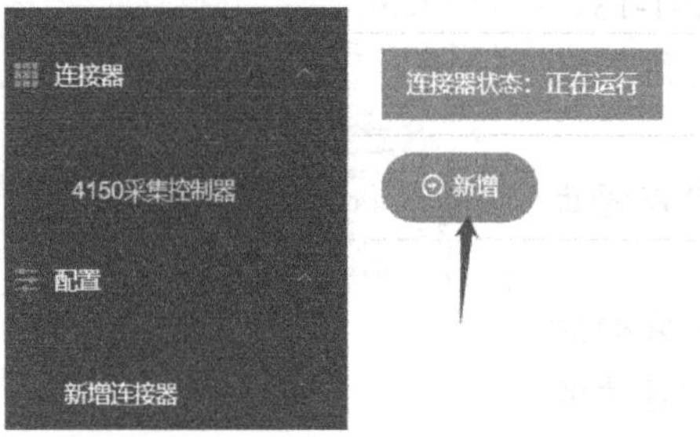


图 2-1-23　新增连接器

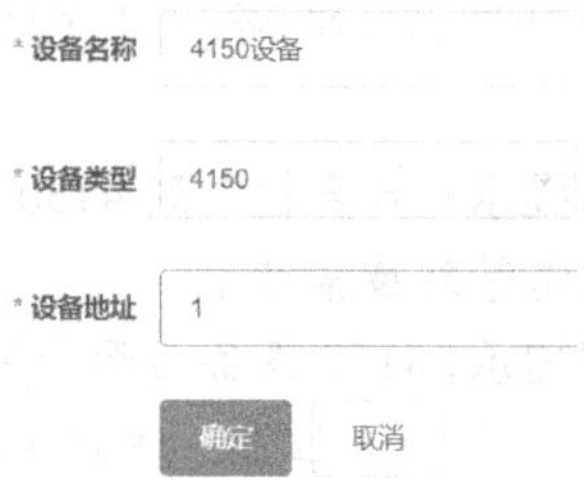


图 2-1-24　新增 4150 设备

下一步，在 4150 设备下添加执行器。按照图 2-1-25 至图 2-1-30 所示，完成三色灯、电动推杆、报警灯的添加，其中名称可自定义。

图 2-1-25　添加执行器

图 2-1-26　添加红灯

图 2-1-27　添加黄灯

图 2-1-28　添加绿灯

图 2-1-29　添加报警灯

图 2-1-30　添加电动推杆

## 4．测试功能

最终效果要求在物联网中心网关的“数据监控”界面中，单击对应的设备开关按钮，可以看到真实设备发生对应的运作，如图 2-1-31 所示。

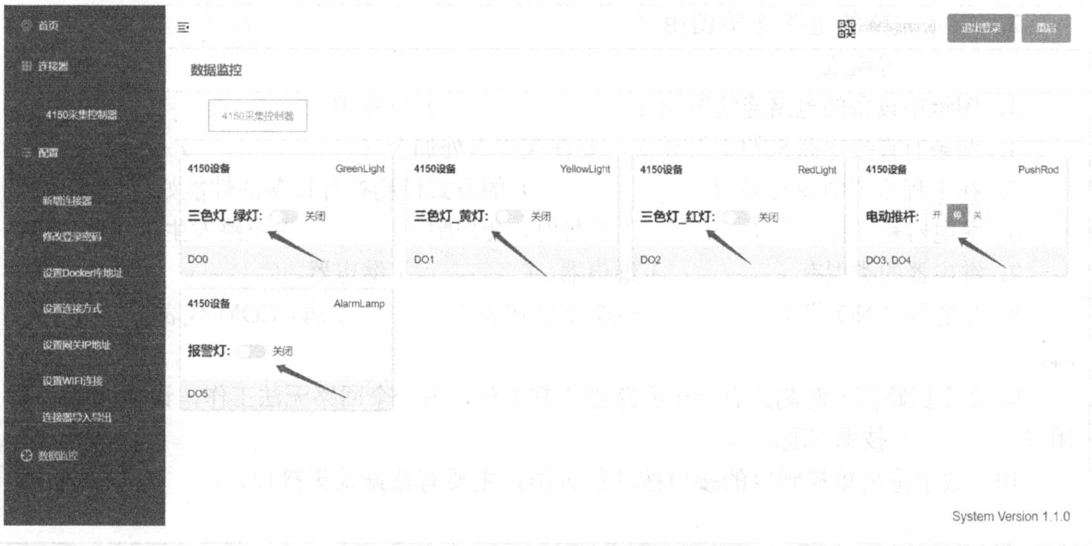


图 2-1-31　生产线控制系统测试功能

## 【任务小结】

本任务的相关知识小结思维导图如图 2-1-32 所示。

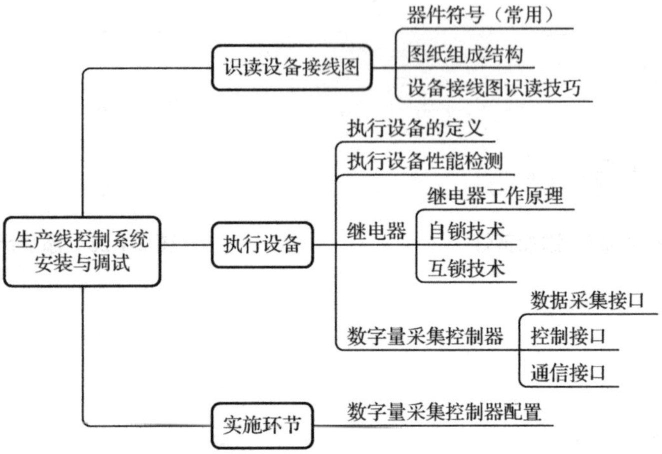


图 2-1-32　任务 1 生产线运行管理系统安装与调试思维导图

## 【任务工单】

完整工单存放在本书配套资源中，不在书中体现。

| 项目 2：智能生产—生产线运行管理系统安装与调试 | 任务 1：生产线控制系统安装与调试 |
|---|---|

**（一）本次任务关键知识引导**

1．下列属于线圈的电气符号图是（　　　）。

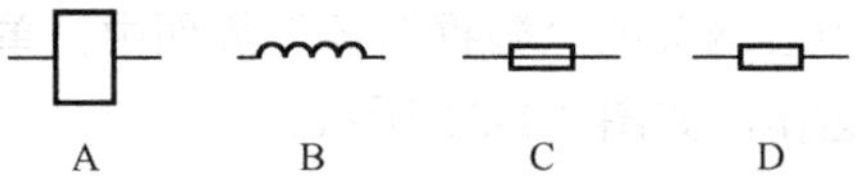


2．一张完整的电路连接图由（　　　　　）、（　　　　　）、（　　　　　）、（　　　　）等组成。

3．图纸中设备的电路连线图画在（　　　　　）位置中。

4．两条有直接电联系的交叉导线，要在连接点处加个（　　　　　）表示。

5．在工程施工中通常采用（　　　　　）的方式检测执行设备的性能好坏。

6．继电器是一种当有（　　　　）信号时，会控制（　　　　）电路发生变化的电器。

7．继电器的类型有（　　　　）继电器、（　　　　）继电器、（　　　　）继电器等。

8．继电器中 NO 代表（　　　　）脚，NC 代表（　　　　）脚，COM 代表（　　　　）脚。

9．2 个回路同一时刻只有一个回路能正常工作，另一个回路无法工作，该功能可以采用（　　　　）技术实现。

10．数字量采集控制器的接口按功能分类，主要有数据采集接口、（　　　　）和（　　　　）。

# 任务 2　生产线环境数据采集系统安装与调试

## 【职业能力目标】

- 具备阅读设备接线图和正确、规范接线的能力。
- 具备调试 RS485 网络的能力。
- 具备安装调试感知设备、信号转换器、模拟量采集器等的能力。

## 【任务描述与要求】

**任务描述：** 公司要求在生产线控制系统的基础上，继续增加生产线环境数据采集系统，要求完成对环境噪声和人员信息数据的采集。

**任务要求：**

- 正确阅读设备接线图，完成设备的安装和连线。
- 正确配置模拟量采集器设备和物联网网关设备。
- 实现通过物联网网关设备获取环境噪声和人员信息数据。

## 【知识储备】

### 2.2.1　模拟量采集器

物联网采集传感器信号，大多数是要采集现实中的连续变化的物理量，如温度、光照强度、湿度等。这时，就需要模拟量采集器进行传感器数据采集。

模拟量采集是指模拟信号输入，模拟信号输入是指连续变化的物理量的输入。与之相比，数字量仅为 0 和 1。模拟量采集器有许多应用领域，如楼宇自动化、环境监测、工厂自动化和智能交通。模拟量采集器在智能交通中应用的例子有地铁车厢指示灯控制、气体浓度监测、烟感监测和车厢排气扇控制等。

工业应用中，很多传感器输出的信号都采用模拟的电压和电流信号输出。目前模拟量采集器设备没有统一的生产标准，不同厂家生产的模拟量采集器设备，根据型号不同，其设备的功能和接口数量也不太一样，有些模拟量采集器设备不仅能采集模拟传感器的数据而且还能采集开关传感器的数据，甚至有些模拟量采集器还具备控制功能，使用时需要根据情况进行选择。如图 2-2-1 所示为 3 款具备模拟量采集功能的模拟量采集器。

| ADMA-4017+ | |
|---|---|
| 接口 | 说明 |
| 输入 | 8路模拟 |
| 输出 | / |
| 通信 | RS485 |

| DAM-T0222 | |
|---|---|
| 接口 | 说明 |
| 输入 | 2路模拟、2路数字 |
| 输出 | 2路 |
| 通信 | RS485、RS232 |

| WISE-4012 | |
|---|---|
| 接口 | 说明 |
| 输入 | 4路横拟 |
| 输出 | 2路 |
| 通信 | Wi-Fi |

图 2-2-1　模拟量采集器

模拟量采集器的接口类型主要有两种：数据采集接口和通信接口。有些厂家生产的模拟量采集器会带有一些控制接口。

**1．数据采集接口**

模拟量采集器采集的是模拟传感器的数据，通常支持采集 4～20mA、0～5V、0～10V、1～10V 四种信号。大多数模拟量采集器只支持 1 种类型的信号采集，然而有些性能较强的能支持多种信号类型。这种支持多种类型信号采集的模拟量采集器，出厂时会默认设置为采集一种类型的信号，如果要采集其他类型的信号，需要使用厂家软件、拨码或切换跳针的方式进行配置。

模拟量采集器的信号采集接口通常由 2 个引脚组成，分别是一正一负，正引脚用于传感器数据的输入，负引脚用于和传感器设备接地，目的是保证设备间的等电位。接口的标识有 AI、AIN、Vin、V 等表示形式，如图 2-2-2 所示为三款不同厂家的模拟量采集器的数据采集接口表示形式。

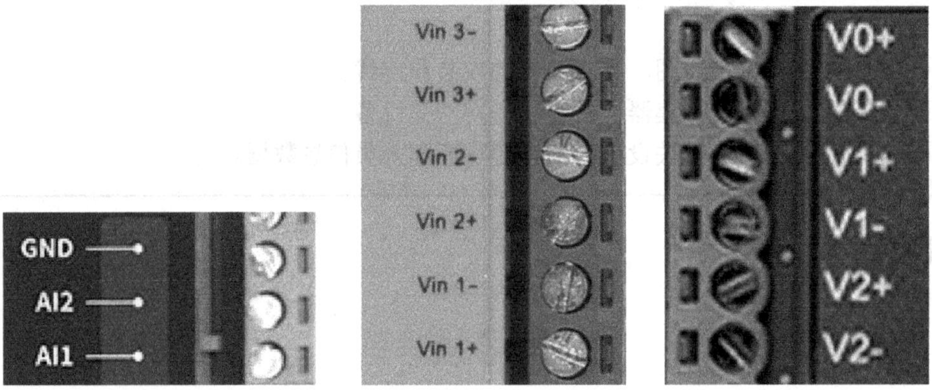


图 2-2-2　模拟量采集器采集接口

**2．通信接口**

模拟量采集器的数据也需要通过通信接口把采集的数据发送出去，通常有以太网口、RS485 接口、RS232 接口等，有些甚至采用 Wi-Fi 通信接口。

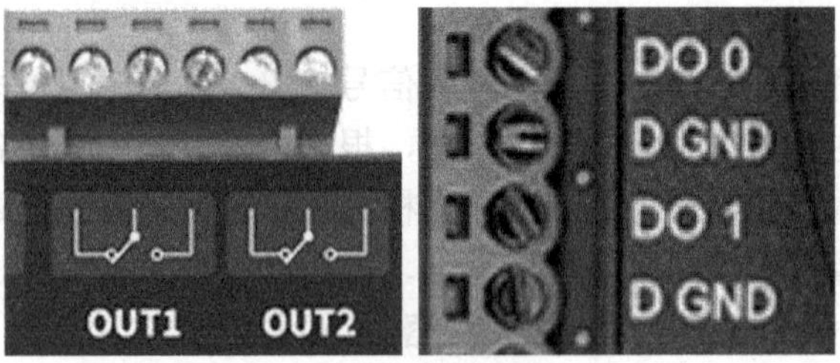


图 2-2-3　模拟量采集器控制接口

**3．控制接口**

有些模拟量采集器还会带有控制接口。控制接口的功能和数字量采集控制器的控制接口是一样的，都是采用开关信号，即输出空载和低电平两种信号，当然有些控制接口的输出还带有继电器功能，如图 2-2-3 所示为两款模拟量采集器的控制接口。

## 2.2.2　人体红外传感器

红外传感器是借由可见光来开展数据分析的一种传感器，可见光传感器的原理是利用红外光线原理去展开量度的传感器。

工厂车间设备众多，管理起来也较为复杂，用电和资源浪费大。粗略估算，一个占地 280

平方米的电子厂生产车间，中央空调每小时耗电量就为 42 千瓦，因此节能操作非常重要。那么，要如何做到节能呢？首先，需要获取人员的活动信息。

人体红外传感器是可用于探测指定区域内是否有人存在的一种传感器，属于热释电传感器中的一种，工作原理是通过检测区域内的红外线变化情况，从而判断区域内是否有人存在。如图 2-2-4 所示为三款不同外观的人体红外传感器。

为了在监测人体有或无的过程中避免太阳光和照明灯光等光线的影响，通常在人体红外传感器的表面附加上一块滤光片，同时，因为人体的移动速度比较缓慢，所以还需要加上能够聚焦的菲涅尔透镜等配件，才能满足实际的使用需要。

人体红外传感器通常带有 1 个时间调节旋钮，主要用于调节感应到人后，信号输出保持多少秒。

图 2-2-5 所示为某款人体红外传感器的背面图。其背后有一个时间旋钮。调节该旋钮时可使用一字螺丝刀轻轻地调，遇到阻力就是尽头了，不能再往前，不然就会调坏零件。

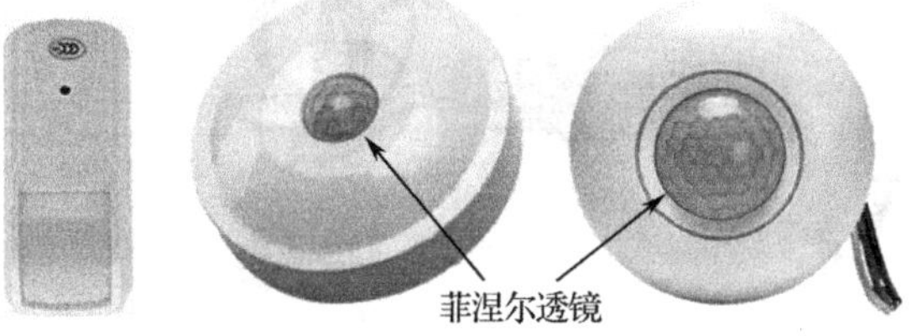


图 2-2-4　人体红外传感器

图 2-2-5　人体红外传感器调节旋钮

时间旋钮：向左旋减少时间，向右旋增加时间，默认 20s 左右，可调范围为 15～300s。

## 2.2.3　噪声传感器

噪声传感器内置一个对声音敏感的电容式驻极体话筒，声波使话筒内的驻极体薄膜振动，导致电容的变化，而产生与之对应变化的微小电压，从而实现光信号到电信号的转换。

工厂噪声会严重地危害人体的健康，轻度噪声会影响人体神经中枢，使患者产生心慌、头晕、头痛、四肢乏力和睡眠障碍等，长期的噪声环境会使人听力受损，破坏听觉组织，造成耳鸣、听力下降等情况。其危害程度与人体处于噪声环境下时间的长短以及所处环境噪声的大小有密切的关系。根据国家标准《工业企业噪声卫生标准》第五条，工业企业的生产车间和作业场所的工作地点的噪声标准为 85dB。现有工业企业经过努力暂时达不到标准时，可适当放宽，但不得超过 90dB。表 2-2-1 列举了一些声音分贝所对应的声音大小。

表 2-2-1　分贝对照表

| 序　号 | 音量/dB | 类　比 |
|---|---|---|
| 1 | 1 | 刚能听到的声音 |
| 2 | 15 | 感觉安静 |
| 3 | 30 | 耳语的音量大小 |

续表

| 序　号 | 音量/dB | 类　比 |
|---|---|---|
| 4 | 60 | 正常交谈的声音 |
| 5 | 70 | 相当于走在闹市区 |
| 6 | 85 | 嘈杂的办公室 |
| 7 | 90 | 不会破坏耳蜗内的毛细胞 |
| 8 | 100 | 装修电钻的声音 |
| 9 | 130 | 飞机起飞声音 |

噪声传感器是一种可以用来对生产车间的噪声进行检测的装置。不同厂家生产的噪声传感器的外观和信号输出接口也是不一样的，目前噪声传感器的信号输出接口有 RS485、4～20mA、0～5V 和以太网几种。图 2-2-6 所示为三款不同外观的噪声传感器。

图 2-2-6　噪声传感器

## 2.2.4　信号转换器

信号转换器是一种设备，通过数电的原理将电信号转化成数字信号，需专业的芯片处理。

本次任务中的不同厂家生产传感器和信号采集器，容易出现传感器的电信号和采集器之间的信号传输接口不匹配的问题，这时需要增加信号转换器设备。信号转换器也叫信号变换器，它是将一种信号转换成另一种信号的装置。信号是信息存在的形式或载体，在自动控制系统中，常将一种信号转换成另一种标准量信号，以便将两类仪表连接起来，信号转换器常常是处在两个仪表（或装置）间的中间环节。目前信号转换器的类型很多，这也极大地扩展了各类仪器仪表的使用范围，使自动控制系统具有更多的灵活性和更广的适应性。

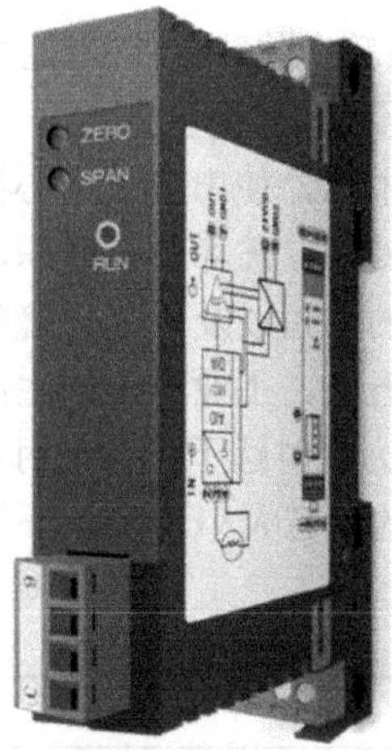


图 2-2-7　某款信号转换器

图 2-2-7 为某款信号转换器，主要功能是将 0～5V 的直流电压信号转换成 4～20mA 直流电流信号。目前市面上除了该类型的信号转换器外，还有很多种信号转换器，表 2-2-2 中列举了一些常用的信号转换器参数。

表 2-2-2　常用信号转换器参数

| 序　号 | 输　入 | 输　出 | 序　号 | 输　入 | 输　出 |
|---|---|---|---|---|---|
| 1 | 4～20mA | 0～3.3V | 7 | 0～10V | 4～20mA |
| 2 | 4～20mA | 0～5V | 8 | 0～20mA | 4～20mA |
| 3 | 4～20mA | 1～5V | 9 | 0～10V | 0～5V |
| 4 | 4～20mA | 0～10V | 10 | 0～10V | 0～20mA |
| 5 | 0～5V | 4～20mA | 11 | 0～5V | 0～10V |
| 6 | 1～5V | 4～20mA | | | |

## 2.2.5　信号隔离器

隔离器是一种采用线性光耦隔离原理，将输入信号进行转换输出的装置。其输入、输出和工作电源三者相互隔离，特别适合与需要电隔离的设备仪表配合使用。隔离器又称信号隔离器，是工业控制系统中的重要组成部分。

在工业生产过程中实现监视和控制需要用到的仪器和设备非常复杂。它们之间的信号传输既有微弱到毫伏级、微安级的小信号，又有几十伏，甚至数千伏、数百安培的大信号，有低频直流信号，也有高频脉冲信号，构成系统后往往使得在仪表和设备之间传输的信号互相干扰，造成系统不稳定甚至误操作，这时就需要用到信号隔离器。

信号隔离器的主要功能：

① 信号隔离器能够把输入信号和输出信号隔离开来。

这是信号隔离器的主要功能，使用信号隔离器之后，一方面，它能够很好地解决环路和设备之间的相互干扰，另一方面也能够有效消除线路传输过程中外界的一些电磁干扰。

② 信号隔离器能够有效避免电源之间的冲突。

工业生产中往往会用到很多设备，机械设备一般都需要在有电源的环境下工作，而电源一多常常会造成冲突，大大影响各设备之间的正常工作，使用信号隔离器之后就可以有效解决这个问题，使得各个设备有条不紊地工作。

③ 信号隔离器可以对一些设备进行信号隔离分配。

很多设备会带有负载，这就不可避免地要使用到电阻和导线等，可是一般情况下导线长度往往会影响设备的电阻，电阻改变又会影响整个设备的电压，用信号隔离器就能解决好这个问题。

直流信号隔离器属于信号隔离器中的一种，主要作用是对直流信号进行隔离。

如图 2-2-8 所示是某款直流信号隔离器，其主要功能是对 0～10V 的直流电压信号进行隔离，从图中设备标签可知，其输入电压为 DC0～10V，输出电压也为 DC0～10V，该信号隔离器的主要作用是对信号进行隔离。现在很多厂家生产出来的信号隔离器不仅仅只有隔离信号的功能还具有信号转换的功能，使得信号隔离器和信号转换器的分界越来越模糊，但是却丰富了用户的可选性。

图 2-2-9 所示为某款带有信号转换功能的直流信号隔离器，能将输入的 0～10V 直流电压信号，转换成 4～20mA 的直流电流信号输出。

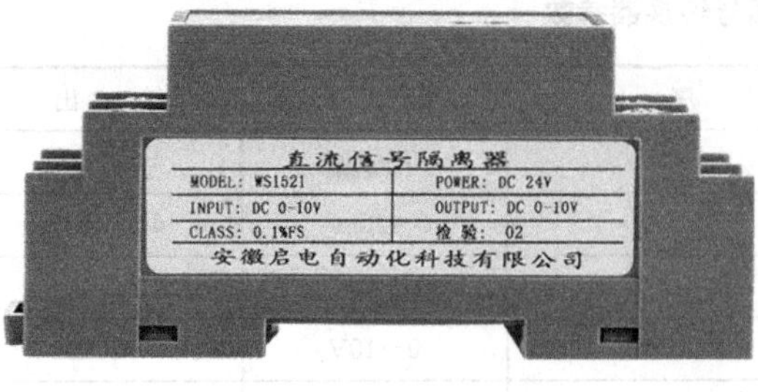


图 2-2-8　直流信号隔离器

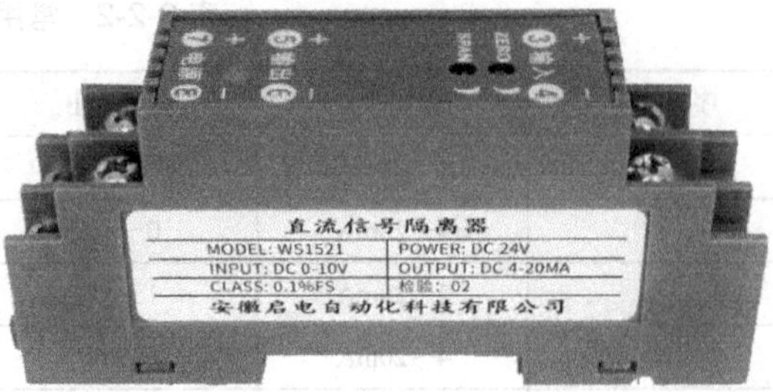


图 2-2-9　直流信号隔离变换器

图 2-2-10 所示为另一款带有信号转换功能的直流信号隔离器。该直流信号隔离器支持二进二出，也就是支持两路信号隔离功能，两路输入都支持 4～20mA 直流电流信号，两路输出都支持 0～10V 的直流电压信号。

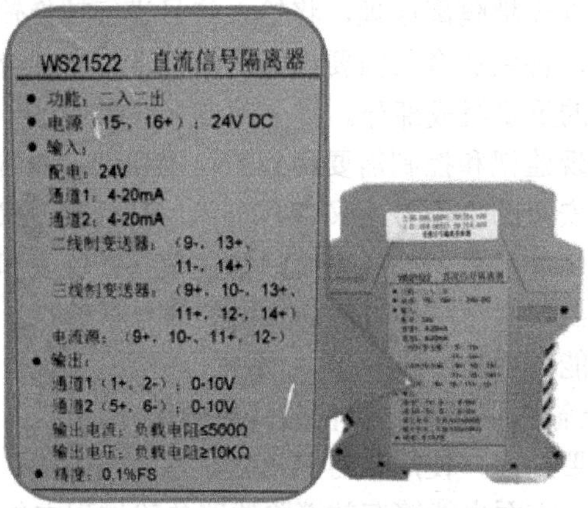


图 2-2-10　直流信号隔离器 2

## 【任务实施】

任务实施前必须先准备好以下设备和资源。

| 序　号 | 设备/资源名称 | 数　量 | 是否准备到位（√） |
|---|---|---|---|
| 1 | DAM-T0222 | 1 个 | |
| 2 | 噪声传感器 | 1 个 | |
| 3 | 人体红外传感器 | 1 个 | |
| 4 | 直流信号隔离变换器 | 1 个 | |
| 5 | 直流信号隔离器 | 1 个 | |
| 6 | 物联网中心网关 | 1 个 | |
| 7 | USB 转 RS232 线 | 1 条 | |
| 8 | RS232 转 RS485 | 1 个 | |
| 9 | 网线 | 1 根 | |
| 10 | 铝条 | 1 根 | |

### 1. 搭建硬件环境

首先，需要搭建生产线环境数据采集系统的硬件环境，使用到的模拟量采集器为 DAM-T0222 设备，图 2-2-11 为 DAM-T0222 设备的接口说明。

| 功能 | 引脚 | 说明 |
|---|---|---|
| 供电 DC7～30V | + | 电源正极 |
| | − | 电源负极 |
| AI 模拟量输入 | AI1 | 第一路模拟量输入信号正 |
| | AI2 | 第二路模拟量输入信号正 |
| | GND | 模拟量输入信号负 |
| DI 开关量输入 | DI1+ | 第一路开关量输入信号正 |
| | DI1− | 第一路开关量输入信号负 |
| | DI2+ | 第二路开关量输入信号正 |
| | DI2− | 第二路开关量输入信号正 |
| DO 继电器输出 | OUT1 | 第一路继电器输出常开端 |
| | | 第一路继电器输出公共端 |
| | OUT2 | 第一路继电器输出常闭端 |
| | | 第二路继电器输出常开端 |

图 2-2-11　DAM-T0222 设备接口说明图

认真识读图 2-2-12 所示的设备接线图，完成设备的安装和连线，保证设备连线正确。

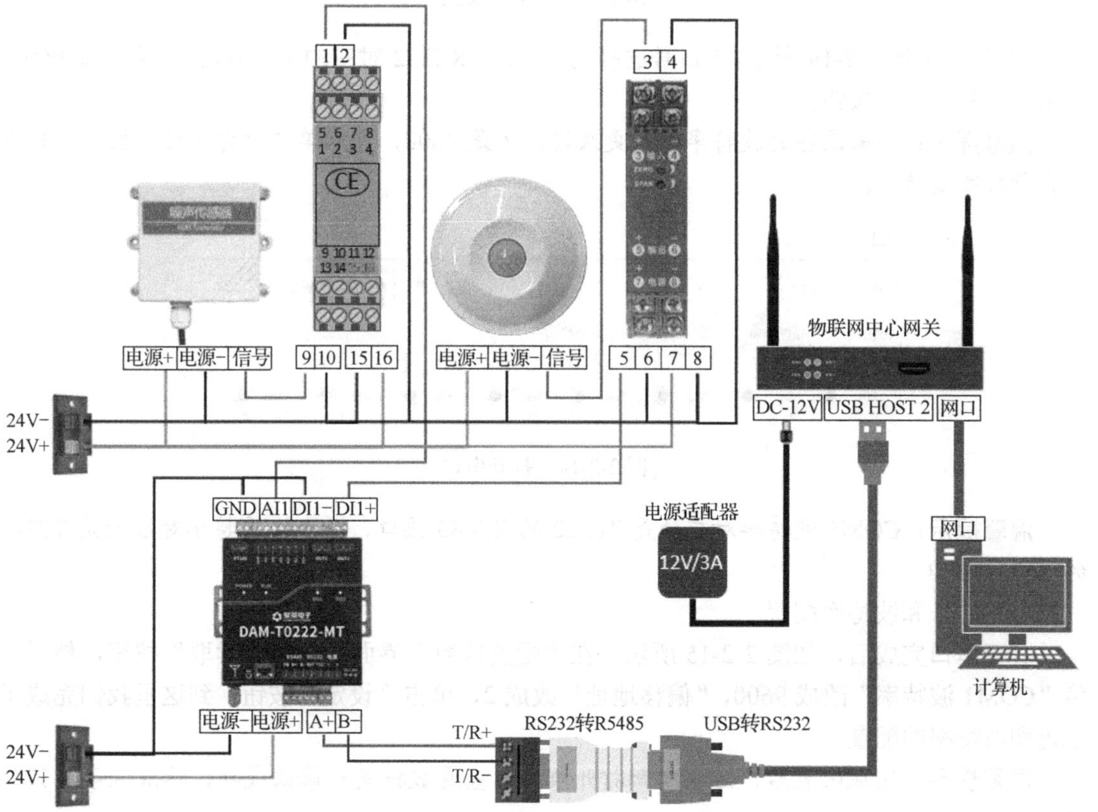


图 2-2-12　生产线运行数据采集系统设备接线图

### 2. 配置 T0222 采集控制器

木次使用 DAM-T0222 设备的 RS485 通信接口进行传输数据，需要先配置设备的地址和波特率。将已搭建好的设备环境中 USB 转 RS232 线的 USB 头插在电脑上。

**温馨提示：**先断开 USB 转 RS232 与物联网中心网关的连接，完成配置后接回物联网中心网关。

（1）打开串口

运行 DMA-T0222 厂家提供的“JYDAM 调试”软件，如图 2-2-13 所示，单击“高级设置”按钮，将“通讯方式”改成从“TCP”改成“串口”方式，单击“保存”按钮。

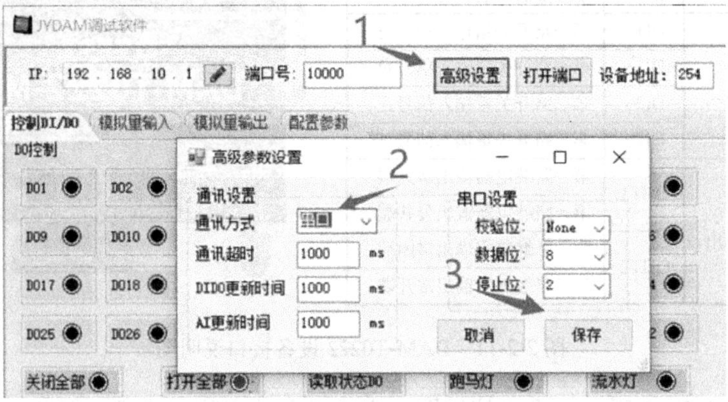


图 2-2-13　串口设置

完成后，如图 2-2-14 所示，串口号选择为 USB 转 RS232 对应的串口号，波特率选择 9600，单击“打开端口”按钮。

**温馨提示：**如果设备的波特率被人更改过，不是 9600，可以单击“自适应”按钮，软件会自行检测波特率。

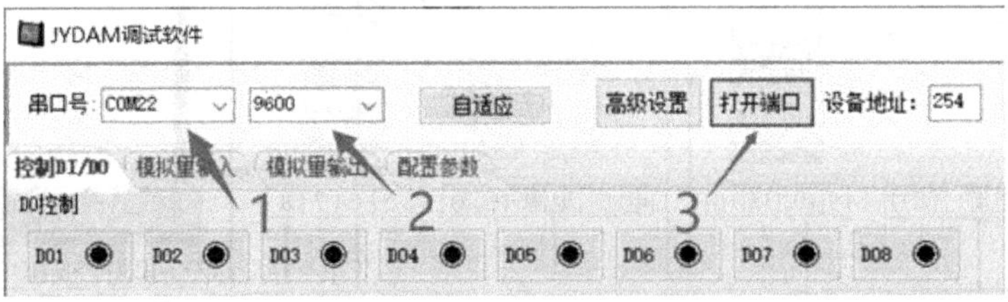


图 2-2-14　打开串口

**温馨提示：**COM1 波特率对应的是 T0222 的 RS485 接口，COM2 波特率对应的是 T0222 的 RS232 接口。

（2）地址和波特率配置

打开串口完成后，如图 2-2-15 所示，在“配置参数”界面中单击“读取”按钮，然后，将“COM1 波特率”改成 9600，“偏移地址”改成 2，单击“设定”按钮。到这里我们完成了地址和波特率的配置。

**温馨提示：**完成配置后，建议重新打开端口，查看数据是否修改成功，养成做事严谨的习惯。

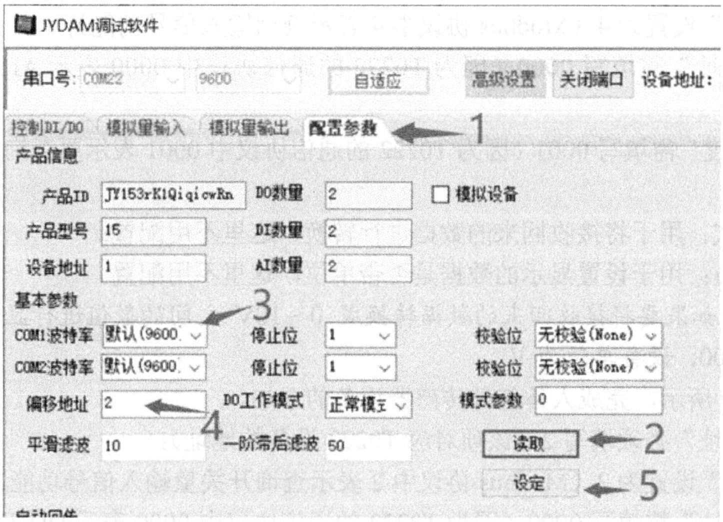


图 2-2-15　地址和波特率配置

### 3．配置物联网中心网关

先将 USB 转 RS232 线接回物联网中心网关上，再正确配置计算机 IP 地址，并使用浏览器登入物联网中心网关配置界面。

（1）配置连接器

在物联网中心网关配置界面中，参考图 2-2-16，完成连接器添加，其中“连接器设备类型”要选择为“NLE MODBUS-RTU SERVER”，该类型可用于任何支持 Modbus 通信的设备。

（2）添加传感器

打开添加的连接器“T0222 采集控制器”栏目，在右边单击“新增传感器”按钮，如图 2-2-17 所示。

图 2-2-16　添加连接器

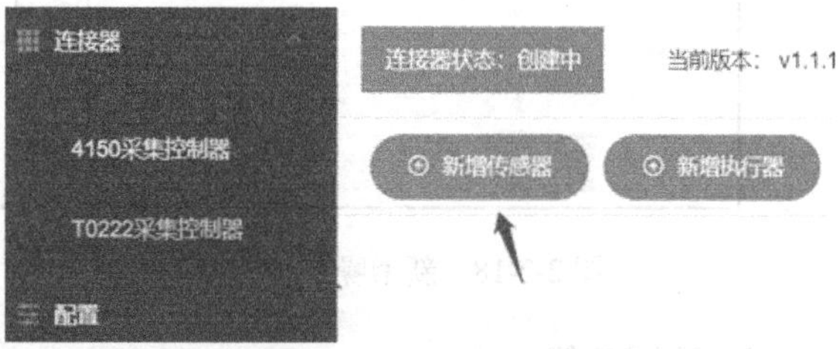


图 2-2-17　新增传感器

如图 2-2-18 所示，完成噪声传感器设备的添加。

- “从机地址”必须为 2（该项对应 T0222 设备的地址）；

- “功能号”设置为 4（Modbus 协议中 4 表示查询输入信号功能）；
- “起始地址”需填写 0000（因为 T0222 的通信协议中 0000 表示 AI1 口，0001 表示 AI2 口）；
- “数据长度”需填写 0001（因为 T0222 的通信协议中 0001 表示要查询的模拟量数量为 1 路）；
- 采样公式：用于将接收回来的数据进行转换，这里不用配置；
- 设备单位：用于设置显示的数据是否带单位，这里不用配置。

**温馨提示：**如果要将接收回来的数据转换成 0～10V 之间的数值进行显示，可以设置采样公式为 R0/1000，设备单位为 V。

如图 2-2-19 所示，完成人体红外传感器设备的添加。

- “从机地址”必须填写 2（该项对应 T0222 设备的地址）；
- “功能号”设置为 2（Modbus 协议中 2 表示查询开关量输入信号功能）；
- “起始地址”需填写 0000（因为 T0222 的通信协议中 0000 表示 DI1 口）；
- “数据长度”需填写 0001（因为 T0222 的通信协议中 0001 表示要查询的开关量数量为 1 路）；
- 采样公式和设备单位本次不用配置。

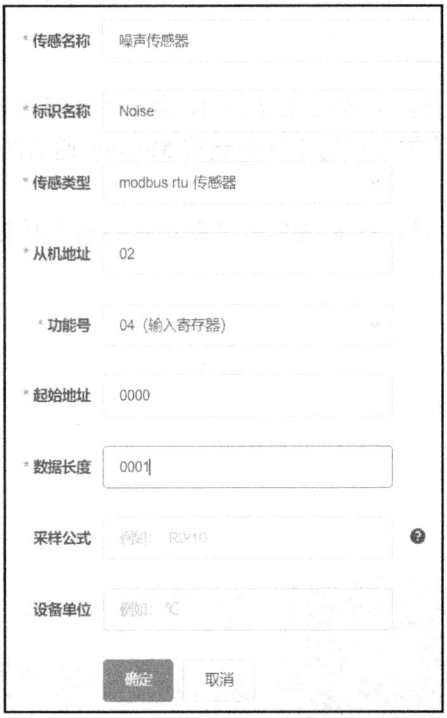


图 2-2-18　新增噪声传感器

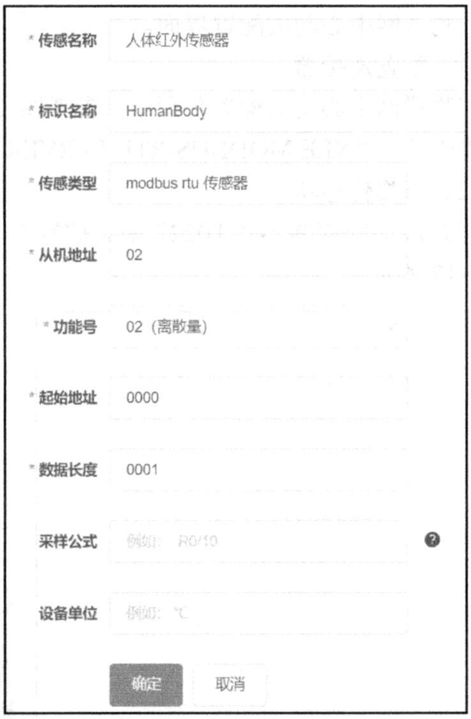


图 2-2-19　新增人体红外传感器

### 4．测试功能

最终效果要能在物联网中心网关的“数据监控”界面中，如图 2-2-20 所示，可以看到噪声传感器和人体红外传感器的数值，噪声传感器的数值在 0～10000 之间（对应电压是 0～10V），人体红外传感器数值在 0 和 1 之间。

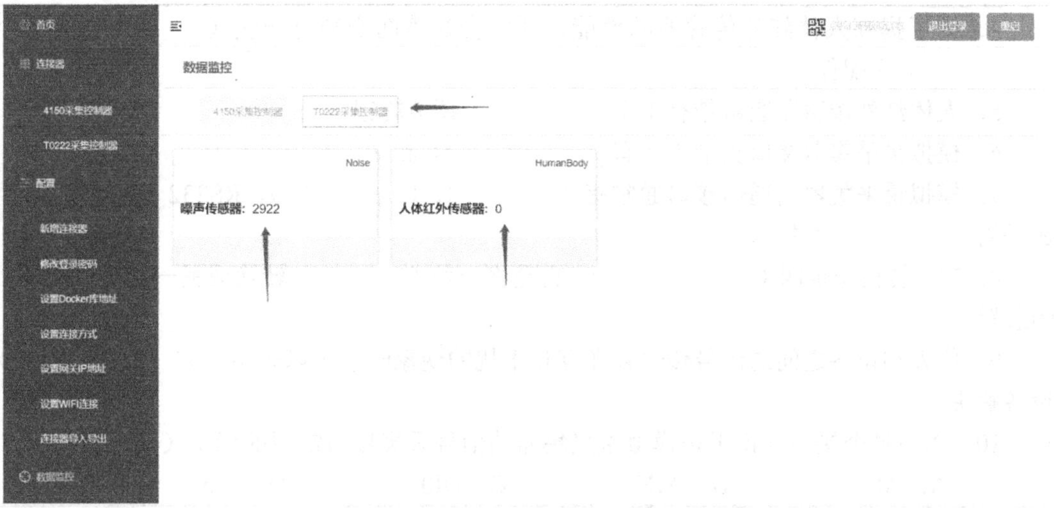


图 2-2-20　生产线控制系统调试界面

## 【任务小结】

本次任务的相关知识小结思维导图见图 2-2-21。

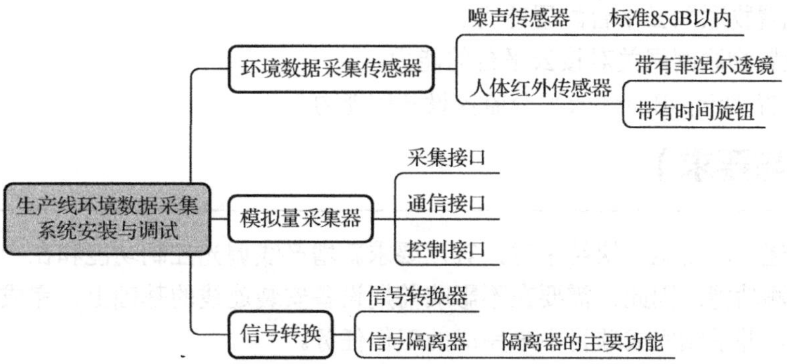


图 2-2-21　任务 2 生产线环境数据采集系统安装与调试思维导图

## 【任务工单】

完整工单存放在本书配套资源中，不在书中体现。

<table>
<tr><td>项目 2：智能生产—生产线运行管理系统安装与调试</td><td>任务 2：生产线环境数据采集系统安装与调试</td></tr>
<tr><td colspan="2">本次任务关键知识引导<br>1．工业企业的生产车间和作业场所等工作地点的噪声标准为不能超过（　　　　）分贝。<br>2．目前噪音传感器的信号输出接口有（　　　　）、（　　　　）、（　　　　）和（　　　　）几种。<br>3．人体红外传感器通过检测区域内的（　　　　）变化情况，从而判断区域内是否有人存在。</td></tr>
</table>

4. 为了提高人体红外传感器的性能，通常会在表面安装有一块（　　　　）和一个（　　　　）等配件。

5. 人体红外传感器通常带有 1 个（　　　　）调节旋钮。

6. 模拟量采集器接口类型主要有（　　　　）和（　　　　）。

7. 模拟量采集器的通信接口通常有（　　　　）、（　　　　）、RS232 接口等，甚至还采用（　　　　）接口。

8. 信号转换器也叫（　　　　），它是将一种（　　　　）转换成另一种（　　　　）的装置。

9. 仪表和设备之间的信号传输存在互相干扰的现象时，可以采用安装（　　　　）设备解决。

10. 以下哪个接口标识不是模拟量采集器的信号采集接口常用的标识（　　）。

A. AI　　B. AIN　　C. DI0　　D. Vin

# 任务 3　产线生产平台监控系统搭建

## 【职业能力目标】

- 具备配置物联网云平台配置能力。
- 具备配置物联网网关对接云平台的能力。
- 具备配置 ThingsBoard 云平台监控设备的能力。

## 【任务描述与要求】

**任务描述**：项目施工快结束时，客户要求新增产线调光控制功能和在产线末端增加货物位置检测功能。因此，需要在不影响前期设备安装连线的基础上，完成新增功能的安装和调试，并继续完成项目中未完成的工作任务。

**任务要求**：

- 正确阅读设备接线图，完成设备的安装和连线。
- 正确配置 RGB 控制器和物联网网关设备。
- 正确配置云平台，实现云平台上远程显示和控制设备的功能。

## 【知识储备】

### 2.3.1　物联网云平台功能

目前物联网应用的云平台有很多，较为出名的有阿里云、华为云、亚马逊云和 ThingsBoard 等，其中 ThingsBoard 云平台属于开源平台。但无论是哪个物联网云平台，其功能都大同小异，这里以 ThingsBoard 云平台为例介绍物联网云平台的功能。物联网云平台的三个基本功能：设备接入、规则引擎和应用场景展示。图 2-3-1 为 ThingsBoard 云平台的界面，其中规则链库项用于设置规则引擎功能，设备项用于配置设备接入功能，仪表板库用于配置应用场景展示功能。

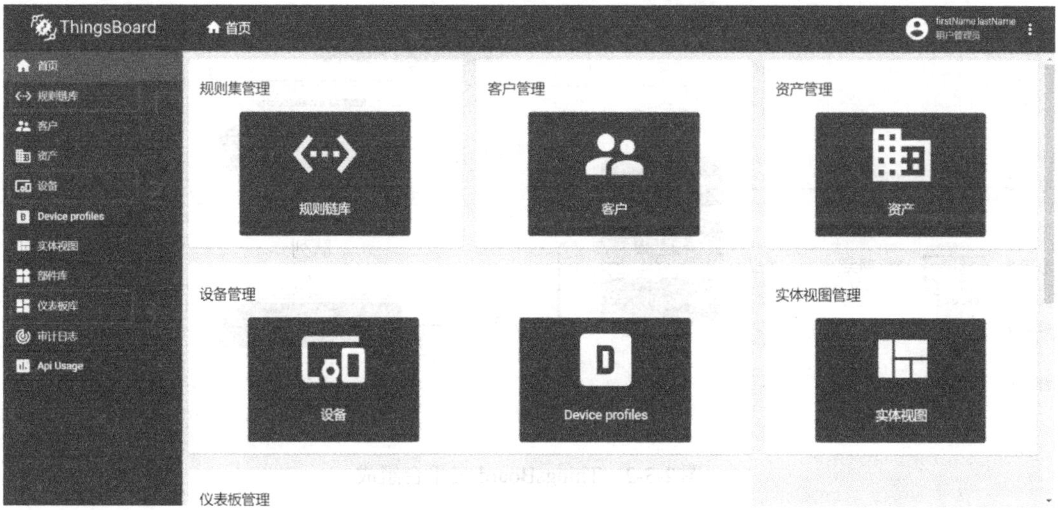


图 2-3-1　ThingsBoard 云平台的界面

**1．设备接入**

设备接入指的是将设备注册至平台并通信，需要设备与云端之间有安全可靠的双向连接。设备接入配置通常涉及设备入网传输协议和身份认证选择。

设备入网传输协议：大多数云平台都支持 HTTP、CoAP、MQTT 三种传输协议。

- MQTT 是多个客户端通过一个中央代理传递消息的多对多协议。
- CoAP 基本上是一个在 Client 和 Server 之间传递状态信息的单对单协议。
- HTTP 适合使用在性能好一些的终端上，对设备要求相对高一些。

身份认证：云平台要求连接的设备必须配置密钥，该密钥用于设备接入云平台的身份认证，类似于人的身份证。

**2．规则引擎**

规则引擎是物联网平台的一个重要功能模块，是处理复杂逻辑的引擎，主要对感知层搜集的数据进行筛选、变型（物解析）、转发、操作等，实现数据逻辑和上层业务的解耦。例如通过规则引擎可以设置“当红外设备感应到有人移动时开启所有灯”这个场景就实现了红外传感器和灯的规则联动。

**温馨提示：**本书实验部分不涉及规则引擎的操作，有兴趣的读者可以通过 Thingsboard 官网资料自学。

**3．应用场景展示**

应用场景是物联网平台中提供给用户的一个可视化设备监控界面，通常允许用户根据实际需求设计场景界面。应用场景的设计一般采用控件拖拽的方式，便于用户操作。

## 2.3.2　ThingsBoard 云平台组成

**1．云平台系统组成结构**

ThingsBoard 云平台有社区版和专业版两种许可。专业版是收费的，社区版是免费的。虽然社区版的 ThingsBoard 的功能比专业版的少，但是，可以满足基本的 IoT 项目的需求。ThingsBoard 云平台的组成结构如图 2-3-2 所示。

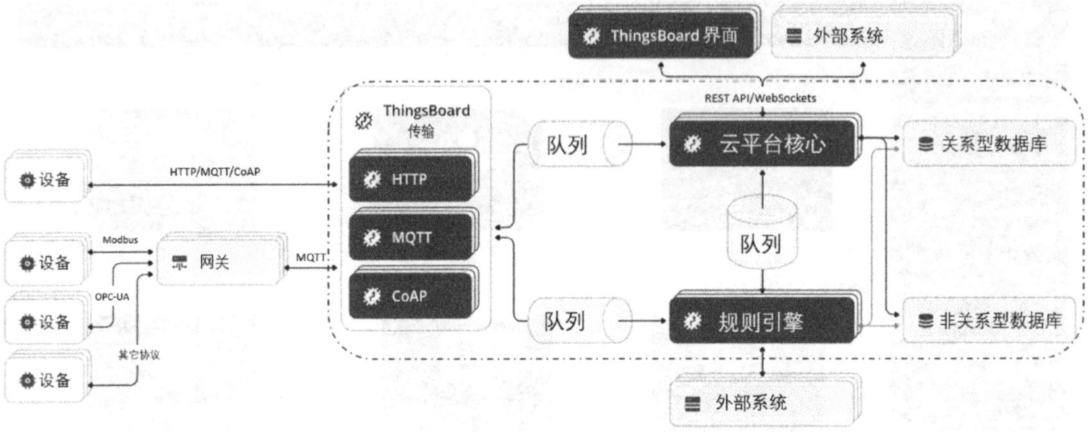


图 2-3-2　ThingsBoard 云平台组成

图 2-3-2 中虚线方框部分为 ThingsBoard 的组成结构，左侧为物联网设备接入云平台所支持的方式。

① ThingsBoard 云平台支持三种设备接入的方式，分别是 HTTP、MQTT、CoAP。

② ThingsBoard 云平台支持设备直接接入，也支持通过网关设备接入。

③ ThingsBoard 云平台包含物联网云平台的三大功能，设备接入、规则引擎、应用场景展示（ThingsBoard 中叫仪表板）。

## 2. 云平台界面组成

图 2-3-3　界面组成

ThingsBoard 云平台的界面由规则链库、客户、资产、设备、仪表板库等组成，如图 2-3-3 所示为常用的几个功能界面。

（1）规则链库

规则链库中用于配置规则链。规则链也称为策略，是关联在一起的一组规则节点的简称。策略通常是为了实现某种控制逻辑加入规则链中的，例如，为了实现恒温控制，需要定义一个策略，将该策略加入系统的规则链中。

（2）客户

ThingsBoard 是一个物联网管理平台，它允许其他企业入驻进来，这些入驻的企业或个人称为租户，他们使用平台的服务，可以对资源、设备进行管理。每一个租户下面可以有多个客户，这些客户可以直接使用租户配置好的设备和资产，客户才是资产和设备的直接使用者。客户下面还可以有用户，用户就只可以看到设备的一些数据、监控、报警信息。

（3）资产

资产是关联 IoT 设备或其他资产的一种抽象实体。例如，温室是资产，温室内设置有温湿度传感器或风扇等 IoT 设备。

（4）设备

ThingsBoard 的设备实体是基本的 IoT 实体，例如温湿度传感器、开关设备，设备可以上报遥测数据或属性值给 IoT 平台，也可以接收处理从 IoT 平台下来的 RPC（远程过程调用）

调用。

（5）Device profiles

该功能可用于配置设备的通信协议，支持 HTTP、MQTT、CoAP。

（6）实体视图

该功能可以用来设置每个设备或资产遥测和属性暴露给客户的程度。可以设置多个，从而分配给不同的客户。

（7）部件库

该功能用于管理和创建仪表板中的显示控件。

（8）仪表板库

仪表板是一种实时监控界面，它可以显示 IoT 设备产生的实时数据或图表数据，或者通过界面上的控制按钮，控制执行器设备。

## 2.3.3 物联网云平台类型

物联网云平台是物联网应用中至关重要的环节，提供安全可靠的设备连接通信能力，支持设备数据采集上云，规则引擎流转数据和云端数据下发设备端。其按照逻辑可以分为设备管理平台、连接管理平台、应用支持平台、业务分析平台四大平台类型。

### 1. 设备管理平台

物联网云平台中的设备管理平台的功能主要是对物联网终端进行远程监控、设置调整、软件升级、系统升级、故障排查、生命周期管理等。例如：物联网中心网关的配置界面中，可以通过选择连接 CloudClient 方式连接上 nlecloud 云平台进行设备功能升级，如图 2-3-4 所示。

图 2-3-4 设备升级云平台

### 2. 连接管理平台

连接管理物联网云平台一般应用于运营商网络上，实现对物联网连接配置和故障管理、保证终端联网通道稳定、网络资源用量管理、连接资费管理、账单管理、套餐变更、号码/IP 地址/Mac 资源管理等功能，更好地帮助运营商做好物联网 SIM 的管理。例如：NB-IoT 通信网络运营平台。

### 3. 应用支持平台

应用支持平台是提供应用开发和统一数据存储两大功能的 PaaS 平台，架构在 CMP 平台之上。功能可提供成套应用开发工具、中间件、数据存储功能、业务逻辑引擎、对接第三方系统 API、如终端管理、连接管理、数据分析应用、业务支持应用等。物联网应用开发者在平台上迅速开发、部署、管理应用，降低开发成本、大幅缩短开发时间。例如：华为云、ThingsBoard 等。

### 4. 业务分析平台

业务分析平台包含基础大数据分析服务和机器学习两大功能。其中大数据分析服务主要是指平台在集合各类相关数据后，进行分类处理、分析并提供视觉化数据分析结果，通过实时动态分析，监控设备状态并予以预警；而机器学习则是通过对历史数据进行训练生成预测模型或者客户根据平台提供工具自己开发模型，满足预测性的、认知的或复杂的分析业务逻辑。例如，百度地图平台。

根据物联网系统的复杂性，用户最终可能需要多个物联网平台才能保持平稳运行。使用网络连接平台使设备保持在线，同时使用高级分析平台处理收集到的数据，可以避免大型物联网系统超负荷运行。

## 【任务实施】

任务实施前必须先准备好以下设备和资源。

| 序　号 | 设备/资源名称 | 数　量 | 是否准备到位（√） |
|---|---|---|---|
| 1 | RGB 控制器 | 1 个 | |
| 2 | RGB 灯条 | 1 个 | |
| 3 | 4150 数字量采集控制器 | 1 个 | |
| 4 | 限位开关 | 1 个 | |
| 5 | 物联网中心网关 | 1 个 | |
| 6 | USB 转 RS232 线 | 1 条 | |
| 7 | RS232 转 RS485 | 1 个 | |
| 8 | 网线 | 1 根 | |
| 9 | 铝条 | 1 根 | |

### 1．配置 RGB 控制器

将 RGB 控制器的 RS485 接口连接至计算机，如图 2-3-5 所示。

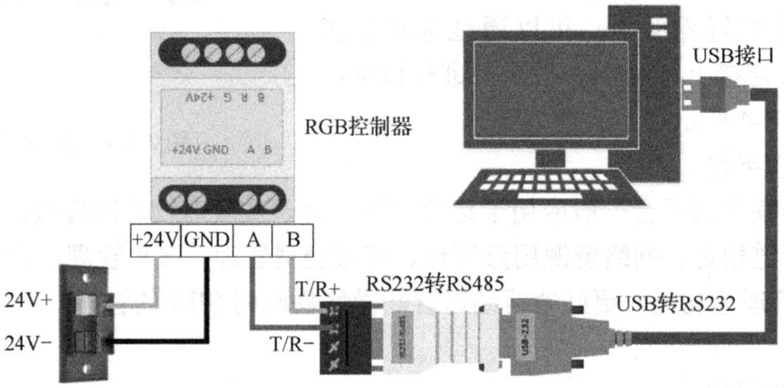


图 2-3-5　RGB 控制器配置硬件连接

由于 RGB 控制器是使用 RS485 通信方式，这里需要设置其通信地址和波特率（设备的波特率默认是 9600，因此不用设置，本任务中将 RGB 控制器的通信地址设置为 3），表 2-3-1 是 RGB 控制器的通信协议指令。

表 2-3-1　RGB 控制器通信协议指令

| | | | | | | | |
|---|---|---|---|---|---|---|---|
| 查询地址指令 | 起始码 | 长度 | 地址 | 命令字 | 校验和 | 结束码 | |
| | 0xA5 | 0x03 | 0xFF | 0xB1 | 0xB3 | 0x5A | |
| 返回 | 起始码 | 长度 | 地址 | 命令字 | 校验和 | 结束码 | |
| | 0xA5 | 0x03 | 0xXX | 0xB2 | 0xXX | 0x5A | |

续表

| | | | | | | | |
|---|---|---|---|---|---|---|---|
| 设置地址指令 | 起始码 | 长度 | 旧地址 | 命令字 | 新地址 | 校验和 | 结束码 |
| | 0xA5 | 0x04 | 0xXX | 0xB0 | 0xXX | 0xXX | 0x5A |
| 返回 | 起始码 | 长度 | 新地址 | 命令字 | 校验和 | 结束码 | |
| | 0xA5 | 0x03 | 0xXX | 0xB2 | 0xXX | 0x5A | |
| 校验和：是从长度开始的累加和 | | | | | | | |

使用串口调试工具发送 RGB 控制器查询地址指令和设置地址指令，完成对 RGB 控制器地址的设置，具体操作如图 2-3-6 所示。

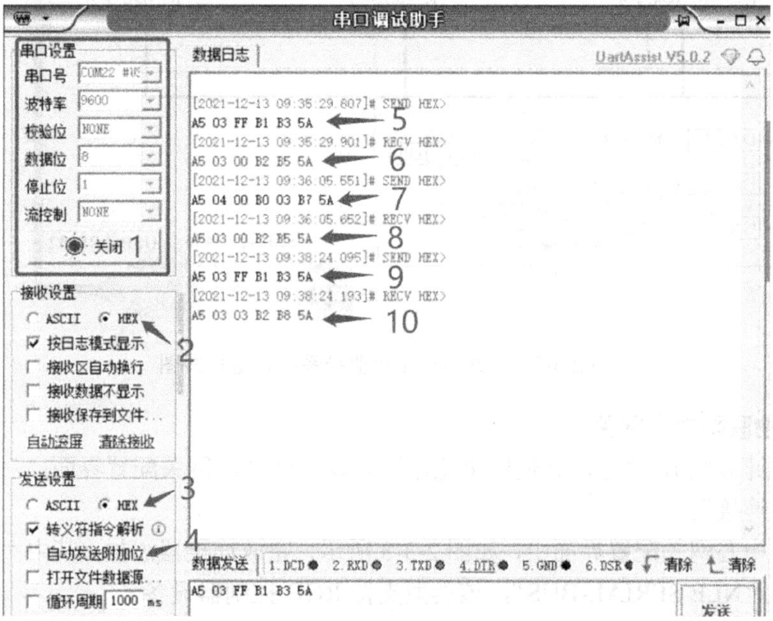


图 2-3-6　设置 RGB 控制器地址

① 正确配置串口参数，并打开串口端口；

② 设置接收格式显示为 HEX 格式；

③ 设置发送格式为 HEX 格式；

④ 取消自动发送附加位；

⑤ 发送查询地址指令 A5 03 FF B1 B3 5A，其中 FF 代表广播，B3 为校验和；

⑥ 返回查询结果指令 A5 03 00 B2 B5 5A，其中 00 代表返回的设备地址信息；

⑦ 发送设置地址指令 A5 04 00 B0 03 B7 5A，其中 00 代表原地址，03 代表新地址，B7 为校验和；

⑧ 返回指令 A5 03 00 B2 B5 5A，其中 B2 代表命令设置成功；

⑨ 重新发送查询地址指令 A5 03 FF B1 B3 5A，目的是确认地址设置是否成功；

⑩ 返回查询结果 A5 03 03 B2 B5 5A，其中第 3 个字节 03 代表设备地址信息。

**2．搭建硬件环境**

完成产线生产平台监控系统的硬件环境，本次任务的硬件环境是在任务 1 和任务 2 的硬件环境基础上，再进一步增加下列线路连线。

**温馨提示**：没有任务1和任务2的硬件环境，只搭建任务3的实验环境也能完成本次任务，只是最终结果少了任务1和任务2的设备数据和控制效果而已。

认真识读图2-3-7所示的设备接线图，完成设备的安装和连线，保证设备连线正确。

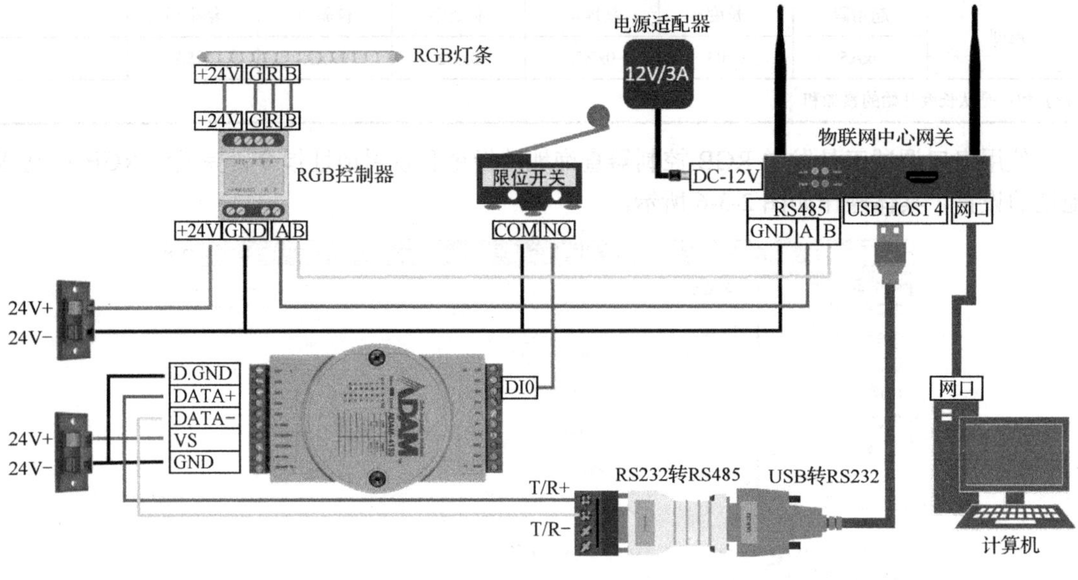


图2-3-7　产线生产平台监控系统设备接线图

### 3．配置物联网中心网关

正确配置计算机IP地址，并使用浏览器登入物联网中心网关配置界面。

（1）配置连接器

在物联网中心网关配置界面中，如图2-3-8所示，完成连接器添加，其中“连接器设备类型”要选择为“NLE SERIAL-BUS”，该类型支持RGB控制器设备。

（2）添加RGB设备

打开新建的连接器“RGB控制器”栏目，新增一个设备，如图2-3-9所示。

图2-3-8　添加连接器

图2-3-9　添加RGB设备

（3）添加限位开关设备

在任务 1 中 4150 采集控制器的连接器基础上，新增一个限位开关设备，如图 2-3-10 所示。

**温馨提示：**如果前期没有保留任务 1 的结果，可以按任务 1 的操作，重新添加一个 4150 采集控制器的连接器即可。

图 2-3-10　添加限位开关设备

（4）验证物联网网关配置结果

在数据监控界面中设置 RGB 控制器的颜色为蓝色，这时，RGB 灯条的颜色也会显示为蓝色，如图 2-3-11 所示。触发限位开关时，在数据监控界面中 4150 采集控制器页中可以看到限位开关发生对应的变化，如图 2-3-12 所示。

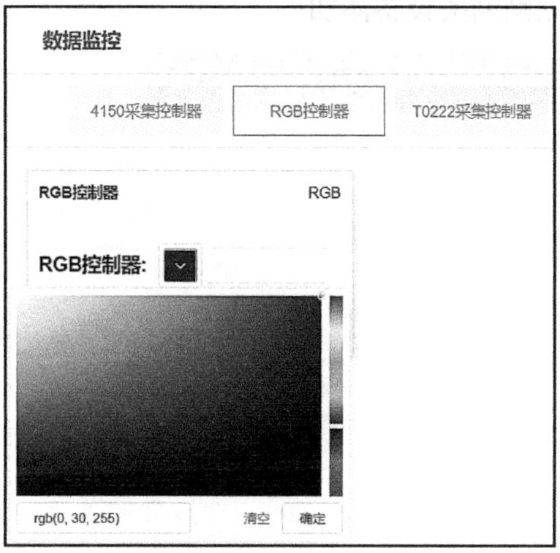


图 2-3-11　RGB 设备验证

图 2-3-12　限位开关验证

## 4. 配置云平台对接设备

（1）登录 ThingsBoard 云平台

选用一台可以上网的计算机电脑，使用浏览器登录 AIOT 平台网站，如图 2-3-13 所示，使用用户名和密码登录平台。在平台中单击“实验中心”按钮，如图 2-3-14 所示。

图 2-3-13　登录 AIOT 平台

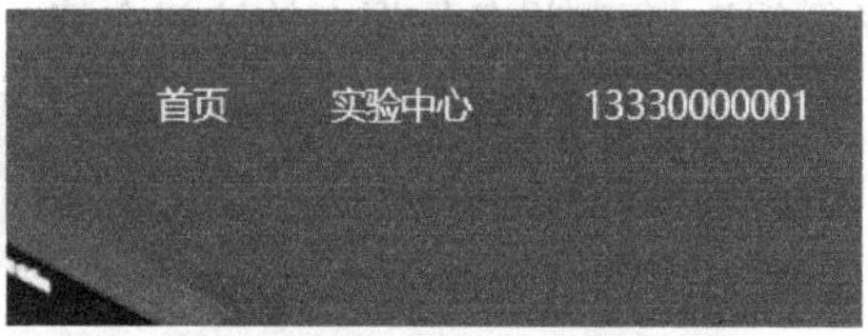


图 2-3-14　进入实验中心

图 2-3-15　单击 ThingsBoard 图标

在“实验中心”中，打开对应的实验任务，并在实验任务中单击 ThingsBoard 图标即可进入 ThingsBoard 云平台，如图 2-3-15 所示。

（2）创建物联网网关设备

进入 Thingsboard 云平台后，单击左侧列表中的设备栏目，在设备栏目中，单击“+”按钮，选择添加新设备，如图 2-3-16 所示。

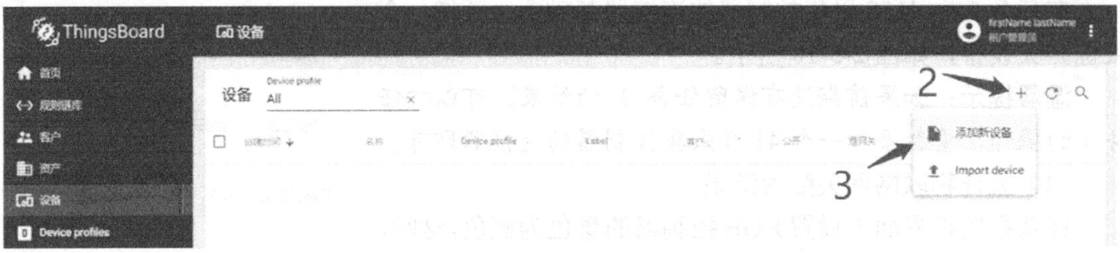


图 2-3-16　添加新设备

在“添加新设备”界面中，如图 2-3-17 所示，填写设备信息，其中名称和 label，可任意填写，勾选“是网关”前面的复选框，完成物联网网关设备添加。

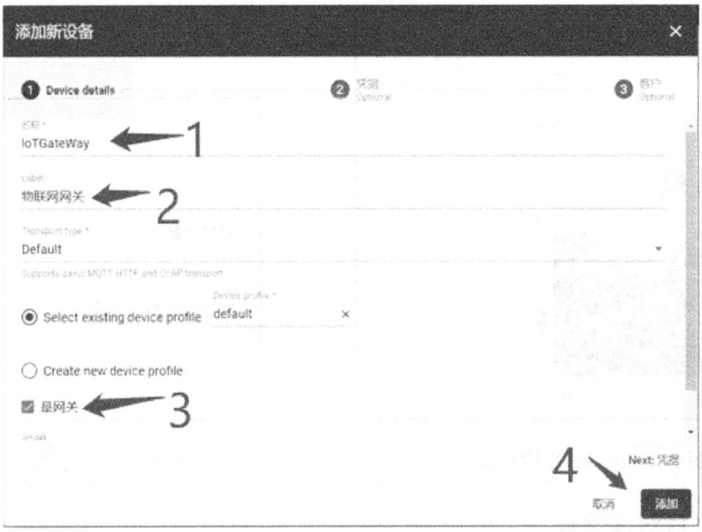


图 2-3-17　物联网网关信息配置

（3）配置物联网网关与云平台对接

单击创建好的物联网网关设备“IoTGateWay”，在弹出的设备详细信息页面中，单击“设备凭据”，复制设备凭据中的访问令牌，如图 2-3-18 所示。

图 2-3-18　复制访问令牌

打开物联网网关配置界面中的 TBClient 连接配置（路径在：配置→设备连接方式→TBClient），将“MQTT 服务端 IP”填写为 ThingsBoard 云服务的 IP，“MQTT 服务端端口”填写为 1883，“Token”必须填写为 ThingsBoard 云平台上物联网中心网关的访问令牌，如图 2-3-19 所示。完成配置后，需要启动 TBClient 连接方式。

图 2-3-19　物联网网关令牌配置

至此，完成了物联网网关设备与 ThingsBoard 云平台的对接。

下一步，断开物联网中心网关与计算机的连线，将物联网中心网关的网口连接至能上网的网线上，并给物联网中心网关配置一个可上网的 IP 地址。

重新登入 ThingsBoard 云平台，并刷新 ThingsBoard 云平台上设备列表，可以看到物联网中心网关中的所有设备都显示在设备列表中，如图 2-3-20 所示。

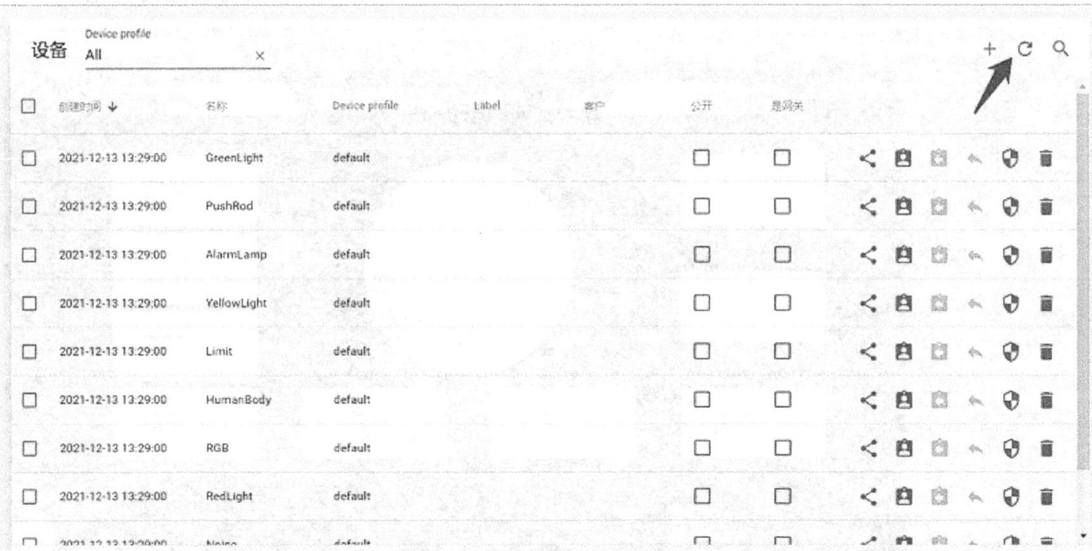


图 2-3-20　刷新设备列表

## 5. 导入云平台仪表板

单击左侧仪表板库栏目，在仪表板库中，单击“+”按钮，选择导入仪表板功能，将教材配套资源中的“产线生产平台监控系统.json”导入到仪表板中，如图 2-3-21 和图 2-3-22 所示。

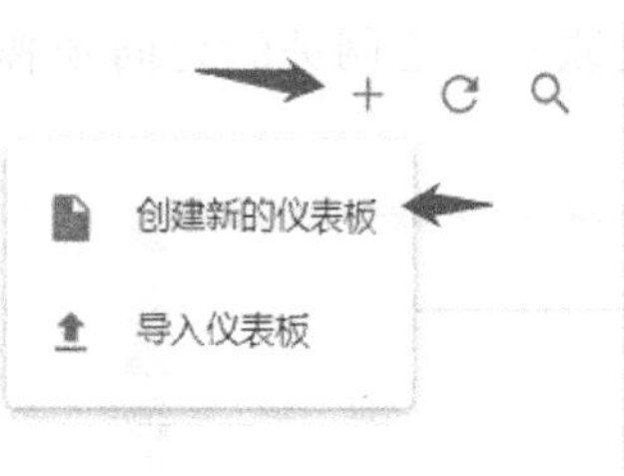


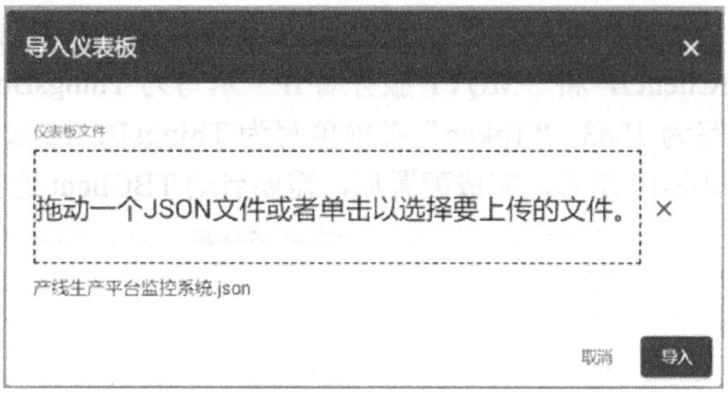


图 2-3-21　打开导入仪表板界面　　　　图 2-3-22　导入 json 文件

单击新导入的仪表板界面，如图 2-3-23 所示。

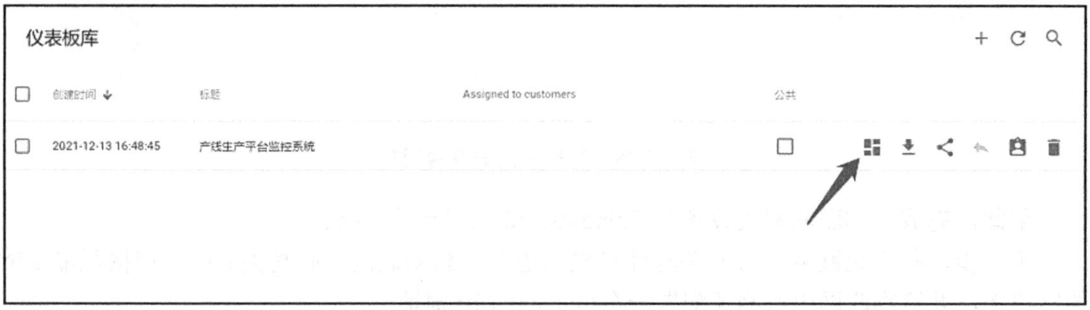

图 2-3-23　打开仪表板界面

新导入的仪表板界面如图 2-3-24 所示。在该界面中可以监控产线设备的运行状态。

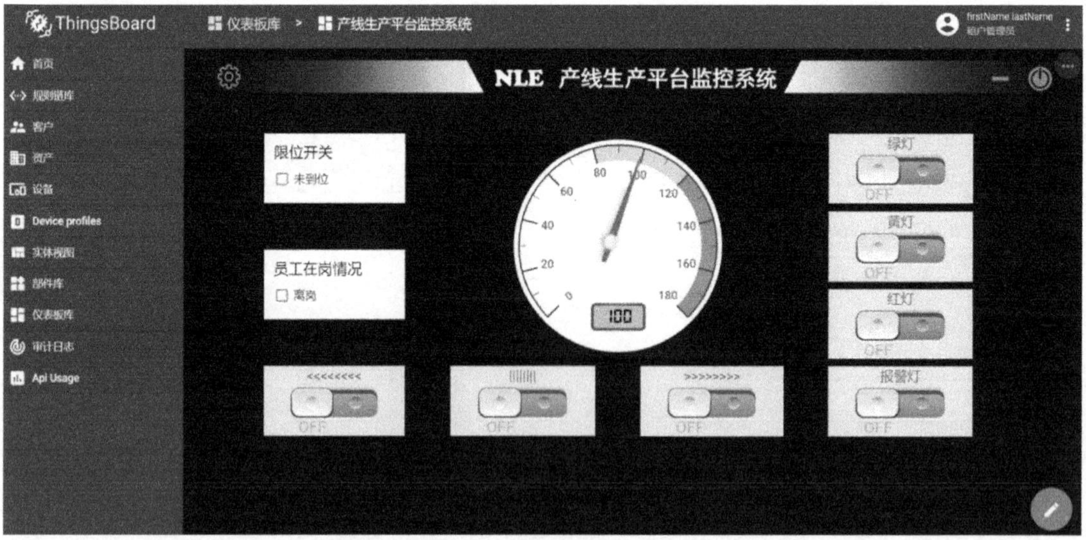


图 2-3-24　最终界面

如果打开仪表板后，界面显示如图 2-3-25 所示，表明仪表板无法获取设备数据，这时需要多增加下列实体别名配置的操作。

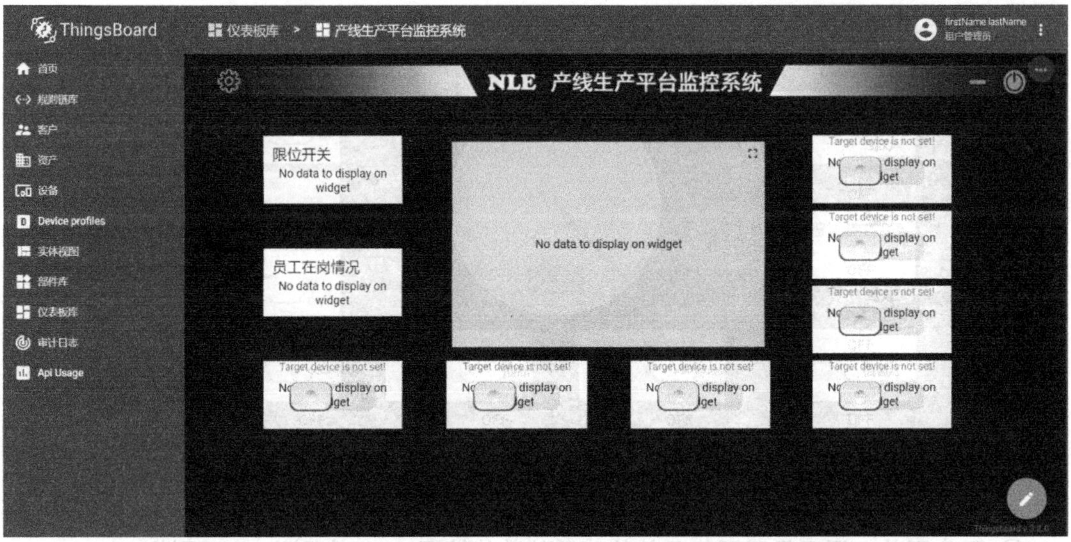


图 2-3-25　实体别名不符界面

单击仪表板的编辑按钮，再单击实体别名，在弹出的实体别名界面中，需要一一单击实体别名设备中的编辑按钮，对设备进行重新对应，如图 2-3-26 至图 2-3-29 所示。

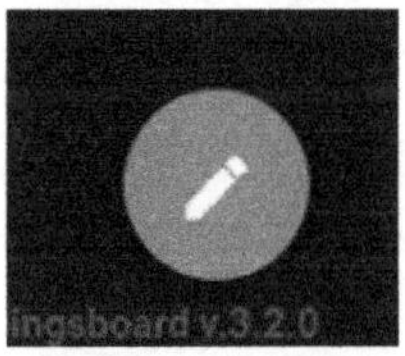


图 2-3-26　编辑仪表板按钮

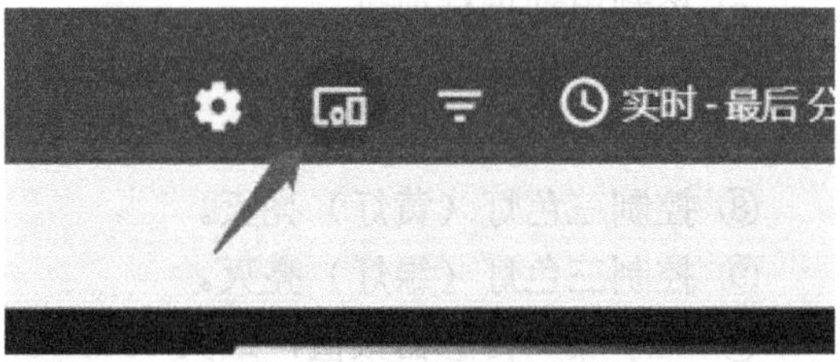


图 2-3-27　实体别名编辑按钮

图 2-3-28　打开导入仪表板界面

图 2-3-29　导入 json 文件

## 6. 测试功能

在 ThingsBoard 云平台仪表板库中打开如图 2-3-30 所示的测试结果界面。

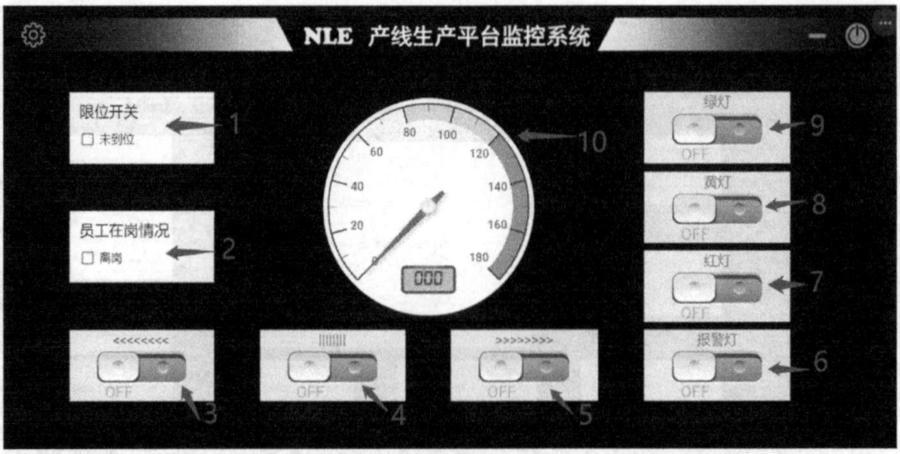


图 2-3-30　测试结果界面

① 限位开关，用于显示限位开关传感器的数值情况，0：未到位；1：到位。

② 员工在岗情况，用于显示人体红外开关的数值情况，0：离岗；1：在岗。

③ 控制电动推杆后退。

④ 控制电动推杆暂停。

⑤ 控制电动推杆前进。

⑥ 控制报警灯亮灭。

⑦ 控制三色灯（红灯）亮灭。

⑧ 控制三色灯（黄灯）亮灭。

⑨ 控制三色灯（绿灯）亮灭。

⑩ 显示噪声传感器数值，最大 180dB。

## 【任务小结】

本任务的相关知识小结思维导图见图 2-3-31。

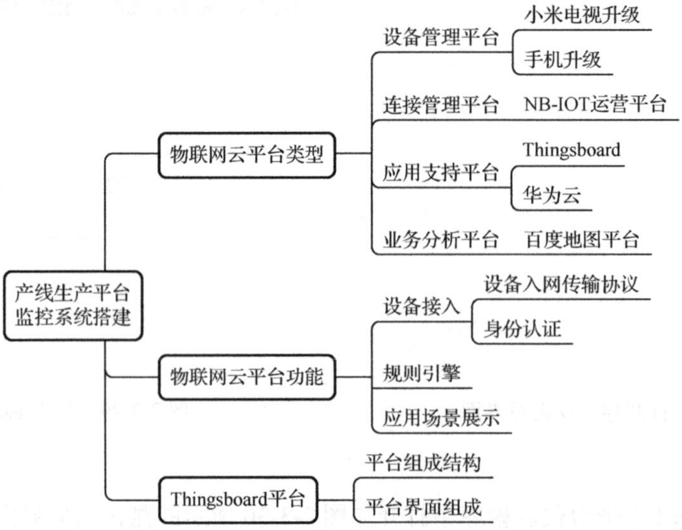


图 2-3-31　任务 3 产线生产平台监控系统搭建思维导图

## 【任务拓展】

在本次仪表板的基础上，使用 Charts 包中的 Timeseries-Flot 控件，如图 2-3-32 所示，新增一个显示噪声传感器历史数据波形的画面。

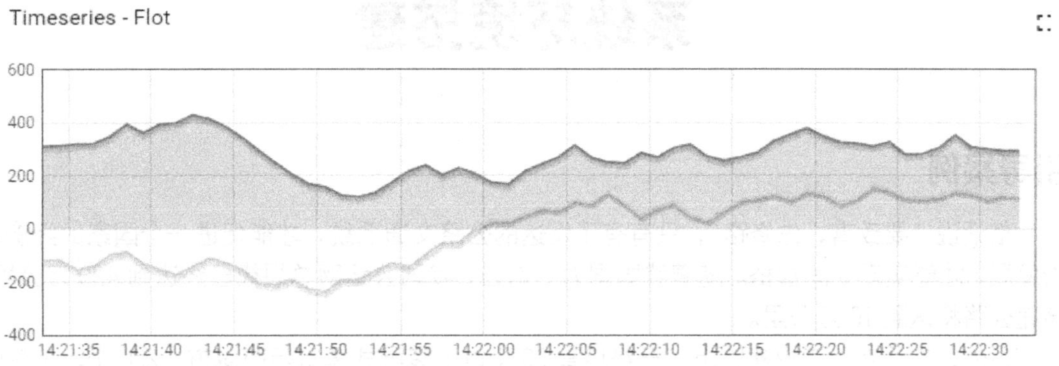


图 2-3-32　Timeseries-Flot 控件

## 【任务工单】

完整工单存放在本书配套资源中，不在书中体现。

| 项目 2：智能生产—生产线运行管理系统安装与调试 | 任务 3：产线生产平台监控系统搭建 |
| --- | --- |
| **本次任务关键知识引导**<br>1．物联网云平台按照逻辑可以分为（　　　　　　　　）、（　　　　　　　　）、（　　　　　　　　）、（　　　　　　　　）四大平台类型。<br>2．移动营运商中负责 NB-IoT 通信网络的运营平台称为（　　　　　　　　）平台。<br>3．ThingsBoard 属于物联网云平台按照逻辑分类中的（　　　　　　　　）平台。<br>4．百度地图云平台属于物联网云平台按照逻辑分类中的（　　　　　　　　）平台。<br>5．物联网云平台的三个基本功能分别是（　　　　　　　　）、（　　　　　　　　）和（　　　　　　　　）。<br>6．物联网云平台通常都支持（　　　　　　）、（　　　　　　）、（　　　　　　）三种传输协议。<br>7. ThingsBoard 云平台有（　　　　　　）和（　　　　　　）两种许可，（　　　　　　）是免费的。<br>8．ThingsBoard 云平台中用于配置设备实时监控界面和数据的显示界面的控件是（　　）。<br>A．规则链库　　B．设备　　C．仪表板　　D．资产<br>9．ThingsBoard 云平台中用于配置逻辑控制策略的控件是（　　）。<br>A．规则链库　　B．设备　　C．仪表板　　D．资产 | |

# 项目 3　智慧大厦—建筑物倾斜监测系统环境搭建

## 引导案例

俗话说“要致富，先修路”，只有有了发达的公路交通系统，才能促进一个国家的经济均衡发展，才能实现共同富裕。随着我国国力的增强，我国公路网总规模已经达到 420 万公里，高速公路将达到 10 万公里。

另外，在住宅、工业建筑上，已经培育 50 个以上装配式建筑示范城市，200 个以上装配式建筑产业基地，500 个以上装配式建筑示范工程，建设 30 个以上装配式建筑科技创新基地，充分发挥示范引领和带动作用。装配式建筑的规划发展将有利于传统建筑加快转型升级。

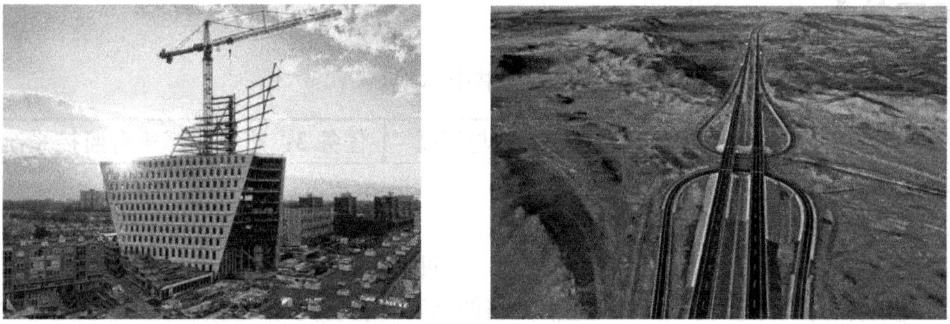

装配式建筑示范城市和高速路网

无论是公路还是房屋建筑，都离不开工程实施，而工程的建设还涉及许多的测试、测量仪器设备。特别是在建造高层建筑时，还需要注意到，一些高度达 300m 的高层建筑物，可能存在楼体倾斜的问题。《高层建筑混凝土结构技术规程》（JGJ 3—2002）对高层建筑结构施工的测量放线作业及其允许误差作了明确的规定。其中第 7.2.3 条，规定了测量竖向垂直度时，必须根据建筑平面布置的具体情况确定若干竖向控制轴线，并应由初始控制线向上投测。对于轴线投测的误差，规定了层间测量偏差不应超过 3mm；建筑全高垂直度测量偏差不应超过 3H/10000（H 为建筑总高度），且对应于不同高度范围的建筑物，其总高轴线投测偏差有不同的规定。

| 项目摘要： |
| --- |
| 2022 年 12 月一家建筑公司承接了一个高楼建设项目，该项目要求将楼宇内外侧的传感器数据接入以太网网络中，便于实现可视化和后期的统一管理。 |

# 任务 1　监测管理系统网络环境搭建

## 【职业能力目标】

- 具备安装和配置交换机、路由器等网络通信设备的能力。
- 具备使用 IP 扫描工具检测网络配置连接情况的能力。

## 【任务描述与要求】

**任务描述：**客户要求传感器的数据接入以太网网络中，因此本次高楼监测管理系统需要搭建网络主框架环境，网络拓扑架构如下图所示。

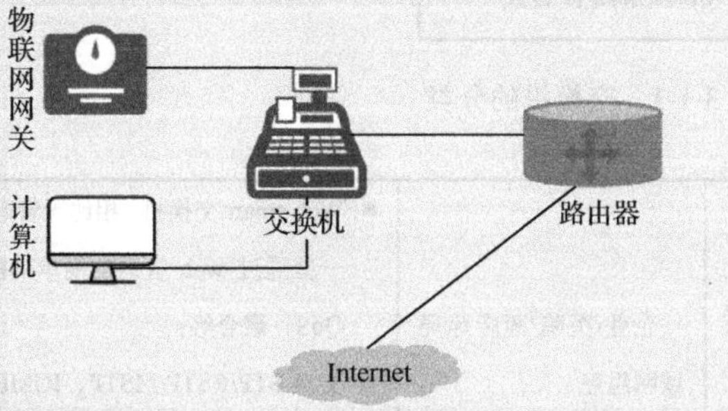


IP分配说明

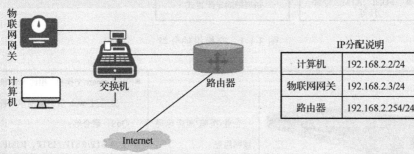

| | |
|---|---|
| 计算机 | 192.168.2.2/24 |
| 物联网网关 | 192.168.2.3/24 |
| 路由器 | 192.168.2.254/24 |

**任务要求：**

- 正确阅读网络连线图，完成设备的安装和连接。
- 正确配置路由器和物联网网关 IP 地址。
- 使用 IP 扫描工具检测所配置的各设备网络连接情况。

## 【知识储备】

### 3.1.1　网络通信设备

目前物联网应用中主要应用到的网络通信设备为交换机、路由器、防火墙、网关等。

**1. 交换机**

交换机（Switch）是一种在通信系统中完成信息交换功能的设备，是一种用于电信号转发的网络设备。它可为接入交换机的任意两个网络节点提供独享的电信号通路。最常见的交换机是以太网交换机。其他常见的还有电话语音交换机、光纤交换机等。

（1）交换机分类（图 3-1-1）

若交换机按层数分类，可以分为二层交换机、三层交换机和四层交换机。

① 二层交换机（图 3-1-2）的技术发展比较成熟，属于数据链路层设备，根据数据包中的 MAC 地址进行转发数据，其只有转发数据的功能，而没有路由功能。

② 三层交换机（图 3-1-3）根据 IP 地址进行转发数据，简单地说就是在二层交换机的基础上增加了路由器的功能。

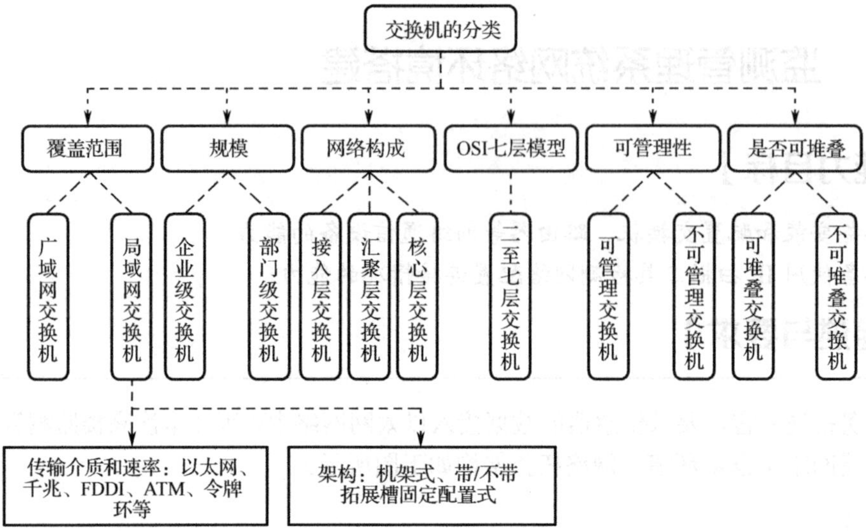


图 3-1-1　交换机的分类

| | | | |
|---|---|---|---|
| 二层管理交换机 |  | 企业/医院/酒店等局域网组建 | ● Web smart 交换机，相比无管理机型增加了一些通过 web 管理的简单功能：VLAN、QoS、聚合等；<br>● 支持 STP/RSTP/MSTP、IGMP Snooping、VLAN Mapping、QinQ 等功能，以及支持 WEB、CL1、SNMP 等多种管理方式 |

图 3-1-2　二层交换机

| | | | |
|---|---|---|---|
| 三层管理交换机 |  | 企业网/园区网等大型局域网组建 | ● 支持静态路由、RIP、OSPF、BGP 等三层网络协议，可满足组网配置需求较多的用户需求 |

图 3-1-3　三层交换机

③ 四层交换机支持 TCP/UDP 第四层以下的所有协议，不仅依据 MAC 地址或目标 IP 地址，而且还依据应用端口号进行转发数据，所以，与其说四层交换机是硬件网络设备，还不如说它是软件网络管理系统。也就是说，四层交换机是一类以软件技术为主、以硬件技术为辅的网络管理交换设备。

（2）VLAN

交换机的主要功能包括物理编址、网络拓扑结构、错误校验、帧序列以及流控。目前交换机还具备了一些新的功能，如对 VLAN（虚拟局域网）的支持、对链路汇聚的支持，甚至有的还具有防火墙的功能。

VLAN 是虚拟局域网，是一组逻辑上的设备和用户，可以根据功能、部门及应用等因素将它们组织起来，相互之间的通信就好像它们在同一个网段中一样，由此得名虚拟局域网。VLAN 就是交换机内定义的广播域，用来控制广播、多播、单播及二层设备内的未知单播流量。与传统的局域网技术相比较，VLAN 技术更加灵活，它具有几个优点：网络设备的移动、添加和修改的管理开销减少；可以控制广播活动；可提高网络的安全性。

图 3-1-4 所示为某款交换机设备，请根据设备功能说明，判断该设备属于几层交换机。

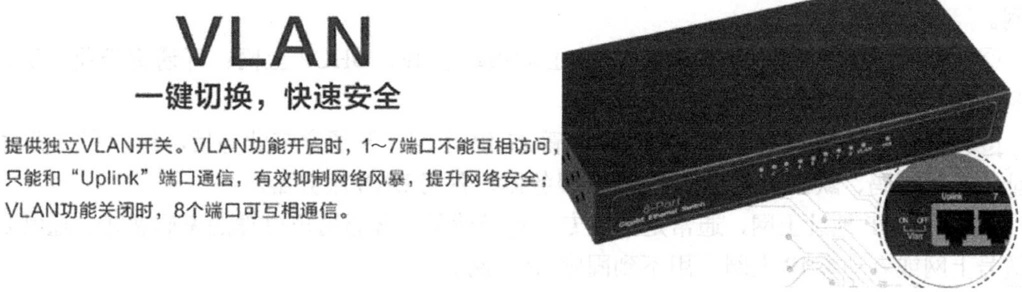
VLAN
一键切换，快速安全
提供独立VLAN开关。VLAN功能开启时，1~7端口不能互相访问，
只能和"Uplink"端口通信，有效抑制网络风暴，提升网络安全；
VLAN功能关闭时，8个端口可互相通信。
Uplink
7
ON
OFF
Vlan

图 3-1-4　带 VLAN 功能的交换机

### 2. 路由器

路由器（Router）是连接两个或多个网络的硬件设备，在网络间起网关的作用。路由器就是在 OSI/RM 中完成的网络层中继以及第三层中继任务，对不同网络之间的数据包进行存储、分组、转发处理。数据从一个子网中传输到另一个子网中，可以通过路由器的路由功能进行处理。在网络通信中，路由器具有判断网络地址及选择 IP 路径的作用，可以在多个网络环境中构建灵活的链接系统，通过不同的数据分组及介质访问方式对各个子网进行链接。路由器在操作中仅接受源站或者其他相关路由器传递的信息，是一种基于网络层的互联设备。

（1）路由器的接口

家用路由器接口通常由电源接口、复位键、广域网接口、局域网接口 4 种组成，如图 3-1-5 所示为某款路由器接口图。

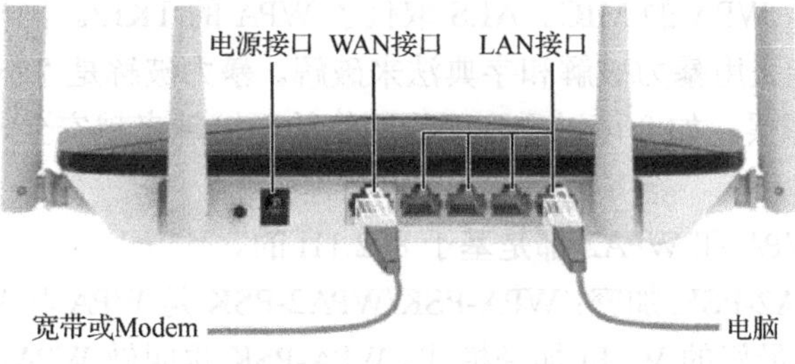
电源接口
WAN接口
LAN接口
宽带或Modem
电脑

图 3-1-5　某款路由器接口图

- 电源接口（POWER）：连接电源。
- 复位键（RESET）：此按键可以将路由器还原为出厂设置。
- 广域网接口（WAN）：MODEM 或者交换机与路由器的连接口。此接口用一条网线与家用宽带调制解调器（或者与交换机）进行连接，可以理解为该接口通常用于连接外部网络。
- 局域网接口（LAN），电脑与路由器连接口（LAN1～3）：通过此接口用一条网线把电脑与路由器进行连接。

需注意的是：WAN 接口与 LAN 接口一定不能接反；并且 IP 地址、登录名称与密码一般会标注在路由器的底部。

（2）路由器上网方式

路由器的上网方式是可以手动选择的，有以下三种上网方式。

① 宽带拨号上网：有些路由器上叫做 PPPoE 拨号、ADSL 拨号；开通宽带业务的时候，运营商会提供宽带账号、宽带密码。未使用路由器时，电脑上需要通过“宽带连接”拨号上网。

② 自动获得 IP 上网：有些路由器上面叫做动态 IP、DHCP 上网；开通宽带业务后，运营商不提供任何上网参数。

③ 固定 IP 上网：有些路由器上叫做静态 IP 上网；开通宽带业务后，运营商会提供 IP 地址、子网掩码、默认网关、首选 DNS 服务器、备用 DNS 服务器。

其中固定 IP 地址上网，通常是企业专线宽带业务，普通用户办理的家庭宽带，通常是宽带拨号上网或者动态 IP 上网，用不到固定 IP 上网。

（3）路由器 Wi-Fi 加密方式

常见的路由器主流无线加密方式有：WEP、WPA/WPA2、WPA-PSK/WPA2-PSK。

① WEP（Wired Equivalent Privacy，有线等效保密），是对在两台设备间无线传输的数据进行加密的方式，用以防止非法用户窃听或侵入无线网络。经由无线电波的 WLAN 没有物理结构，因此容易受到攻击、干扰。WEP 的目标是通过对无线电波里的数据加密提供安全性，如同端-端发送一样。 WEP 标准其实在无线网络出现的早期就已创建，它的安全技术源自于名为 RC4 的 RSA 数据加密技术，是无线局域网必需的安全防护层。

② WPA 全名为 Wi-Fi Protected Access，有 WPA 和 WPA2 两个标准，是一种保护无线电脑网络安全的系统，它是研究者在前一代有线等效加密（WEP）中找到的几个严重的弱点后产生的。WPA 实现了 IEEE 802.11i 标准的大部分，是在 802.11i 完备之前替代 WEP 的过渡方案。WPA 的设计可以用在所有的无线网卡上，但未必能用在第一代的无线取用点上。

WPA2 是 WPA 的升级版，新型的网卡、AP 都支持 WPA2 加密。WPA2 则采用了更安全的算法。CCMP 取代了 WPA 的 MIC、AES 取代了 WPA 的 TKIP。同样的因为算法本身几乎无懈可击，所以也只能采用暴力破解和字典法来破解。暴力破解是“不可能完成的任务”，字典破解猜密码则像买彩票。如今可以看到无线网络的环境越来越安全，同时覆盖范围越来越广，速度越来越快。

值得说明的是，WPA 和 WPA2 都是基于 802.11i 的。

③ WPA-PSK/WPA2-PSK 加密：WPA-PSK/WPA2-PSK 是 WPA 与 WPA2 两种加密算法的混合体，是目前安全性最好的 Wi-Fi 加密模式。WPA-PSK 也叫做 WPA-Personal（WPA 个人）。WPA-PSK 使用 TKIP 加密方法把无线设备和接入点联系起来。WPA2-PSK 使用 AES 加密方法把无线设备和接入点联系起来。使用 AES 加密算法不仅安全性能更高，而且由于其采用的是最新技术，因此，在无线网络传输速率上面也要比 TKIP 更快。

TKIP：Temporal Key Integrity Protocol（临时密钥完整性协议），这是一种旧的加密标准。

AES：Advanced Encryption Standard（高级加密标准），安全性比 TKIP 好，推荐使用。

其中 WPA-PSK、WPA2-PSK、WPA/WPA2-PSK 的加密密钥长度在 8～63 个字符之间，这也是为什么输入 Wi-Fi 密码的时候至少要输 8 位数以上的原因。

**3. 防火墙**

在电脑运算领域中，防火墙（Firewall）是协助确保信息安全的设备，会依照特定的规则，允许或限制数据通过。防火墙可能是一台专属的硬件或架设在硬件上的一套软件。硬件防火墙是指把防火墙程序做到芯片里面，由硬件执行这些功能，减少 CPU 的负担，使路由器更稳定。图 3-1-6 为某款硬件防火墙设备图。

图 3-1-6　某款硬件防火墙设备图

① 阻挡外部攻击，禁止一些未经允许的程序和用户。

② 网络地址转换，通过 NAT 进行地址转化、和外网进行通信，而 NAT 通常集成在防火墙里，通过防火墙中的 NAT 功能进行地址转换。

③ 包过滤、包的透明转发。

④ 预警功能，当入侵事件或异常情况发生时，防火墙能够提供各种预警方式以通知防火墙管理者前来进行处理。

⑤ 记录和分析工具，防火墙可以记录入侵事件，同时分析入侵事件的原因或者追踪异常的数据流量访问。

## 3.1.2　IP 地址配置

网络之间互连的协议就是为计算机网络相互连接进行通信而设计的协议。在因特网中，它是能使连接到网上的所有计算机网络实现相互通信的一套规则，规定了计算机在因特网上进行通信时应当遵守的规则。任何厂家生产的计算机系统，只要遵守 IP 协议就可以与因特网互联互通。

在 TCP/IP 网络通信时，为了保证能正常通信，每个设备都需要配置正确的 IP 地址，否则无法实现正常的通信。

### 1．IP 地址

IP 地址被用来给 Internet 上的电脑一个编号。每台联网的 PC 上都需要有 IP 地址，才能正常通信。我们可以把“个人电脑”比作“一台电话”，那么“IP 地址”就相当于“电话号码”，而 Internet 中的路由器，就相当于电信局的“程控式交换机”。

（1）IPv4

IP 地址有 IPv4 和 IPv6 两种，由于 IPv6 目前还没彻底普及，因此，通常我们说的 IP 地址都是指 IPv4 的 IP 地址，其由 32 位二进制数表示。为了方便记忆，IPv4 地址采用了十进制的标记方式，也就是将 32 位 IP 地址以每 8 位为一组，共分为 4 组，每组以“.”隔开，再将每组转换成十进制，如图 3-1-7 所示。

| | | | | |
|---|---|---|---|---|
| 二进制 | 11000000 | 10101000 | 00000001 | 00000001 |
| 十进制 | 192 | 168 | 1 | 1 |
| 加点分割 | 192 . | 168 . | 1 . | 1 |

图 3-1-7　IPv4 地址格式

最初设计互联网络时，为了便于寻址以及层次化构造网络，每个 IP 地址包括两个标识码（ID），即网络 ID 和主机 ID。同一个物理网络上的所有主机都使用同一个网络 ID，网络上的一个主机（包括网络上的工作站、服务器和路由器等）有一个主机 ID 与其对应。Internet 委员会定义了 5 种 IP 地址类型以适合不同容量的网络，即 A 类～E 类。

其中 A、B、C 类（图 3-1-8）由 InternetNIC 在全球范围内统一分配，D、E 类为特殊地址。

| 网络类别 | 最大网络数 | IP 地址范围 | 最大主机数 | 私有 IP 地址范围 |
|---|---|---|---|---|
| A | 126(2^7-2) | 1.0.0.0--127.255.255.255 | 16777214 | 10.0.0.0--10.255.255.255 |
| B | 16384(2^14) | 128.0.0.0--191.255.255.255 | 65534 | 172.16.0.0--172.31.255.255 |
| C | 2097152(2^21) | 192.0.0.0--223.255.255.255 | 254 | 192.168.0.0--192.168.255.255 |

图 3-1-8 网络分类表

在 IP 地址中，有几个特殊的 IP。

- 主机号全为 1 用于指定某个网络下的所有主机，通常在广播数据时使用；
- 主机号全为 0 用于指定某个网段；
- IP 地址中凡是以“11110”开头的 E 类 IP 地址都保留，在将来的实验中使用；
- IP 地址中不能以十进制“127”作为开头，该类地址中数字 127.0.0.1 到 127.255.255.255 用于回路测试；
- 网络 ID 的第一个 8 位组也不能全置为“0”，全“0”表示本地网络。

（2）CIDR

由于 IP 地址的分类在互联网诞生之初、IP 地址还比较充裕时进行设计的，而随着物联网的发展，IP 地址已经严重不够用，而且 IP 地址的分类也存在着许多缺点，所以后来人们提出了一种无分类地址的方案，即 CIDR。这种方式不再有分类地址的概念，CIDR 把 IP 地址划分为两部分，前面是网络号，后面是主机号。CIDR 表示形式为 a.b.c.d/x，其中/x 表示前 x 位二进制数属于网络号，x 的范围在 0～32 之间。192.168.1.2/24 这种地址表示形式就是 CIDR，如图 3-1-9 所示。

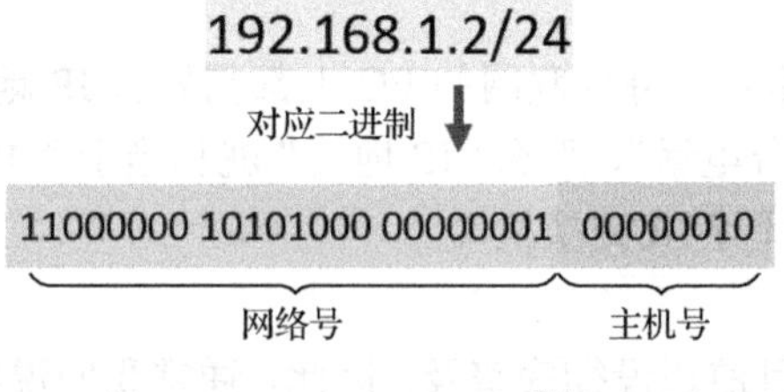


| | |
|---|---|
| 可用地址个数 | 254 |
| 子网掩码 | 255.255.255.0 |
| 网络号 | 192.168.1.0 |
| 可用地址范围 | 192.168.1.1～192.168.1.254 |

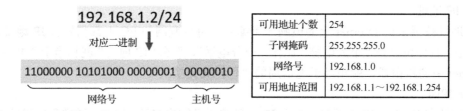

图 3-1-9 CIDR 地址格式

192.168.1.2/24 中，/24 表示前 24 位是网络号，剩余的 8 位是主机号，所以 192.168.1.2/24 表示网络号是 192.168.1.0，主机号是 2。

（3）IPv6

现有的互联网是在 IPv4 协议的基础上运行的。IPv6 是下一版本的互联网协议，也可以说是下一代互联网的协议，它的提出最初是因为随着互联网的迅速发展，IPv4 定义的有限地址空间将被耗尽，而地址空间的不足必将妨碍互联网的进一步发展。为了扩大地址空间，拟通过 IPv6 重新定义地址空间。IPv4 采用 32 位地址长度，只有大约 43 亿个地址，估计在 2005～

2010 年间将被分配完毕，而 IPv6 采用 128 位地址长度，几乎可以不受限制地提供地址。按保守方法估算 IPv6 实际可分配的地址，整个地球的每平方米面积上仍可分配 1000 多个地址。在 IPv6 的设计过程中除解决了地址短缺问题以外，还考虑了在 IPv4 中解决不好的其他一些问题，主要有端到端 IP 连接、服务质量（QoS）、安全性、多播、移动性、即插即用等。

### 2. 子网掩码

子网掩码（subnet mask）又叫网络掩码、地址掩码、子网络遮罩，它是一种用来指明一个 IP 地址的哪些位标识的是主机所在的子网，以及哪些位标识的是主机的位掩码。子网掩码不能单独存在，它必须结合 IP 地址一起使用。子网掩码只有一个作用，就是将某个 IP 地址划分成网络地址和主机地址两部分。

子网掩码是一个 32 位地址，用于屏蔽 IP 地址的一部分以区别网络标识和主机标识，并说明该 IP 地址是在局域网上，还是在远程网上。

例如：IP 地址是 192.168.1.2，如果子网掩码是 255.255.255.0，那么该 IP 地址中被子网掩码遮住的部分 192.168.1 就是网络号，如图 3-1-10 所示，没有遮住的部分就是主机号，因此，IP 地址 192.168.1.2 的主机号是 2，支持的主机 IP 地址范围为 192.168.1.1～192.168.1.254。

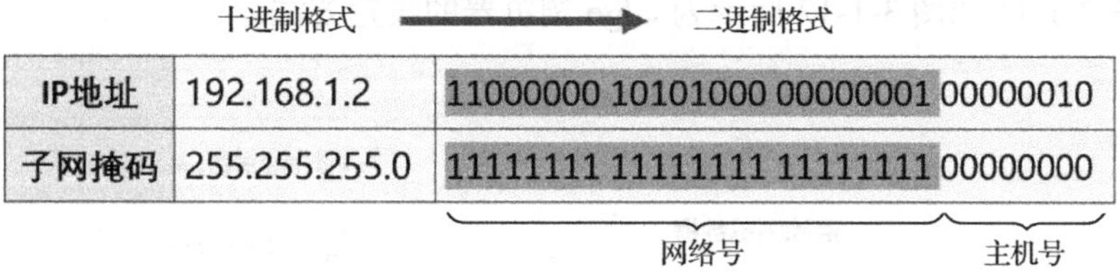


图 3-1-10　子网掩码作用

### 3. 默认网关

一个用于 TCP/IP 协议的配置项，是一个可直接到达 IP 路由器的 IP 地址。配置默认网关可以在 IP 路由表中创建一个默认路径。 一台主机可以有多个网关。默认网关的意思是一台主机如果找不到可用的网关，就把数据包发给默认指定的网关，由这个网关来处理数据包。现在主机使用的网关，一般指的是默认网关。

但是有时我们也可以通过设置网关的 IP 地址，在无路由器的情况下，实现不同网络间的通信。

**温馨提示：**在填写默认网关时，主机的 IP 地址必须和默认网关的 IP 地址处于同一段。

### 4. DNS 服务器

DNS 是计算机域名系统（Domain Name System 或 Domain Name Service）的缩写，它是由解析器和域名服务器组成的。域名服务器是指保存该网络中所有主机的域名和对应 IP 地址，并具有将域名转换为 IP 地址功能的服务器。

表 3-1-1 为一些免费公共 DNS 服务器地址。

**表 3-1-1　免费公共 DNS 服务器地址**

| | |
|---|---|
| Google DNS | 8.8.8.8.8.4.4 |
| Public DNS+ | 119.29.29.29 |
| 阿里 DNS | 223.6.6.6，223.5.5.5 |
| 百度 DNS | 180.76.76.76 |

续表

| | |
|---|---|
| 360 DNS | 电信：101.226.4.6 联通：123.125.81.6 移动：101.226.4.6 铁通：101.226.4.6 |
| OpenDNS | 208.67.220.220 |
| 114DNS | 114.114.114.114.114.114.115.115（国内移动、电信和联通通用的 DNS） |

在 Internet 中，域名与 IP 地址之间是一对一（或者多对一）的，也可采用 DNS 轮循实现一对多，域名虽然便于人们记忆，但机器只认 IP 地址，所以当使用者在浏览器中输入域名后，浏览器必须先到一台有域名和 IP 对应信息的主机去查询这台电脑的 IP，这个过程间的转换工作称为域名解析，域名解析需要由专门的域名解析服务器来完成，DNS 就是进行域名解析的服务器。

这里举一个例子，让大家进一步理解 DNS 服务器的作用。

例子：某一网站的域名是 www.baidu.com，IP 地址为 163.177.151.110（有时 IP 会改变，可通过“ping 域名”的指令重新查询）。

首先，需要为浏览器清除浏览记录，否则，浏览器会记忆浏览过的网站，造成本次操作不成功，如图 3-1-11 和图 3-1-12 所示为 edge 浏览器的设置方法。

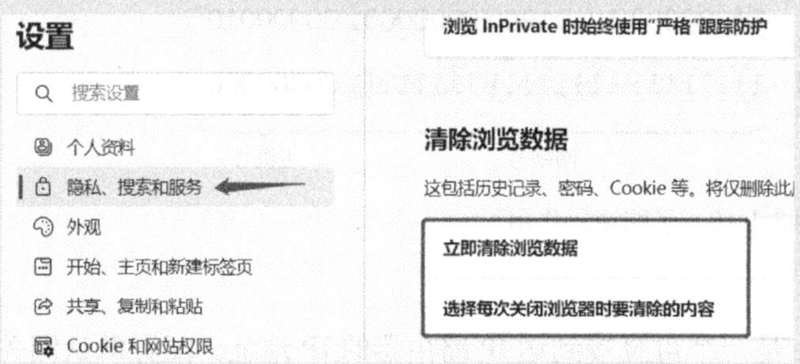


图 3-1-11　清除浏览数据打开位置

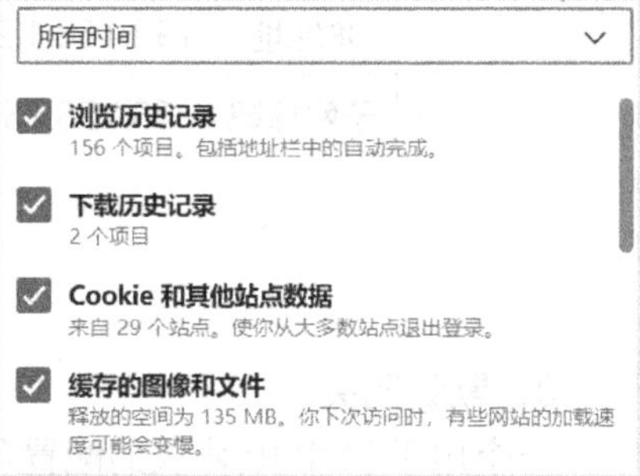


图 3-1-12　选中浏览记录

下一步，不配置 DNS，使用浏览器访问网站，可以发现通过域名无法访问网站，只能通过 IP 访问网站，如图 3-1-13 和图 3-1-14 所示。

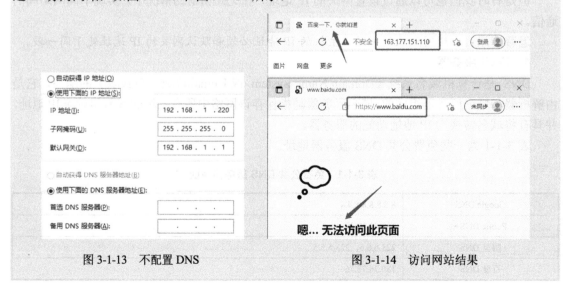

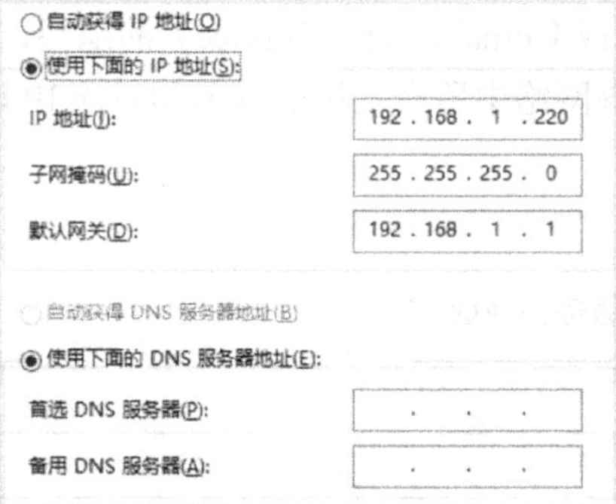


图 3-1-13　不配置 DNS

图 3-1-14　访问网站结果

接着，增加配置 DNS 的方式，再次重新运行浏览器访问网站，可以发现两种方式都能访问网站，如图 3-1-15 和图 3-1-16 所示。

图 3-1-15　配置 DNS

图 3-1-16　访问网站结果

其实人们在访问网站的时候，是可以通过输入网址的域名或 IP 地址两种方式进行访问的。如果没有配置 DNS 服务器地址的话，人们访问网站就只能通过输入 IP 的方式进行。

## 【任务实施】

任务实施前必须先准备好以下设备和资源。

| 序　号 | 设备/资源名称 | 数　量 | 是否准备到位（√） |
|---|---|---|---|
| 1 | 路由器 | 1 个 | |
| 2 | 交换机 | 1 个 | |
| 3 | 物联网中心网关 | 1 个 | |
| 4 | 网线 | 3 根 | |

### 1．配置路由器

本次要完成对路由器的 LAN 接口 IP、WAN 接口 IP 和 Wi-Fi 的配置，要对路由器进行配置，首先需要获取路由器的 IP 地址才能登录路由器配置界面。

（1）获取 IP 地址

按图 3-1-17 所示完成计算机与路由器的网口连接，路由器的 LAN 接口通常有多个，可以任意接一个。

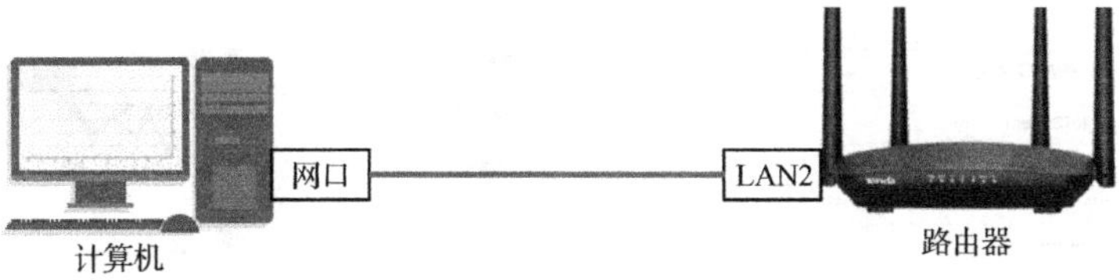


图 3-1-17　计算机与路由器的网络连接

配置计算机为自动获取 IP 方式，如图 3-1-18 所示，这时在网络连接详细信息中可以看到默认网关的 IP 地址，该 IP 地址就是路由器的 IP 地址，如图 3-1-19 所示。

如果无法获得网关 IP 地址，可能原因是路由器关闭了 DHCP 功能，这时可以按路由器的复位键 10 秒左右，对路由器进行复位，再按上述方法进行操作。

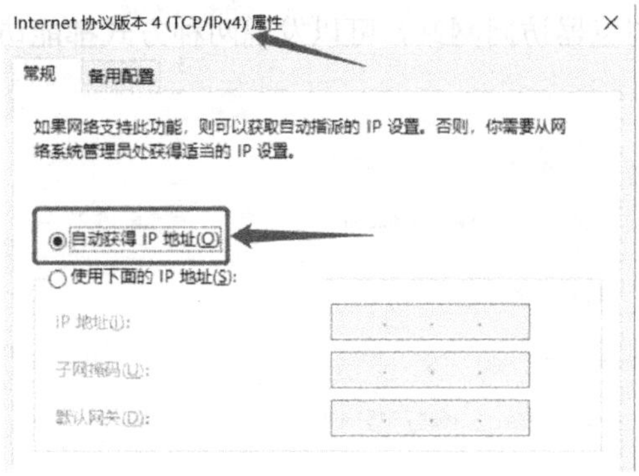


图 3-1-18　设置自动获取 IP 地址

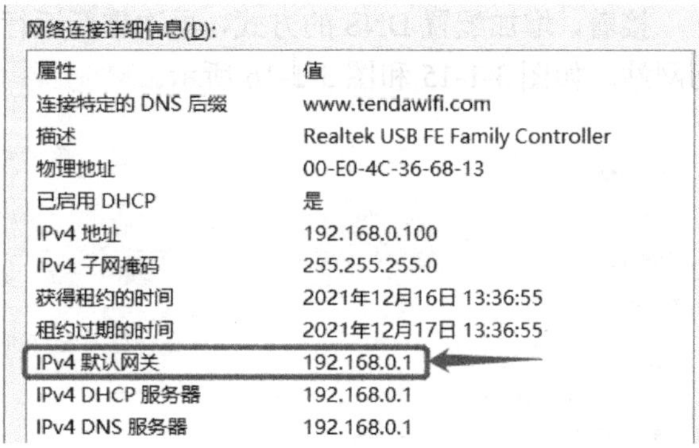


图 3-1-19　查看网关 IP 地址

（2）登录路由器配置界面

使用浏览器，输入路由器 IP 地址即可登录路由器配置界面，首次使用路由器或路由器复位后首次登录路由器时，会出现以下两种情况，这时我们需要根据情况进行选择操作。

① 如果路由器出现设置向导界面，这时可以任意配置，跳过该步骤即可。

② 如果出现用户名和密码输入框，这时可以查看路由器底部的贴纸，上面会有用户名和密码信息，按照信息内容输入即可。

（3）配置 WAN 接口 IP

成功登录路由器配置界面后，单击“上网设置”，按图 3-1-20 所示选择“动态 IP”方式，完成配置，配置完成后需单击“确定”按钮。

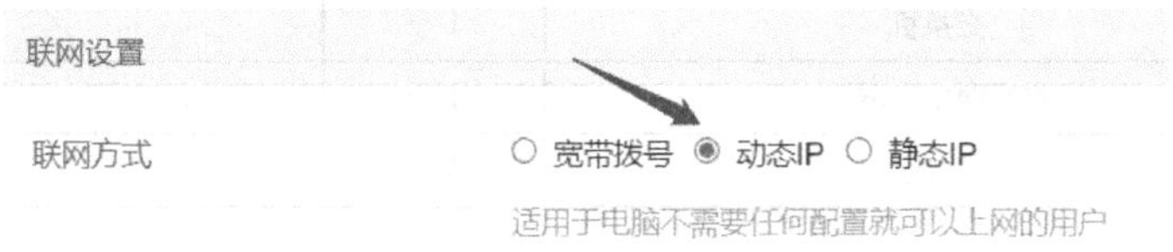


图 3-1-20　设置联网方式

（4）配置 Wi-Fi

单击“无线设置”按钮，按图 3-1-21 和图 3-1-22 所示完成配置，配置完成后需单击“确定”按钮。

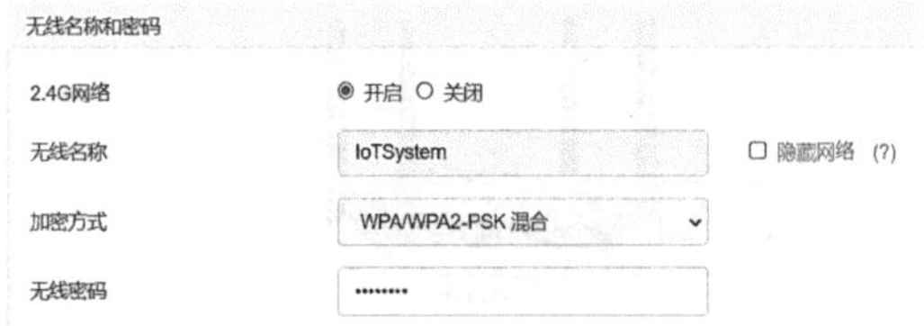


图 3-1-21　设置 2.4G 网络

图 3-1-22　设置 5G 网络

① 2.4G 网络：需选择开启，路由器才会运行该 2.4G 网络。

② 无线名称：用于设置 Wi-Fi 的名称，可自定义。

③ 隐藏网络：选中时，Wi-Fi 名称会隐藏起来，让人搜索不到，只能通过手动输入 Wi-Fi 名称进行连接。

④ 加密方式：选择“WPA/WPA2-PSK 混合”。

⑤ 无线密码：可自定义。

⑥ 5G 配置方式和 2.4G 一样。

（5）配置路由器 IP

进入“系统管理”界面，按图 3-1-23 所示完成配置，配置完成后需单击“确定”按钮，这时路由器会进行重启。

图 3-1-23　LAN 口配置

① LAN IP：用于设置路由器设备的 IP 地址。

② 子网掩码：设置为 255.255.255.0。

③ DHCP 服务器：设置为开启，这样路由器就能给计算机自动分配 IP 地址。

④ 起始 IP：设置 DHCP 服务的起始分配 IP，通常都是从 100 开始。

⑤ 结束 IP：设置 DHCP 服务的截止分配 IP。

## 2. 搭建硬件环境

认真识读图 3-1-24 所示的网络连线图，完成设备的连线，保证设备连线正确。

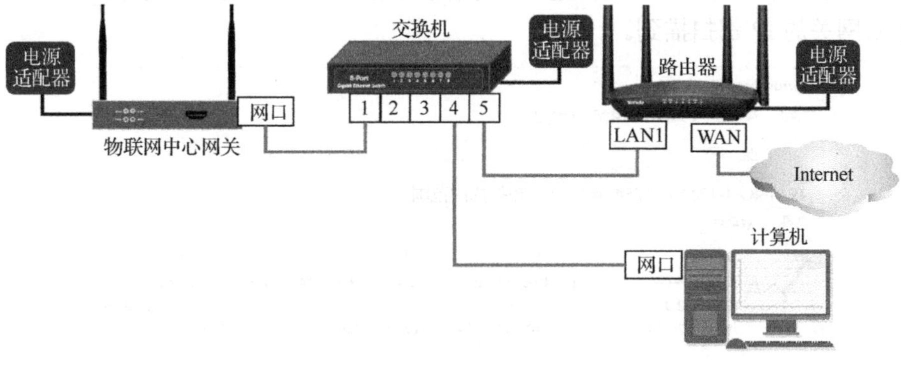


图 3-1-24　检测管理系统网络环境搭建连线图

## 3. 配置物联网中心网关 IP

物联网中心网关默认出厂 IP 地址为 192.168.1.100，如果已被改动，可复位物联网中心网关使其 IP 变回出厂 IP。物联网中心网关的复位方式，可查阅产品说明书。

下一步，配置计算机 IP 地址，如图 3-1-25 所示完成配置。

交换机没有路由功能，只支持同网段的 IP 进行通信，因此需要将计算机的 IP 配置为 192.168.1.0 网段，因为这时的物联网中心网关 IP 地址为 192.168.1.100。

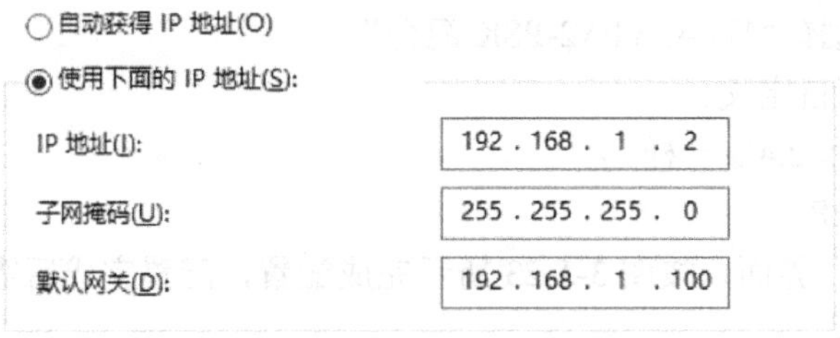


图 3-1-25　计算机 IP 配置

使用浏览器登录物联网中心网关配置界面，在“配置”项中选择“设置网关 IP 地址”，按图 3-1-26 所示，完成物联网中心网关 IP 配置。

物联网网关 IP 配置完成后，需要按图 3-1-27 所示配置计算机的 IP。

图 3-1-26　物联网中心网关 IP 配置

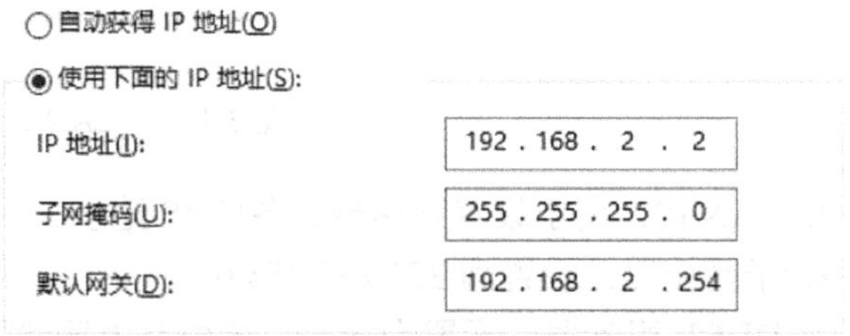


图 3-1-27　再次配置计算机 IP

**4．测试功能**

使用教材配套资源中的 IP 扫描工具，设置 IP 扫描范围为 192.168.2.1～192.168.2.254，点击“扫描”按钮，对局域网中的设备进行 IP 扫描，如图 3-1-28 所示，要求将路由器、计算机、物联网中心网关的 IP 都扫描到。

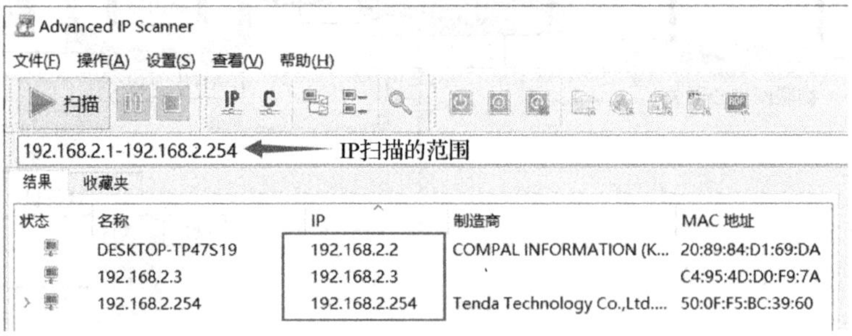


图 3-1-28　IP 扫描结果

## 【任务小结】

本任务的相关知识小结思维导图见图 3-1-29。

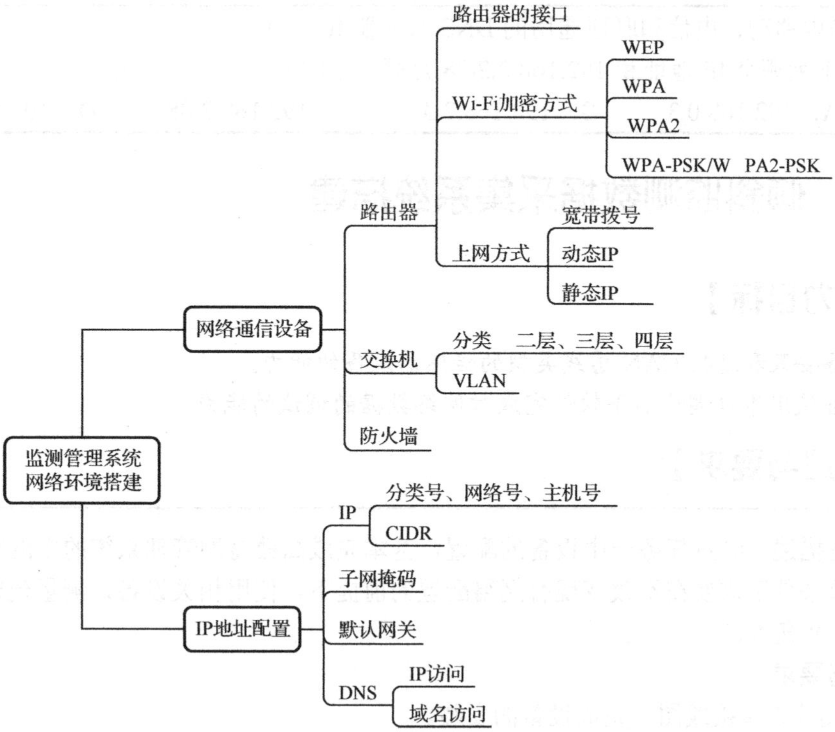


图 3-1-29　任务 1 监测管理系统网络环境搭建思维导图

## 【任务拓展】

通过无线网卡连接和测试所配置的 Wi-Fi 是否能正常连接通信，完成后，修改 Wi-Fi 名称，并设置为隐藏，再重新连接 Wi-Fi 完成上网测试。

## 【任务工单】

工单格式详见《工单样章》，放在本书配套资源中，不在书中体现。

<table>
<tr><td>项目 3：智慧大厦—建筑物倾斜监测系统环境搭建</td><td>任务 1：监测管理系统网络环境搭建</td></tr>
<tr><td colspan="2">
本次任务关键知识引导<br>
1．家用路由器接口通常由电源接口、（　　　　　）、（　　　　　）、（　　　　　）4 种组成。<br>
2．路由器的广域网接口（WAN）通常用于连接（　　　　　）网络。<br>
3．家用路由器通常提供三种联网方式，分别是（　　　　　）、（　　　　　）和（　　　　　）。<br>
4．交换机意为（　　　　　），是一种用于电（光）信号转发的网络设备。<br>
5．三层交换机和二层交换机的区别是，三层交换机带有（　　　　　）功能。<br>
6．VLAN 的中文意思是（　　　　　）。<br>
7．CIDR 把 IP 地址划分为两部分，前面是（　　），后面是（　　）。<br>
8．子网掩码的作用是将某个 IP 地址划分成（　　　　　）和（　　　　　）两部分。
</td></tr>
</table>

9．国内移动、电信和联通通用的 DNS 服务器 IP 是（　　　　　　　　）。

10．下列哪个 IP 地址和 192.168.2.2/28 是同一个网段（　　　）。

A．192.168.0.3　　B．192.168.2.3　　C．192.168.2.88　　D．192.168.2.254

# 任务 2　倾斜监测数据采集系统搭建

## 【职业能力目标】

- 具备安装和连接 CAN 总线类型的传感器设备的能力。
- 具备使用串口调试助手软件完成对网络数据的调试的能力。

## 【任务描述与要求】

**任务描述：** 经过任务一中设备的配置，基本完成高楼监测管理系统的主网络框架搭建，在该条件下需要在不改变现有网络配置的前提下，使用相关设备，测量建筑物各个方向的倾角角度。

**任务要求：**

- 阅读设备接线图，完成设备的安装。
- 完成 CAN 转以太网设备和 CAN 总线双轴倾角传感器的配置。
- 配置云平台和物联网网关设备，实现云平台上展示双轴倾角传感器数值。

## 【知识储备】

### 3.2.1　倾角传感器设备

倾角传感器又称为倾斜仪、测斜仪、水平仪、倾角计，经常用于系统的水平角度变化测量，它其实是运用惯性原理的一种加速度传感器（图 3-2-1）。倾角传感器把 MCU、MEMS 加速度计、模数转换电路、通信单元全都集成在一块非常小的电路板上面，可以直接输出倾斜角度等数据，使用方便。

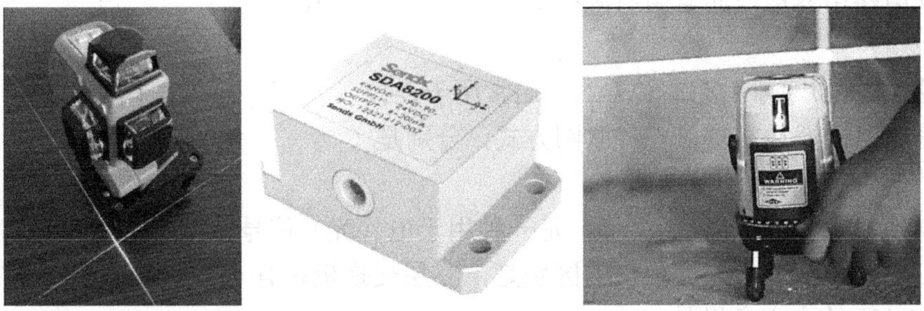


图 3-2-1　倾角传感器

#### 1．倾角传感器的分类

倾角传感器是姿态传感器的一种，主要应用于物体状态的水平检测，同时具有测量角度大小的功能。倾角传感器基本分为两种类型：一种是静态倾角传感器，其基本原理是牛顿第二定律，这类型的传感器多应用于静态或准静态物体的监测，已成为在大坝、桥梁、建筑、高空作业平台车的角度检测等不可缺少的测量工具；另一种是动态倾角传感器，这类传感器采用最新的惯导技术，避免传感器在运动、振动过程中精度丧失的问题，可以应用于无人机、工程机械和机器人等运动载体，在运动中高精度测量载体的姿态。

另外，倾角传感器根据其他分类方法还可分为：

- 根据测量的方向，可以简单分为单轴和双轴两种。
- 按照测量精度高低，分为超高精度系列、高精度系列、高性价比系列和低成本系列。
- 按照传感器的输出形式，分为电流输出、电压输出、CAN 输出、RS485、TTL 输出等。

**2. 倾角传感器安装要求**

首先，要保证倾角传感器安装面与被测面紧靠在一起，被测面要尽可能水平，不能有如图 3-2-2 所示的夹角产生。

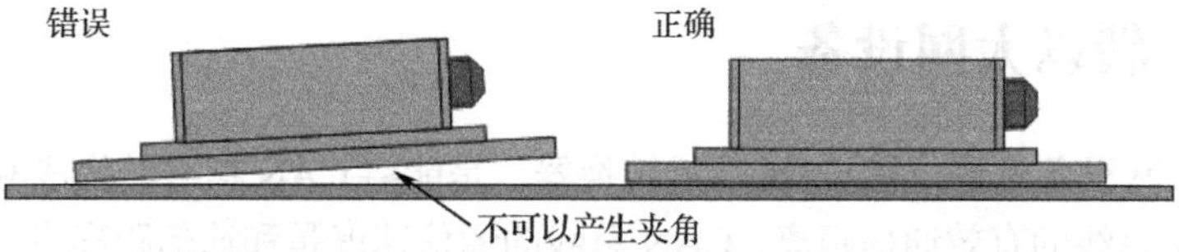


图 3-2-2　安装面与被测面夹角

其次，倾斜传感器底边线与被测物体轴线不能有如图 3-2-3 所示的夹角产生，安装时应保持传感器底边线与被测物体转动轴线平行或正交。

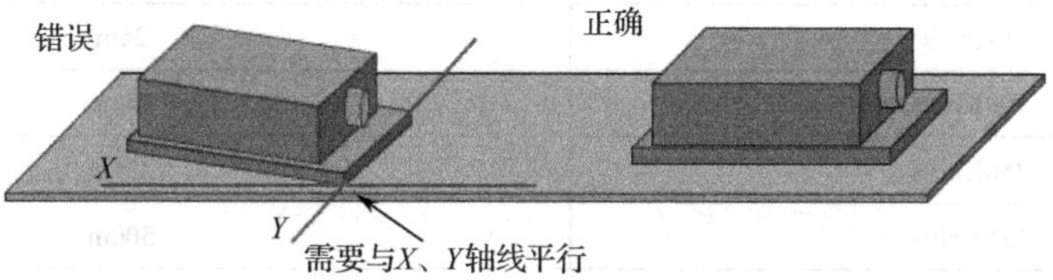


图 3-2-3　轴线不平行

最后，倾斜传感器的安装面与被测面必须固定紧密、接触平整、转动稳定，要避免由于加速度、振动产生的测量误差。

**3. CAN 总线**

CAN 是控制器局域网络（Controller Area Network）的简称，CAN 属于现场总线的范畴，是国际上应用最广泛的 ISO 国际标准化的串行通信协议之一。它是一种有效支持分布式控制或实时控制的串行通信网络，在网络各节点之间的数据通信实时性强，且开发周期短。

CAN 总线是一种总线通信接口，由 CAN_H 和 CAN_L 组成，采用差分电压传输信号，抗干扰能力强。CAN 总线数据传输距离最远可达 10km，最高数据传输速率可达 1Mbps。近年来，由于 CAN 总线具备高可靠性、高性能、功能完善和成本较低等优势，其应用领域已从最初的汽车工业慢慢渗透进航空工业、安防监控、楼宇自动化、工业控制、工程机械、医疗器械等领域。

图 3-2-4 展示了 ISO11898 标准的 CAN 总线信号电平标准。

图中的实线与虚线分别表示 CAN 总线的两条信号线 CAN_H 和 CAN_L。静态时两条信号线上电平电压均为 2.5V 左右（电位差为 0V），此时的状态表示逻辑 1（或称“隐性电平”

状态)。当 CAN_H 上的电压值为 3.5V 且 CAN_L 上的电压值为 1.5V 时，两线的电位差为 2V，此时的状态表示逻辑 0（或称“显性电平”状态）。

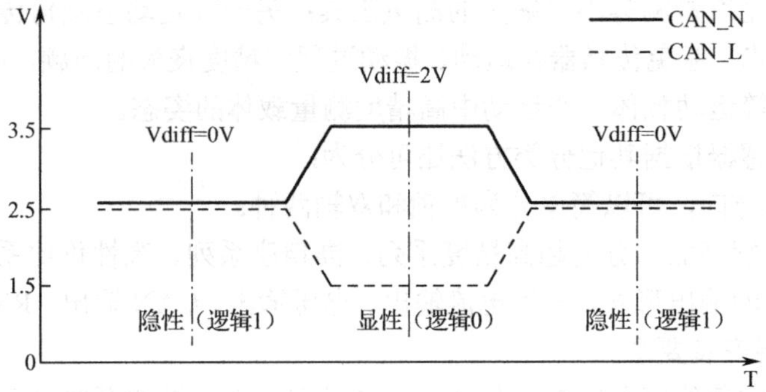


图 3-2-4　ISO11898 标准的 CAN 总线信号电平标准

## 3.2.2　CAN 转以太网设备

CAN 转以太网设备就是一种 CAN 总线转换器，是能将 CAN 信号转换成网口信号的设备。它可以延长 CAN 总线的有效通信距离。CAN 总线的通信速度是和通信距离成反比的。当通信距离在 40m 以内时，其通信速率可达 1000kbps。表 3-2-1 为超过 40m 以后 CAN 总线的通信速率。

表 3-2-1　CAN 总线通信速率表

| 波 特 率 | 总 线 长 度 |
|---|---|
| 1Mbit/s | 25m |
| 500Kbit/s | 100m |
| 250Kbit/s | 250m |
| 125Kbit/s | 500m |
| 50Kbit/s | 1.0km |
| 20Kbit/s | 2.5km |
| 10Kbit/s | 5.0km |
| 5Kbit/s | 13km |

型号：HW-Canet-410

图 3-2-5　CAN 转以太网设备

图 3-2-5 所示为某款 CAN 转以太网设备

本产品简称 Canet-410，拥有四路 CAN 口和一路以太网口，四路 CAN 口分为两组，一组为低速 CAN 口（1，2 通道），波特率支持为 5～500kbps，另一组为高速 CAN 口（3，4 通道），波特率支持为 10～1000kbps。网口是 10M/100M 自适应网口，支持交叉和直连网线。

CAN 口通信支持 CAN2.0A 和 CAN2.0B。

网口通信支持 UDP。

Canet-410 需要 9～24V 供电电源。

默认 IP：由于配置网络型设备通常都使用 IP 地址对其进行访问，对应这点，网络型设备厂家在设备出厂的时候都会默认配置一个出厂 IP，用于供用户访问设备，同时会提供可以获取该 IP 地址的方法。一般有以下几种 IP 获取方法：

① 在设备背面粘贴贴纸，并在贴纸上标注 IP；

② 提供软件给用户，通过扫描设备获取 IP；

③ 设备说明书中标注 IP 地址。

### 3.2.3　网络调试助手

CAN 转以太网模块的性能检测可以使用网络调试助手进行操作。网络调试助手通常集成了 TCP/UDP 服务端和 TCP/UDP 客户端，服务端可管理多个连接，客户端也可以建立多个链接，各自独立操作，方便管理，可以帮助测试人员检查网络应用软硬件的数据收发状况，是网络应用开发及调试中常用必备的专业工具，可以通过网络搜索进行下载，而且大部分都是免费的，

**1．TCP 功能调试操作**

① 首先打开该软件，建立一个 TCP 服务端，在协议类型中选择“TCP Server”。该项有三类可以选择，其中 UDP 用于 UDP 通信，TCP Client 表示该软件模拟 TCP 客户端功能，TCP Server 表示该软件模拟 TCP 服务端功能（图 3-2-6）。

② 接下来填写 IP 地址，一般情况下会默认填入本机 IP。最后设置端口号，根据实际设备端口号填写，常为 8080。设置正确后，打开连接（图 3-2-7）。

本机主机地址/远程主机地址：因为服务端是用于给多个客户端进行连接访问的，配置服务端的时候需要配置一个服务端本机的 IP 地址供客户端连接访问。

本机主机端口/远程主机端口：TCP 通信发送数据给目的地址设备时，需要有设备的 IP 地址和设备的端口号两个参数。

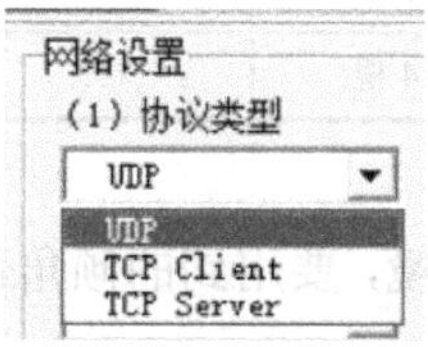


图 3-2-6　协议类型

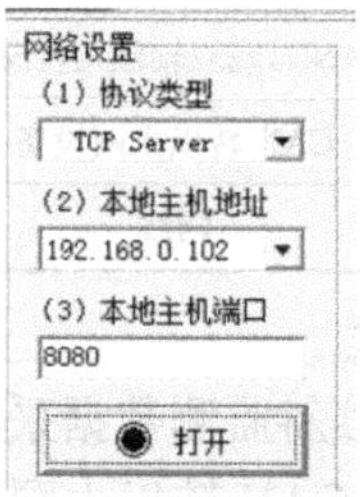


图 3-2-7　IP 地址和端口号设置

③ 另一种是配置客户端，同配置服务器端相似，但是协议类型选择“TCP Client”，填入服务器地址和端口号，打开连接（图 3-2-8，图 3-2-9）。

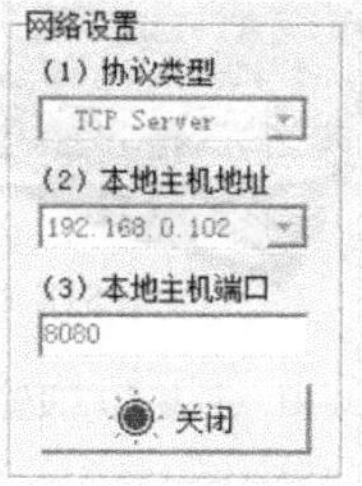


图 3-2-8　服务器连接

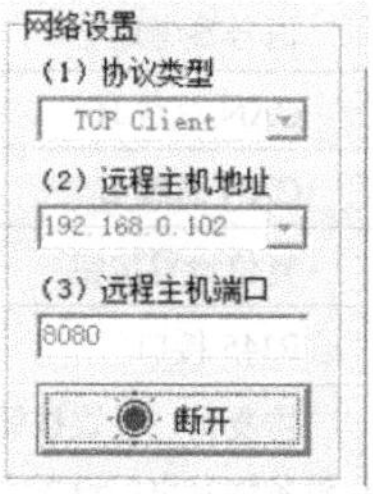


图 3-2-9　客户端连接

④ 接下来是两者的接收设置和发送设置。通常服务端和客户端采用一样的配置（图 3-2-10、图 3-2-11）。其中还可以设置十六进制发送，这个功能在调试硬件设备时非常有效，能看到网口所发送的最原始信息。

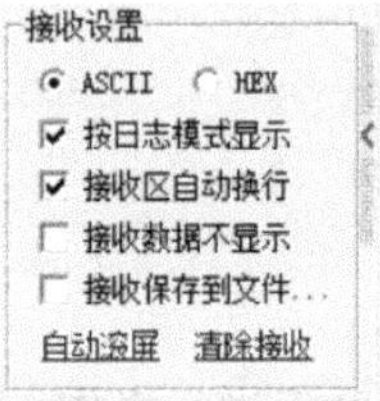


图 3-2-10　接收设置

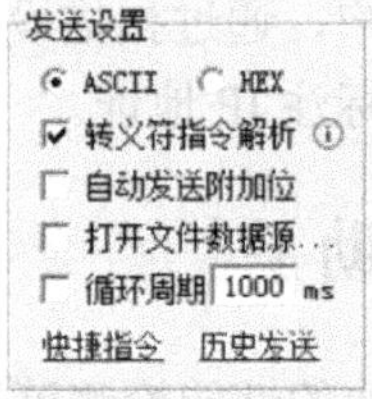


图 3-2-11　发送设置

配置完成后，在数据发送栏中输入要发送的信息，对方就能成功获取并显示。

**2. UDP 功能调试操作**

UDP 具有无连接、快速传输、实施性高等优点，但是 UDP 只管发送数据，而不管对方有无收到数据，所以 UDP 被称为不可靠通信方式。现在使用 UDP 传输的情况较少。它的使用方法较为简单：UDP 根据 IP 和端口创建，然后指定接收端 IP 和端口号就可以发送了。如果该 IP 和端口号也是一个 UDP，就能接收到了。

## 【任务实施】

任务实施前必须先准备好以下设备和资源。

| 序　号 | 设备/资源名称 | 数　量 | 是否准备到位（√） |
|---|---|---|---|
| 1 | 路由器 | 1 个 | |
| 2 | 交换机 | 1 个 | |
| 3 | 物联网中心网关 | 1 个 | |
| 4 | CAN 总线双轴倾角传感器 | 1 个 | |
| 5 | CAN 转以太网设备 | 1 个 | |
| 6 | 网线 | 4 根 | |

**1. 搭建硬件环境**

首先，需要搭建倾斜监测数据采集系统的硬件环境，要用到的倾角传感器和 CAN 转以太网设备。图 3-2-12 为 CAN 转以太网设备的接口说明。

| 序　号 | 引　脚 | 说　明 |
|---|---|---|
| 1 | VCC | 电源 12/24V |
| 2 | GND | 电源地 |
| 3 | GNDA | 信号参考地 |
| 4 | CANH | CAN 总线 H |
| 5 | CANL | CAN 总线 L |
| 6 | Reset | 复位设置按钮 |
| | Ethernet | RJ45 接口 |
| 8 | Reload | 恢复出厂设置按钮，长按 5～10s 设备恢复出厂设置 |

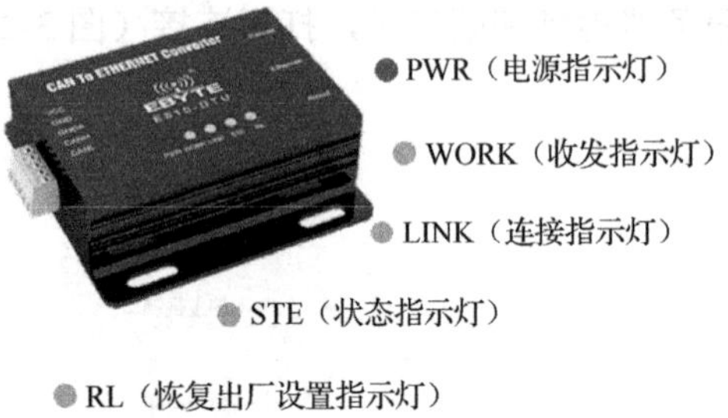


图 3-2-12　CAN 转以太网设备接口说明图

认真识读图 3-2-13 所示的设备接线图，在任务 1 的基础上，完成下列设备的安装和连线，保证设备连线正确。

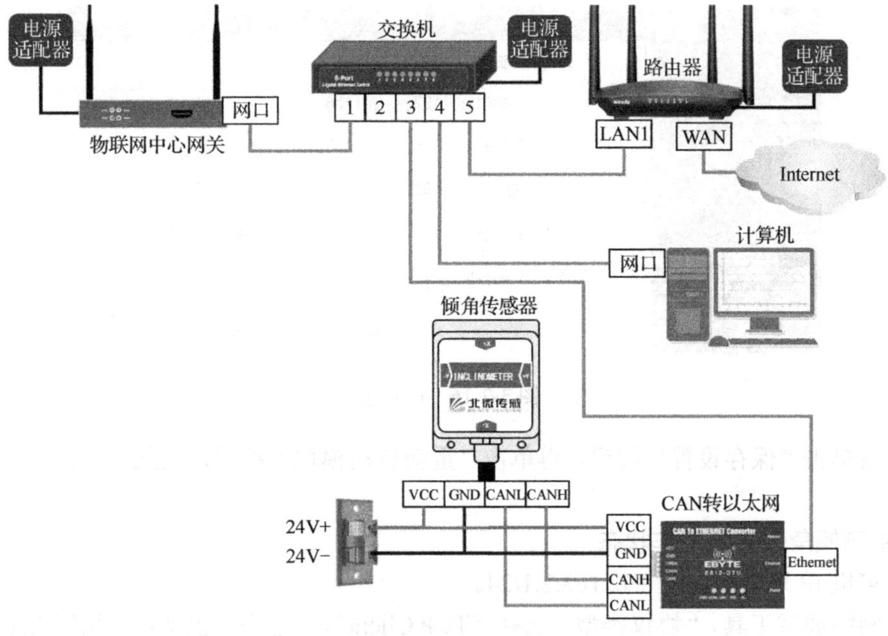


图 3-2-13　倾斜监测数据采集系统硬件搭建接线图

## 2. CAN 转以太网设备配置

确保路由器 IP 配置为 192.168.2.254/24，物联网中心网关 IP 配置为 192.168.2.3/24。

下一步，配置计算机 IP 地址，如图 3-2-14 所示完成配置。

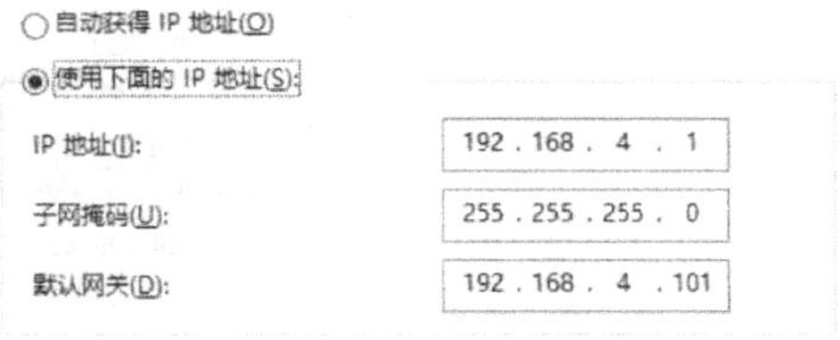


图 3-2-14　计算机 IP 配置

在 CAN 转以太网设备上电的状态下，长按“恢复出厂设置”按钮 5～10s，使得 CAN 转以太网设备恢复出厂 IP。

接着，使用浏览器访问 CAN 转以太网设备配置界面，访问地址为 192.168.4.101，用户名 admin，密码 admin。在“CAN 配置”项中设置“波特率”为“125kbps”，“工作方式”为“TCP Server”，“本地/远程端口”为“8886”（端口可自定义），如图 3-2-15 所示，完成 CAN 配置后，单击最下方的“保存设置”按钮。

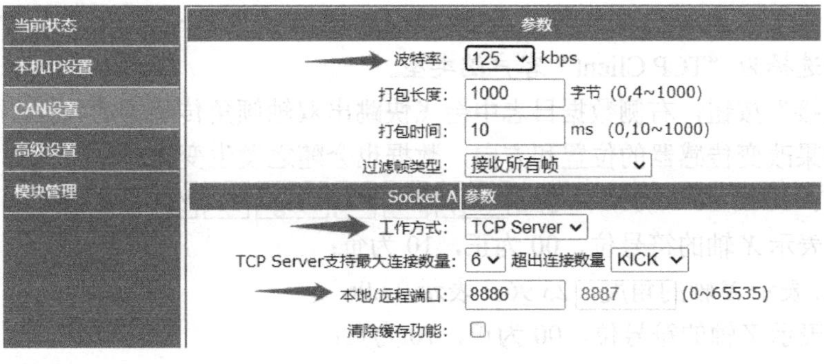


图 3-2-15　CAN 配置

下一步，配置设备的 IP 地址，在“本机 IP 设置”项中将设备的 IP 配置为 192.168.2.4，“网关地址”配置为 192.168.2.254，如图 3-2-16 所示。

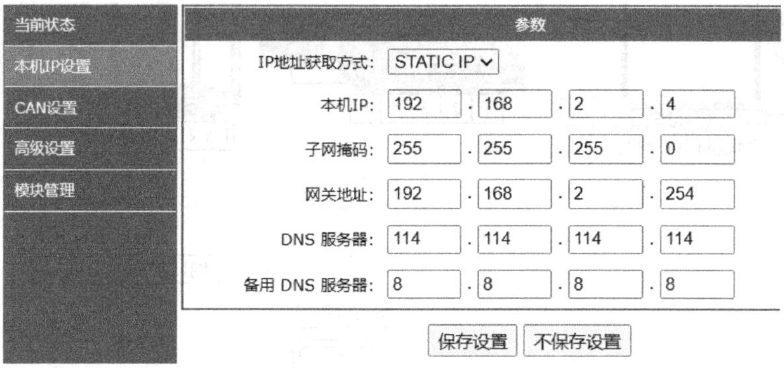


图 3-2-16　IP 配置

完成后单击“保存设置”按钮，再单击“重新启动模块”按钮，至此 CAN 转以太网设备配置完成。

**3．检测倾角传感器工作状态**

将计算机 IP 地址配置回 192.168.2.1/24。

运行网络调试工具，“协议类型”选择“TCP Client”，“远程主机地址”填写 CAN 转以太网设置 IP 地址，“远程主机端口”填写“CAN 配置”中的本地/远程端口号 8886，并选择“HEX”显示，如图 3-2-17 所示。

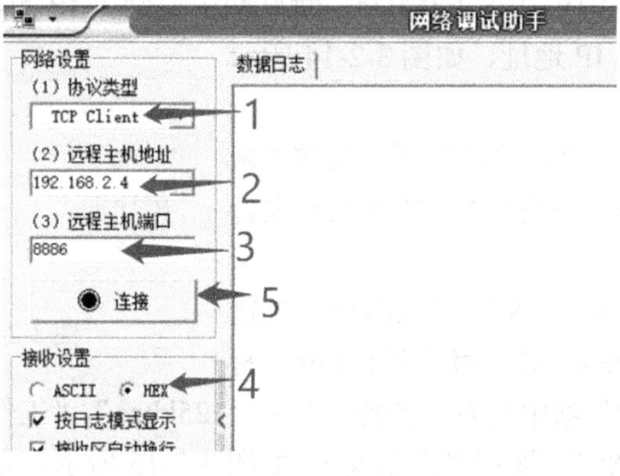


图 3-2-17　网络调试助手操作

**温馨提示：**上一步中，CAN 转以太网设备是配置为“TCP Server”工作方式，所以网络调试助手必须选择为“TCP Client”客户端类型。

单击“连接”按钮，右侧数据日志中会飞快跳出双轴倾角传感器的数据，如图 3-2-18 所示。这时，如果改变传感器的位置和方向，数据也会随之发生变化。

数据说明：10 23 96 10 00 33 对应 Xsign XH XL Ysign YH YL

- Xsign 表示 *X* 轴的符号位，00 为正，10 为负；
- XH XL 表示 *X* 轴的角度，23 96，表示 23.96°；
- Ysign 表示 *Y* 轴的符号位，00 为正，10 为负；
- YH YL 表示 *Y* 轴的角度，00 33，表示 0.33°。

返回的数据 10 23 96 10 00 33，表示 $X$ 轴角度为-23.96°，$Y$ 轴角度为-0.33°。

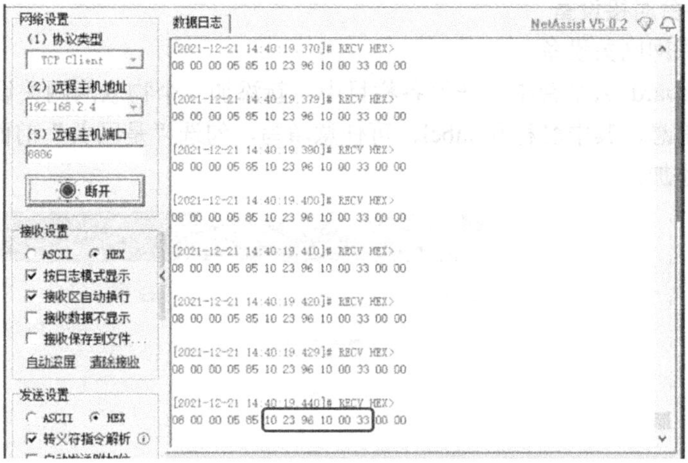


图 3-2-18　网络调试助手获取数据界面

### 4．配置物联网中心网关

正确配置计算机 IP 地址，并使用浏览器登入物联网中心网关配置界面。

（1）配置连接器

进入物联网中心网关界面后，选择“配置”→“新增连接器”，进入连接器配置界面，如图 3-2-19 所示。在网络设备中添加一个连接器，IP 地址对应 CAN 转以太网设备的 IP 地址，端口对应 CAN 转以太网设备中所配置的“本地/远程端口号”。

（2）添加设备

打开新建的连接器“CAN 转以太网”栏目，新增一个设备，如图 3-2-20 所示设置，其中“CanId”必须填写为双轴倾角传感器中 CAN 的节点号 05。

图 3-2-19　连接器配置

图 3-2-20　新增设备

**温馨提示：**CanId 设置为 5 是因为双轴倾角传感器出厂时，厂家就将其设置为 5，该信息可以从设备说明书中查到。

（4）验证物联网网关配置结果

在数据监控界面，CAN 转以太网的连接器下可以看到双轴倾角传感器上传的 $X$ 轴和 $Y$ 轴的角度数据，如图 3-2-21 所示。旋转双轴倾角传感器时，显示的数值也会发生相应的变化。

5．配置云平台对接设备

（1）创建物联网网关设备

进入 Thingsboard 云平台中，在设备栏目中，新添加一个物联网网关设备，按图 3-2-22 所示，填写设备信息，其中名称和 label，可任意填写，勾选“是网关”前面的复选框，完成物联网网关设备添加。

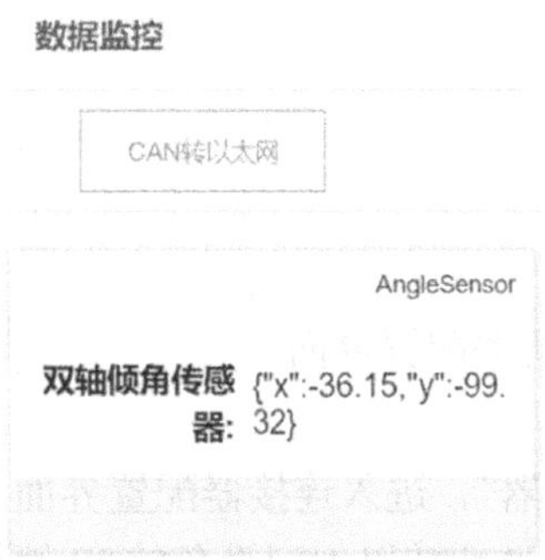


图 3-2-21　双轴倾角传感器数据显示界面

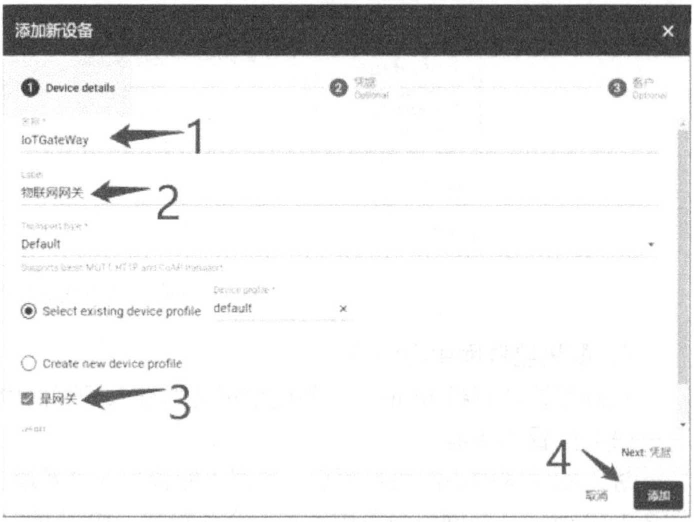


图 3-2-22　物联网网关信息配置

（2）配置物联网网关与云平台对接

单击创建好的物联网网关设备“IoTGateWay”右侧的“设备凭据”图标，复制设备凭据中的访问令牌，如图 3-2-23 所示。

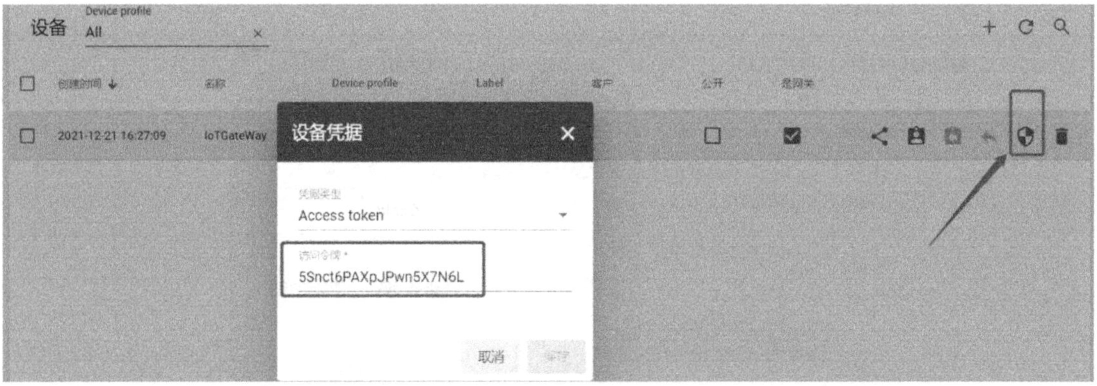


图 3-2-23　复制访问令牌

将所复制的访问令牌粘贴到物联网网关配置界面中的 TBClient 连接方式里的“Token”中，如图 3-2-24 所示。

至此，完成了物联网网关设备与 ThingsBoard 云平台的对接。刷新 ThingsBoard 云平台上设备列表，可以看到物联网网关中的双轴倾角传感器设备 AngleSensor 也显示在设备列表中，如图 3-2-25 所示。

图 3-2-24　物联网网关令牌配置

图 3-2-25　刷新设备列表

## 6. 导入云平台仪表板

单击左侧仪表板库栏目，在仪表板库中，单击“+”按钮，选择导入仪表板功能，将教材配套资源中的“建筑物倾斜监测系统.json”导入到仪表板中，如图 3-2-26 所示为导入后的仪表板。

图 3-2-26　导入后的仪表板界面

## 7. 功能测试

打开“建筑物倾斜监测系统”仪表板，在该界面中可以看到双轴倾角传感器所采集到的建筑物倾角数值，如图 3-2-27 所示。

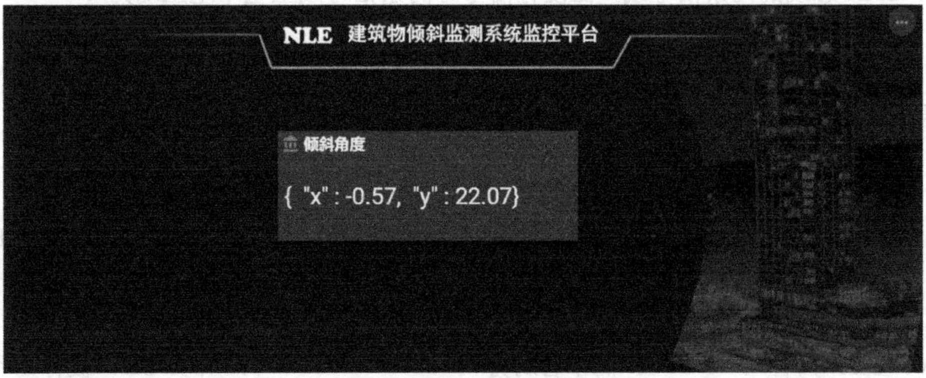


图 3-2-27　最终界面

如果倾斜角度数据无法显示，可参考项目 2 任务 3 中任务实施里“实体别名配置”的操作。

① $x$ 的值，表示 $X$ 轴的倾斜角度。

② $y$ 的值，表示 $Y$ 轴的倾斜角度。

## 【任务小结】

本任务的相关知识小结思维导图见图 3-2-28。

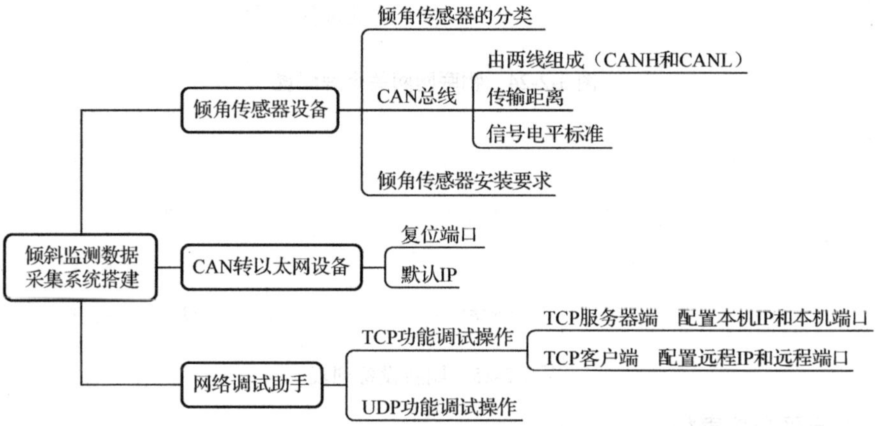


图 3-2-28　任务 2　倾斜监测数据采集系统搭建思维导图

## 【任务工单】

工单格式详见《工单样章》，放在本书配套资源中，不在书中体现。

<table>
<tr><td>项目 3：智慧大厦—建筑物倾斜监测系统环境搭建</td><td>任务 2：倾斜监测数据采集系统搭建</td></tr>
<tr><td colspan="2">本次任务关键知识引导<br>1. 倾角传感器的分类根据测量的方向，可以简单分为（　　　　　）和（　　　　　）两种。<br>2. CAN 通信接口由（　　　　　）和（　　　　　）组成。<br>3. CAN 总线数据传输距离最远可达（　　　　　）米，最高数据传输速率可达（　　　　　）bps。<br>4. CAN 总线的两条信号线，在没有信号时两条信号线上电平电压均为（　　　　　）V 左右。<br>5. CAN 总线两条信号线的电位差为 0V 时，表示逻辑（　　　　）；电位差为 2V 时，表示逻辑（　　　　）。<br>7. 倾角传感器安装时应保持传感器底边线与被测物体转动轴线（　　　　　）或（　　　　　）。<br>8. 要和服务器进行网络调试时，需要将网络调试助手设置为（　　　　　）类型。<br>9. TCP 通信，发送数据给目标设备时，需要配置目标设备的（　　　　　）和（　　　　　）两个参数。<br>10. UDP 只管（　　　　），而不管对方（　　　　　　　），所以 UDP 被称为不可靠通信方式。</td></tr>
</table>

11．当 CAN 总线网络通信速率不低于 50kbit/s 时，通信距离不可超过（　　）。
A．1.0km　　B．500m　　C．5.0km　　D．100m

# 任务 3　建筑物倾斜监测系统环境搭建

## 【职业能力目标】

- 具备根据安装需要连接和使用 RS232 通信线路的能力。
- 具备使用和配置串口服务器设备的能力。
- 具备使用物联网云平台的仪表板功能添加控件界面的能力。

## 【任务描述与要求】

**任务描述：** 要求新增报警系统功能，使用以太网方式连接控制，便于后续的扩展和应用，最终实现使用云平台控制报警灯亮灭的功能。

**任务要求：**

- 通过阅读设备接线图，完成设备的安装。
- 配置串口服务器设备和物联网网关设备。
- 实现通过云平台控制报警灯亮灭。

## 【知识储备】

### 3.3.1　串行通信

数据通信根据传输方式分类，可以分为并行通信和串行通信，如图 3-3-1 所示。

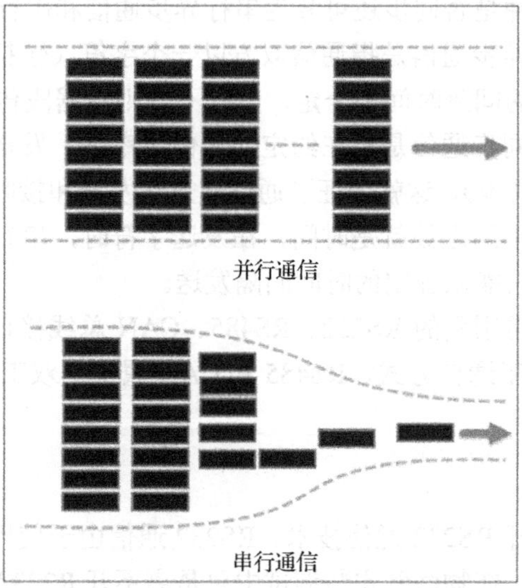


图 3-3-1　并行和串行通信方式

- 并行通信是一组数据的各数据位在多条线上同时被传输，靠电缆或信道上的电流或电压变化实现计算机和终端之间的数据传输。它的特点是数据传输速度快，但是传输距离近，通信成本高，所以在设备调试中并行通信一般较少用到。
- 串行通信是指在一条信道上数据以位为单位，按时间顺序逐位传输的方式。按位发送，逐位接收，传输速度慢，但因为只需要一条传输信道，投资小，易于实现，所以是数据传输中采用的主要传输方式，也是计算机通信采取的一种主要方式。

串行通信按照数据在线路上允许传输的方向分类，又可以分为单工通信、半双工通信与全双工通信，如图 3-3-2 所示。

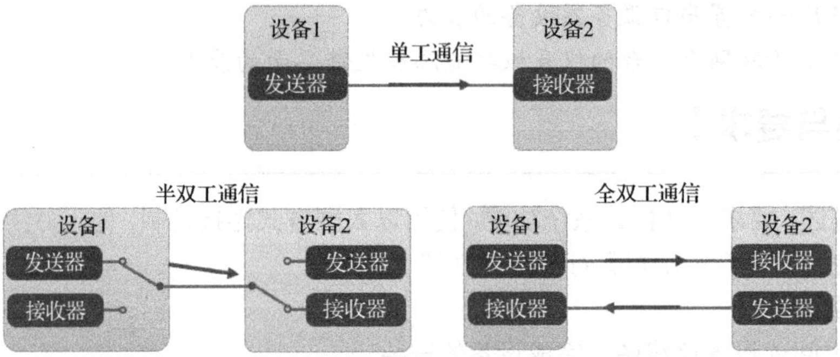


图 3-3-2　按数据传输方向分类

① 单工通信只支持数据在一个方向上传输，又称为单向通信，如电视广播。

② 半双工通信允许数据在两个方向上传输，但在同一时刻，只允许数据在一个方向上传输。即通信双方都可以发送信息，但不能双方同时发送（当然也不能同时接收）。这种方式一般用于计算机网络的非主干线路中。

③ 全双工通信允许数据同时在两个方向上传输，又称为双向同时通信，即通信的双方可以同时发送和接收数据，如现代电话通信提供了全双工传送。这种通信方式主要用于计算机与计算机之间的通信。

串行通信按照工作时钟是否同步还可分为串行异步通信和串行同步通信。

串行异步通信：串行异步通信是指通信双方以一个字符（包括特定附加位）作为数据传输单位且发送方传送字符的间隔时间不一定，具有不规则数据段传送特性的串行数据传输。

串行同步通信：串行同步通信是指在约定的通信速率下，发送端和接收端的时钟信号频率和相位始终保持一致（同步），这就保证了通信双方在发送和接收数据时具有完全一致的定时关系。两种串行通信的不同之处就是时间，在发送字符时，串行异步通信可以不同时间间隔发送，但串行同步通信只能以固定的时间间隔发送。

在设备安装调试中经常用到的 RS232、RS485、CAN 总线接口都是属于串行异步通信方式，其中 RS232 属于全双工通信方式，RS485 和 CAN 属于半双工通信方式。

## 3.3.2　RS232 通信

在串行通信中，离不开 RS232 通信技术。RS232 通信由于使用简单、应用范围广，因此被普遍使用在各种设备上，在物联网安装调试中更是离不开 R2232 技术。

### 1. RS232 接口

RS232 接口按照引脚数量分为两种，分别是 DB25 和 DB9，如图 3-3-3 所示。

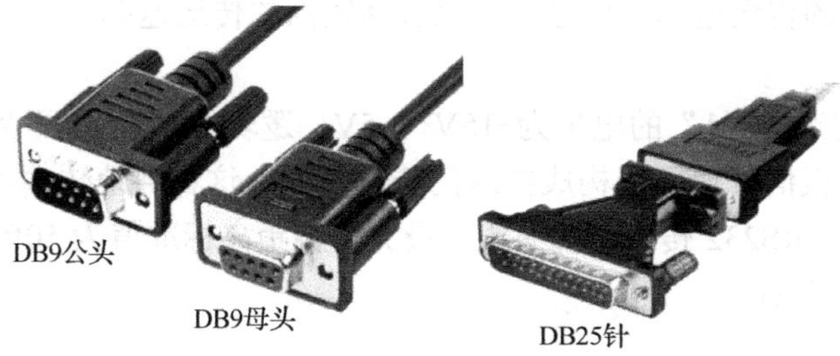


图 3-3-3　RS232 接口

DB25：25 根引脚，由于接口物理尺寸较大，已经很少使用，这里不做具体介绍。

DB9：9 根引脚，是目前主流的接口形态。9 针 RS232 接口按照接口类型，又可以分为公头（带针脚）和母头（带孔座）。

表 3-3-1 是公头 9 针 RS232 接口详细定义。

**表 3-3-1　公头 9 针 RS232 接口定义**

| 引脚编号 | 引脚定义 | 传输方向 | 定义 | 说明 |
| --- | --- | --- | --- | --- |
| 1 | DCD（Data Carrier Detect） | ← | 载波检测 | 载波检测通知给 DTE |
| 2 | RXD（Receive Data） | ← | 接收数据 | 接收数据 |
| 3 | TXD（Transmit Data） | → | 发送数据 | 发送数据 |
| 4 | DTR（Data Terminal Ready） | → | 数据终端准备就绪 | DTE 告诉 DCE 准备就绪 |
| 5 | GND | — | 信号地 | — |
| 6 | DSR（Data Set Ready） | ← | 数据准备就绪 | DCE 告诉 DTE 准备就绪 |
| 7 | RTS（Request to Send） | → | 请求发送 | 请求发送—DTE 向 DCE 发送数据请求 |
| 8 | CTS（Clear to Send） | ← | 清除发送 | 清除发送—DCE 通知 DTE 可以传输数据 |
| 9 | RI（Ring Indicator） | ← | 振铃提示 | 振铃指示—DCE 通知 DTE 有振铃信号 |

而在工业控制中，RS232 接口一般只使用 RXD、TXD、GND 三根引脚，其他引脚都不使用。图 3-3-4 是三线式 RS232 的硬件连接示意图。

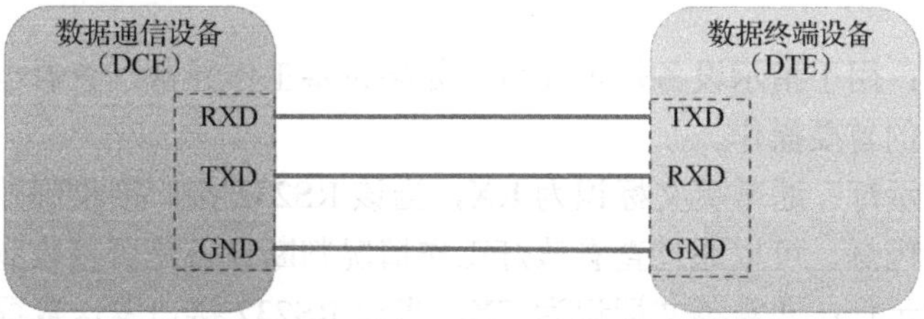


图 3-3-4　三线式 RS232 连接示意图

三线式 RS232 连接方式中，主要用到设备的 2、3、5 三个引脚，两个设备的 RXD 和 TXD 需要交叉连接，也就是 RXD 连接对方的 TXD，TXD 连接对方的 RXD。

注：3 线连接中，设备无法实现硬件流控功能，在做大量数据传输应用时，建议使用 5

线或 9 线连接方式。RS232 规定的标准传送速率有 50b/s、75b/s、110b/s、150b/s、300b/s、600b/s、1200b/s、2400b/s、4800b/s、9600b/s、19200b/s，可以灵活地适应不同速率的设备。对于慢速外设，可以选择较低的传送速率；反之，可以选择较高的传送速率。

### 2. RS232 电平

RS232 协议规定逻辑“1”的电平为-15V～-5V，逻辑“0”的电平为+5V～+15V。接口使用一根信号线和一根信号返回线构成共地的传输形式，这种共地传输容易产生共模干扰，所以抗噪声干扰性弱。RS232 传输距离有限，最大传输距离标准值为 50ft（约合 15.24m），实际上也只能用在 15m 左右。

## 3.3.3 串口服务器

串口服务器可实现 RS232/485/422 串口与 TCP/IP 协议网络接口的数据双向透明传输，或者支持 Modbus 协议双向传输，使得串口设备能够立即具备 TCP/IP 网络接口功能，连接网络进行数据通信，扩展串口设备的通信距离，增加了多计算机对一个串口操作的功能。

如图 3-3-5 所示，串口服务器设备的硬件结构组成通常有复位键、指示灯、以太网接口、RS232 接口、RS485 接口。下面对各硬件结构的功能进行介绍。

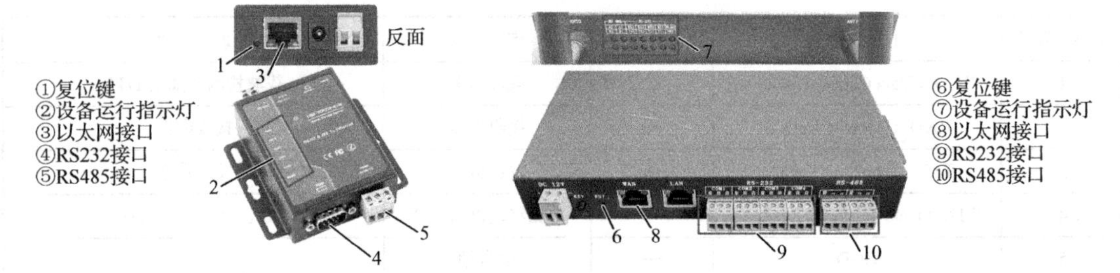


图 3-3-5 两款不同厂家的串口服务器

复位键：主要用于获取串口服务器的 IP 地址。由于涉及 IP 地址，通常串口服务器会提供 IP 获取方法。串口服务器有 2 种常用的获取 IP 的方法，分别是使用软件扫描和复位键。使用软件扫描是使用串口服务器厂家配套的工具对设备进行 IP 搜索，通过软件会搜索到设备 IP 地址。复位键是通过按压设备的复位键将串口服务器的 IP 复位成出厂默认 IP 地址。

设备运行指示灯：通常有电源指示灯、接收数据指示灯和发送数据指示灯，如图 3-3-6 所示。

- 电源指示灯：用于指示设备是否开机。如果设备工作异常，查看电源灯有没有点亮，是排查故障的首要操作。
- 接收数据指示灯：通常英文标识为 RX，当该 RS232 接口接收到外部设备发来的数据时，该灯会闪烁。可以通过查看该灯工作情况判断设备是否接收到数据。
- 发送数据指示灯：通常英文标识为 TX，当该 RS232 接口发送数据给外部设备时，该灯会闪烁。可以通过查看该灯工作情况判断设备是否在发送数据。

以太网接口：用于连接网线，负责以太网信号传输，有些串口服务器还支持 Wi-Fi 网络连接方式。

RS232 接口：用于连接 RS232 接口设备，每个串口服务器上的 RS232 接口数量会有所不同，主要有 1 口、2 口、4 口和 8 口，使用时需要根据需要进行选择。另外串口服务器上的

RS232 接口通常有两种结构外观，分别是 DB9 接口类型和 3P 接线端子类型，如图 3-3-7 所示。

- DB9 接口：串口服务器上一般都会使用公头 DB9 接口，接口的边上会标注 COM 用于提示。
- 3P 接线端子：该接口由 3 个引脚组成，分别是 RXD、TXD 和 GND，接口边上都会印有丝印进行提示。

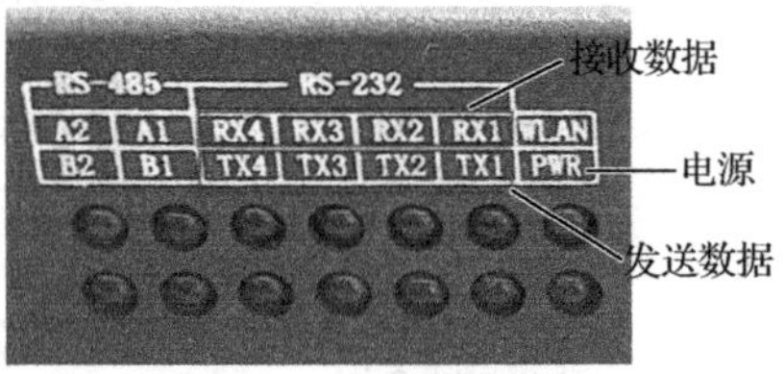


图 3-3-6　串口服务器指示灯

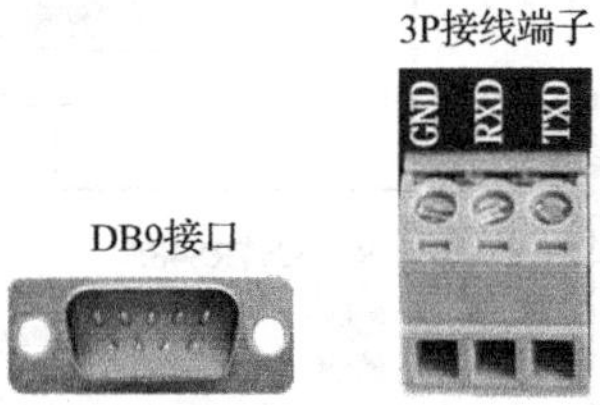


图 3-3-7　串口服务器 RS232 接口

RS485 接口：用于连接 RS485 接口设备，目前大部分串口服务器不仅支持 RS232 转以太网，还支持 RS485 转以太网。

## 【任务实施】

任务实施前必须先准备好以下设备和资源。

| 序　号 | 设备/资源名称 | 数　量 | 是否准备到位（√） |
|---|---|---|---|
| 1 | 路由器 | 1 个 | |
| 2 | 交换机 | 1 个 | |
| 3 | 物联网中心网关 | 1 个 | |
| 4 | CAN 总线双轴倾角传感器 | 1 个 | |
| 5 | CAN 转以太网设备 | 1 个 | |
| 6 | 串口服务器 | 1 个 | |
| 7 | 4150 数字量采集控制器 | 1 个 | |
| 8 | 报警灯 | 1 个 | |
| 9 | RS232 转 RS485 无源转换器 | 1 个 | |
| 10 | DB9 公头转接线端子线 | 1 根 | |
| 11 | 网线 | 5 根 | |

### 1. 搭建硬件环境

完成建筑物倾斜监测系统的硬件环境搭建，本任务的硬件环境是在任务 2 的硬件环境基础上，增加下列线路连线。

**温馨提示：**本任务只使用到了任务 2 的路由器、物联网中心网关、交换机设备的配置。

认真识读图 3-3-8 所示的设备接线图，其中底色为透明部分的电路连线图为任务 2 中的设备连线，底色为灰色部分的连线为本次任务新增的部分，完成设备的安装和连线，保证设备连线正确。

### 2. 配置串口服务器

配置串口服务器之前，我们需要先获取串口服务器 IP 地址。

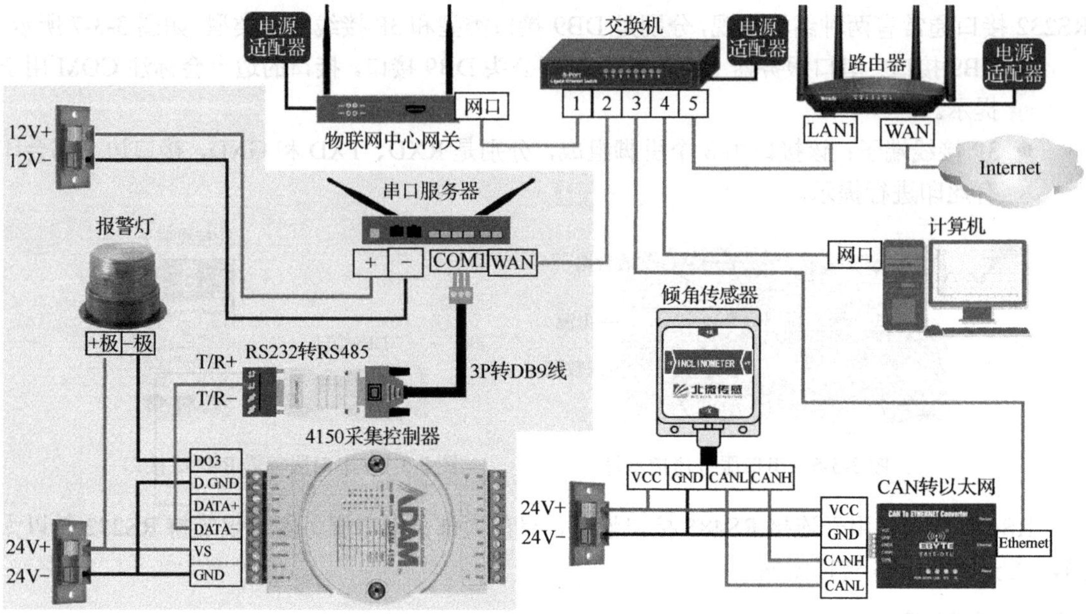


图 3-3-8　建筑物倾斜监测系统环境搭建接线图

（1）修改串口服务器 IP 地址

在串口服务器通电状态下，用顶针长按设备复位键 5s 以上释放，这时电源指示灯从灯灭又亮起即完成串口服务器 IP 地址的复位，复位后的 IP 地址和端口号为 192.168.14.200:8400，但该复位操作不能重置串口服务器的参数配置。

下一步，配置计算机 IP 地址，如图 3-3-9 所示完成配置。

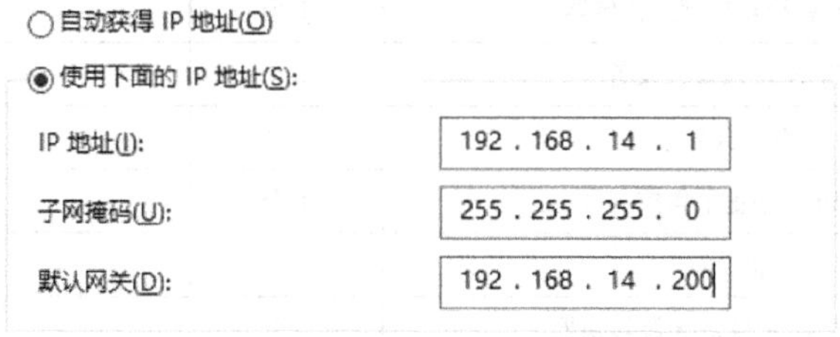


图 3-3-9　计算机 IP 配置

接着，使用浏览器访问串口服务器配置界面地址 192.168.14.200:8400，如图 3-3-10 所示。

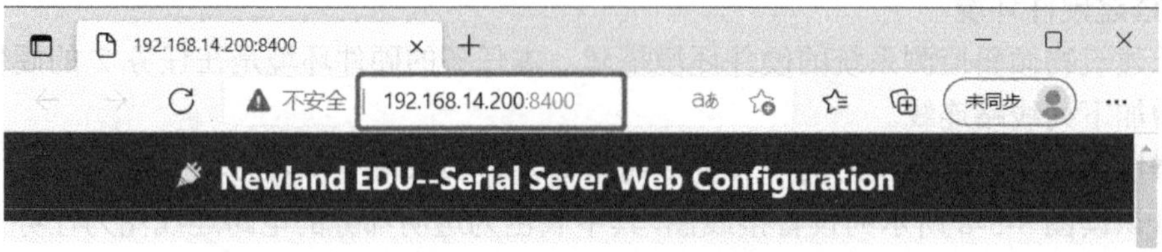


图 3-3-10　登录串口服务器配置界面

登录完成后，单击配置界面右下角网络“Network”按钮，再单击配置“Configuration”按钮，如图 3-3-11 和图 3-3-12 所示。

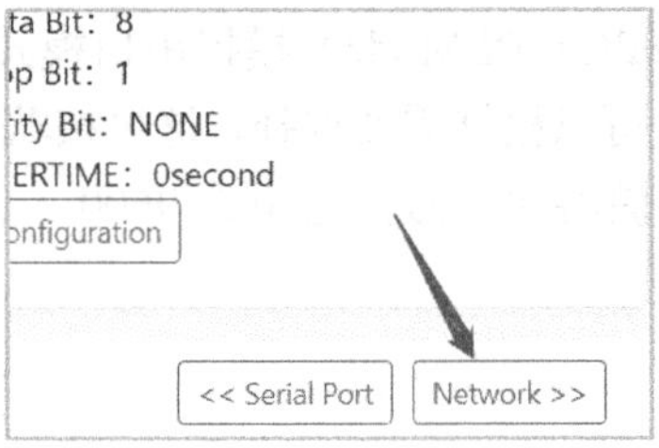


图 3-3-11　单击“Network”按钮

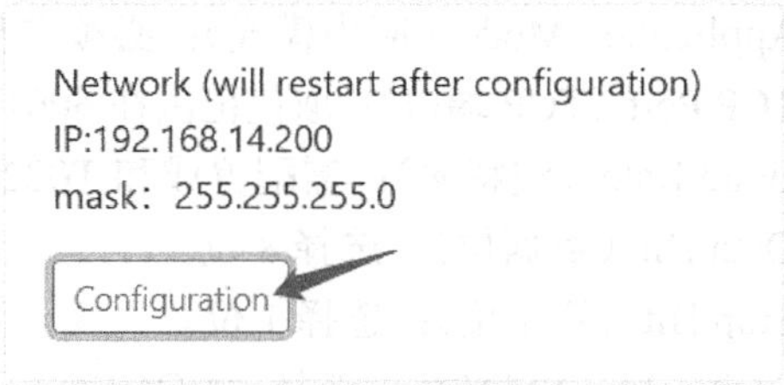


图 3-3-12　单击“Configration”按钮

在 IP 配置界面将 IP 地址（IP Address）设为 192.168.2.200，子网掩码（Subnet Mask）设为 255.255.255.0，如图 3-3-13 所示，完成后单击“Submit”按钮。

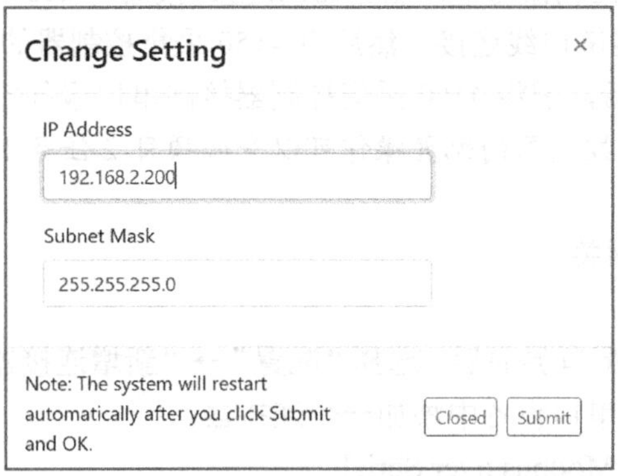


图 3-3-13　配置 IP 地址

串口服务器的 IP 配置完成后，必须重启设备才能生效。串口服务器 IP 地址修改完成后，需要将计算机的 IP 修改回 192.168.2.0 的网段。

（2）配置串口服务器端口

本次使用的是串口服务器的 COM1 口，所以我们需要对 COM1 口进行配置，单击 COM1 口的“Configration”按钮，如图 3-3-14 所示完成 COM1 口的配置。

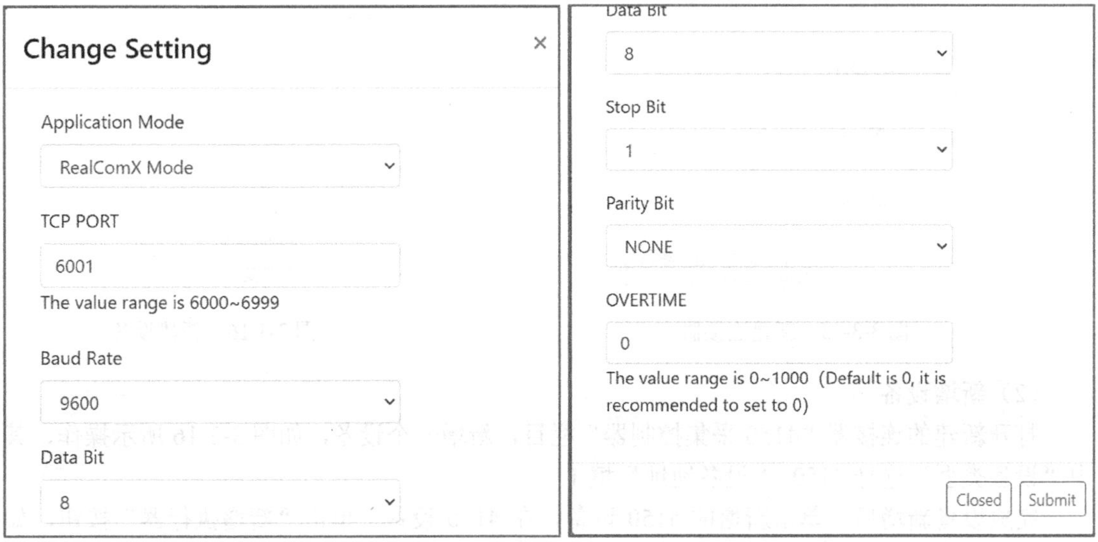


图 3-3-14　配置 COM1 口

- Application Mode（应用模式）：必须选择为（RealComX Mode）模拟串口模式。
- TCP Port（TCP 端口）：取值范围在 6001～6999，可以根据需要选择，这里按默认即可。
- Baud Rate（波特率）：需配置成和 T0222 的串口波特率一致，这里选 9600。
- Data Bit（数据位）：选择 8 位。
- Stop Bit（停止位）：选择 1 位。
- Parity Bit（校验位）：选择“NONE”（无）。
- OVERTIME（超时）：设为 0。

端口配置完成后，需重启串口服务器配置才能生效。

**3．配置 4150 采集控制器**

首先，断开 4150 采集控制器与串口服务器的连接，接着将 4150 采集控制器与计算机 USB 口相连，可以使用 USB 转串口线连接。然后将 4150 采集控制器的通信波特率配置为 9600，地址配置为 1。配置完成后，需将 4150 采集控制器接回串口服务器上。

**温馨提示**：4150 采集控制器的配置操作可以查阅项目 2 任务 1 任务实施中的“数字量采集控制器配置”。

**4．配置物联网中心网关**

（1）新建连接器

进入物联网中心网关配置界面后，选择“配置”→“新增连接器”，进入连接器配置界面，如图 3-3-15 所示，完成在串口设备中添加一个连接器。

- 连接器设备类型：Modbus over Serial。
- 设备接入方式：串口服务器接入。
- 串口服务器 IP：192.168.2.200。
- 串口服务器端口：填写 COM1 口的 TCP Port 号。

图 3-3-15　新建连接器

图 3-3-16　新建设备

（2）新增设备

打开新建的连接器“4150 采集控制器”栏目，新增一个设备，如图 3-3-16 所示操作，其中“设备类型”选择 4150，“设备地址”填 1。

完成设备新增后，单击新增的 4150 设备，在 4150 设备下单击“新增执行器”按钮，如图 3-3-17 所示，新增一个报警灯设备。

（3）验证报警灯添加结果

在数据监控界面的 4150 采集控制器中，可以通过单击“报警灯”按钮，控制实际报警灯亮灭，如图 3-3-18 所示。

图 3-3-17　新建执行器

图 3-3-18　验证报警灯显示界面

**5．配置云平台**

（1）对接报警灯设备

进入 Thingsboard 云平台中，由于我们在任务 2 中已经配置好了物联网中心网关与云平台的对接，所以这里只需要在设备栏目中刷新下设备，便可看到报警灯设备 AlarmLamp，如图 3-3-19 所示。

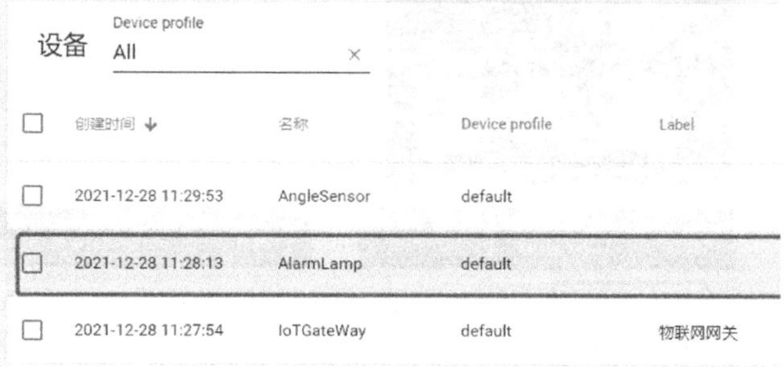


图 3-3-19　显示报警灯设备

（2）添加报警灯视图

接着，在仪表板打开任务 2 中创建好的“建筑物倾斜监测系统”仪表板，在“建筑物倾斜监测系统”仪表板中选择“编辑→实体别名→添加别名→填入添加的实体别名信息→添加→保存”，完成报警灯实体添加，如图 3-3-20 所示。

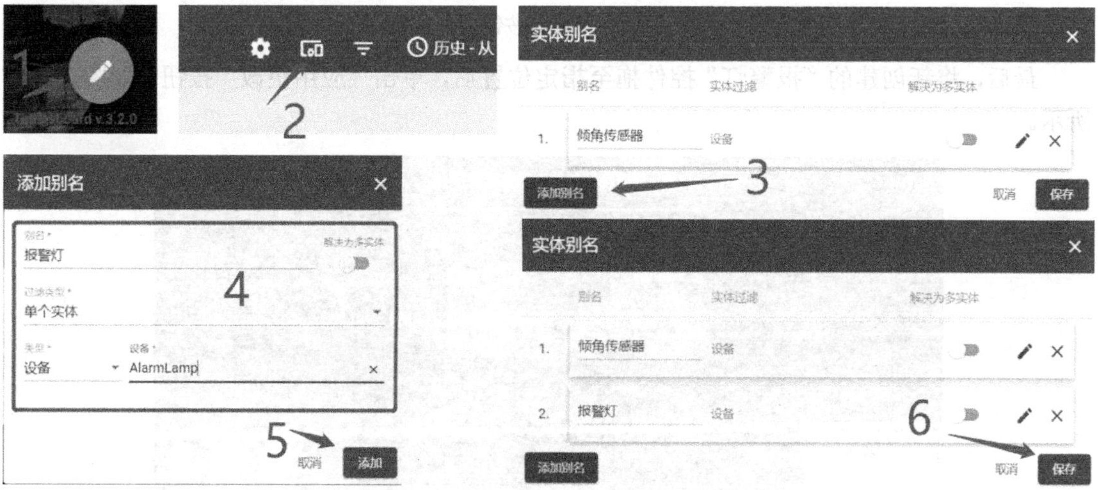


图 3-3-20　添加报警灯实体别名

下一步，需要在图 3-3-21 所示位置添加一个报警灯的按钮控件。

图 3-3-21　报警灯按钮控件位置

如图 3-3-22 所示，选择“创建新部件→Control widgets 控制包→Switch control 控件→目标设备选择报警灯→Switch title 填写为报警灯→点添加”。

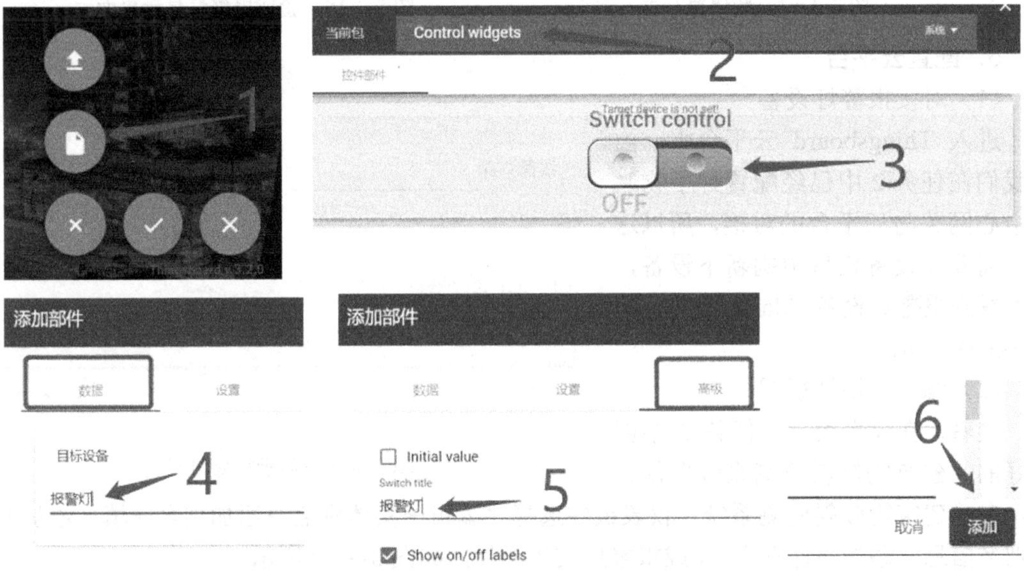


图 3-3-22　报警灯按钮控件位置

最后，将新创建的“报警灯”控件拖至指定位置后，单击“应用更改”按钮，如图 3-3-23 所示。

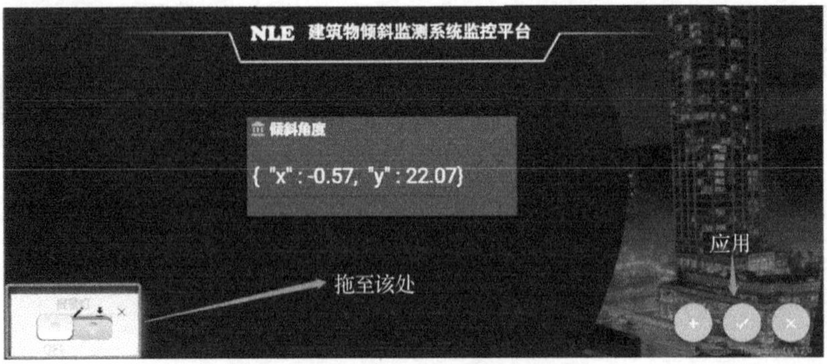


图 3-3-23　报警灯按钮位置调整

### 6．测试功能

单击“建筑物倾斜监测系统”仪表板中的“报警灯”按钮时，可以通过串口服务器的 COM1 口控制报警灯亮灭，如图 3-3-24 所示。

图 3-3-24　最终控制界面

## 【任务小结】

本任务的相关知识小结思维导图见图 3-3-25。

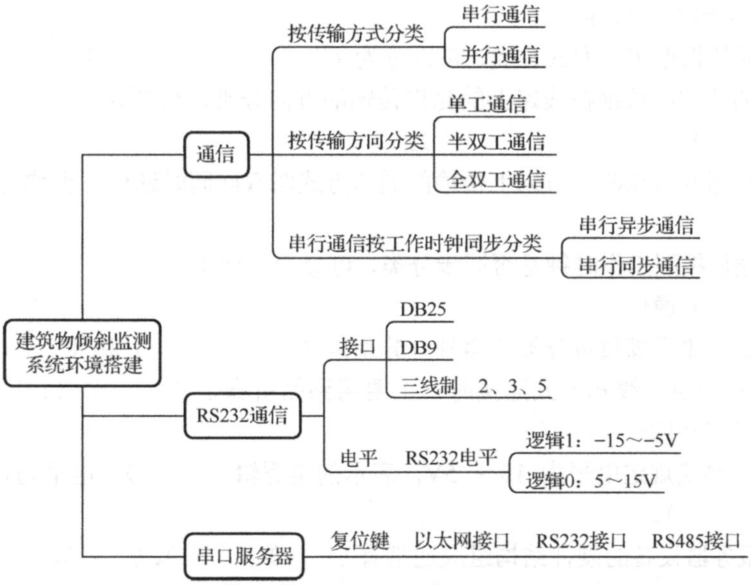


图 3-3-25　任务 3　建筑物倾斜监测系统环境搭建思维导图

## 【任务拓展】

在本次硬件环境的基础上，使用教材配套资源中的虚拟串口软件“USR-VCOM”，如图 3-3-26 所示。

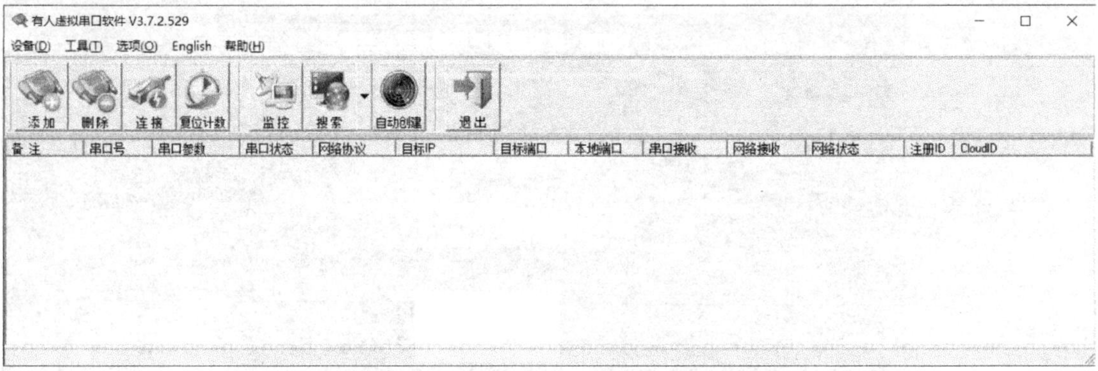


图 3-3-26　虚拟串口软件 USR-VCOM 的界面。

为计算机虚拟一个 COM8 口，映射到串口服务器的 COM1 口上，在串口助手工具中选择 COM8 口，发送指令控制 4150 上的报警灯亮灭。

## 【任务工单】

工单格式详见《工单样章》，放在本书配套资源中，不在书中体现。

<table>
<tr><td>项目 3：智慧大厦—建筑物倾斜监测系统环境搭建</td><td>任务 3：建筑物倾斜监测系统环境搭建</td></tr>
<tr><td colspan="2">本次任务关键知识引导<br>1．数据通信根据传输方式分类，可以分为（　　　　　　）和（　　　　　　）。<br>2．串行通信按照数据在线路上的允许传输的方向分类，可分为（　　　　　　）、（　　　　　　）与（　　　　　　）。<br>3．允许数据同时在两个方向上传输的通信方式叫双向同时通信，也称为（　　　　）通信。<br>4．串行通信按照工作时钟是否同步分类，可分为串行（　　　　　　）通信和串行（　　　　　　）通信。<br>5．RS232 按照引脚数量分类有两种，分别是（　　　　　）和（　　　　　　）。<br>6．RS232 采用三线式方式连接时，主要用到的引脚是（　　　）、（　　　　）和（　　　　）三个引脚。<br>7．RS232 协议规定电平为-15～-5V，表示的是逻辑（　　），电平为+5～+15V，表示的是逻辑（　　）。<br>8．串口服务器设备的硬件结构组成通常有（　　）、（　　）、（　　）、（　　）、（　　）。<br>9．RS232 接口中 RXD 的标识代表的意思是（　　　）。<br>A．接收数据　　　　B．发送数据　　　　C．复位设备　　　　D．待机状态</td></tr>
</table>

# 项目 4　智能零售—商超管理系统安装与调试

## 引导案例

超市作为一种经营业态诞生于 20 世纪的美国。1990 年广东东莞虎门镇诞生了我国第一家超市——美佳超级市场，随后国内的超市如雨后春笋般涌现。从 1996 年开始一批世界级大型超市（家乐福、沃尔玛等）相继进入中国，与此同时，各地纷纷出现区域性的单体或连锁超市，如上海华联、武汉中百超市等。从此，超市的发展进入快速发展阶段，年增长速度达到 70%。

随着零售、商超的发展，在一些大型超市的经营管理方面也面临着各种各样的问题，其中较为突出的是商品的管理不善问题和员工的考勤打卡不便等。

货品种类数量多、开放式陈列、自助结账等都是智慧超市显著的特点，但是这些优点很多都是基于条形码、二维码、RFID 技术而实现的。包括现在的刷脸支付，人脸识别等也涉及了很多智能化技术，它们不仅在交易管理上实用有效，也可以解决超市的员工考勤管理、设备安全等问题。故项目四让我们一起来学习一下如何安装与调试智能零售—商超管理系统。

智慧超市

**项目介绍：**

现要对一家小型超市进行智能化升级：一方面要求对临时上架或打折的商品进行快速调整，力求增强顾客的购买体验舒适性；另一方面要求能对员工的考勤进行监控，记录员工打卡情况，防止代打卡现象。

主要事项：

- 为防止员工代打卡现象发生，采用人脸识别系统进行考勤管理。

- 针对临时上架的商品，采用备用条码进行商品的标识管理。
- 增加 Wi-Fi 扫描联网二维码，提高顾客的门店购买便利性。
- 贵重商品上新增 RFID 电子标签，防止商品丢失。

# 任务 1　考勤管理系统的安装与调试

## 【职业能力目标】

- 具备配置人脸识别摄像机设备的能力。
- 具备部署智能摄像机的本地人脸识别库的能力。
- 具备配置智能摄像机与物联网网关的对接的能力。

## 【任务描述与要求】

**任务描述**：完成超市管理系统中员工考勤管理系统的安装与调试，要求采用人脸识别摄像头对员工进行人脸识别考勤打卡。

**任务要求**：

- 设置人脸识别摄像机的 IP 和登入密码。
- 完成人脸库的部署，完成人脸抓拍和比对功能的调试。
- 完成物联网网关与人脸识别摄像机的联调。

## 【知识储备】

### 4.1.1　人脸识别摄像系统

人脸识别，是基于人的脸部特征信息进行身份识别的一种生物识别技术，用摄像机或摄像头采集含有人脸的图像或视频流，并自动在图像中检测和跟踪人脸，进而对检测到的人脸进行识别的一系列相关技术，通常也叫做人像识别、面部识别。

人脸识别摄像系统涉及的设备主要有网络摄像机、PoE 交换机和 PD 分离器。

**1. 人脸识别摄像机**

人脸识别摄像机属于网络摄像机的一种，主要由网络编码模块和模拟摄像机组合而成。网络摄像机内置一个嵌入式芯片，采用嵌入式实时操作系统。将模拟摄像机传送来的视频信号数字化后由高效压缩芯片压缩，通过网络总线传送到“WEB”服务器。且远端的浏览者不用任何专业软件，只要标准的网络浏览器即可监视其视频影像，授权用户还可以控制摄像机云台镜头的动作或对系统配置进行操作。

一般该类摄像机的接口都包括电源口、以太网接口、联控接口、音频接口和视频输出接口，如图 4-1-1 所示。

① 电源口：用于给摄像机供电，通常有直插和端接两种类型的接口。

② 以太网接口：用于连接网线，使设备接入 Internet，同时也是摄像机的配置连接接口。

③ 联控接口：主要用于连接外部报警器或传感器等设备，如红外感应、报警灯、门禁等。

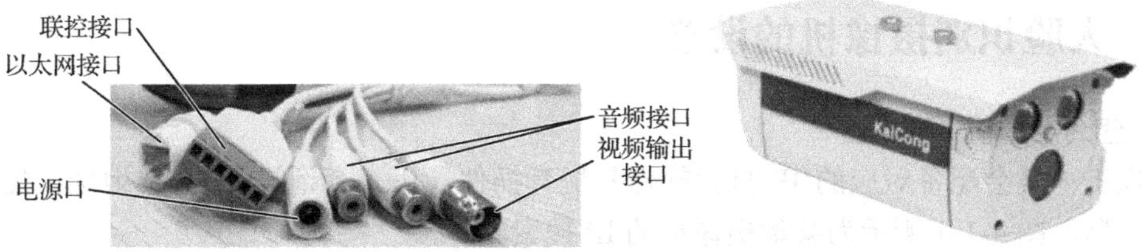


图 4-1-1　人脸识别摄像机

④ 音频接口：有输入和输出两种接口，可接麦克风、音响等设备。

⑤ 视频输出接口：输出摄像机拍摄到的视频画面信号，通常连接显示屏或录像机等设备。

人脸识别主要用于身份识别。采用快速人脸检测技术可以从监控视频图像中实时查找人脸，并与人脸数据库进行实时比对，从而实现快速身份识别。由于视频监控的快速普及，人脸识别被用在多个方面。如企业负责人可以通过监控和人脸识别技术，远程获取员工的考勤情况、工作状态；交通方面，可以通过调取记录，查询车辆是否违纪；公共安全中，也可以使用人脸识别查找犯罪分子。

在设备安装上，高清网络摄像机和普通摄像机的安装和调试方法基本相同，但必须要注意好镜头选配，因为镜头的质量不好，很大程度上会影响到画面的清晰度。

另外摄像机的防护罩也不能忽视，枪式防护罩的前端玻璃不能采用一般的平板玻璃，而必须采用较好的光学玻璃。选用球型罩壳更应注意，球面的曲率必须过渡光滑，最好不要把镜头对准球壳的上边缘，此处光的折射较大，甚至会严重影响图像的清晰度。还有一点很重要，就是不管哪种罩壳，罩壳内的光越少越好，镜头至罩壳的距离越短越好，这样能使镜头前的光污染减少到最低，有利于提高图像的清晰度。

## 2. PoE 交换机

PoE 交换机（图 4-1-2）端口支持输出功率 15.4W 或 30W，符合 IEEE802.3af/802.3at 标准，通过网线供电的方式为标准的 PoE 终端设备供电，免去额外的电源布线。通俗地说，PoE 交换机就是支持网线供电的交换机，其不但可以实现普通交换机的数据传输功能，还能同时对网络终端进行供电。总之，PoE 交换机既为网络摄像机提供有线网络信号，又提供直流电源，通常用在施工现场条件有限制的情况。

随着 PoE 供电技术的广泛应用，为了解决一些不支持 PoE 供电的受电设备，如网络摄像机的供电问题，市场上推出了 PD 分离器（图 4-1-3）。

图 4-1-2　PoE 交换机

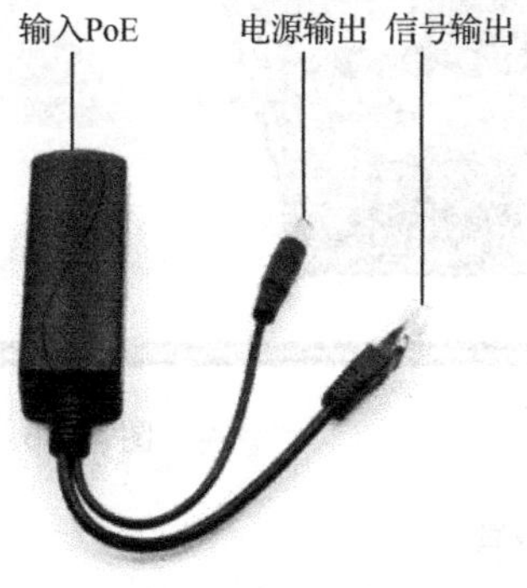


图 4-1-3　PD 分离器

## 4.1.2 人脸识别摄像机的设置

### 1. 查询摄像机 IP 地址

摄像机一般会配备对应的 IP 搜索软件和配套插件，用来查询设备的 IP 地址，配置相应的设备信息。图 4-1-4 所示为某款摄像机的 IP 搜索软件

图 4-1-4　人脸识别摄像机的 IP 搜索软件

只需将摄像机直连计算机或者连入局域网，即可查询 IP，以便下一步设备访问使用。另外，很多摄像机的外壳上也会贴有默认 IP 的标签，以便施工使用。

### 2. 恢复出厂设置

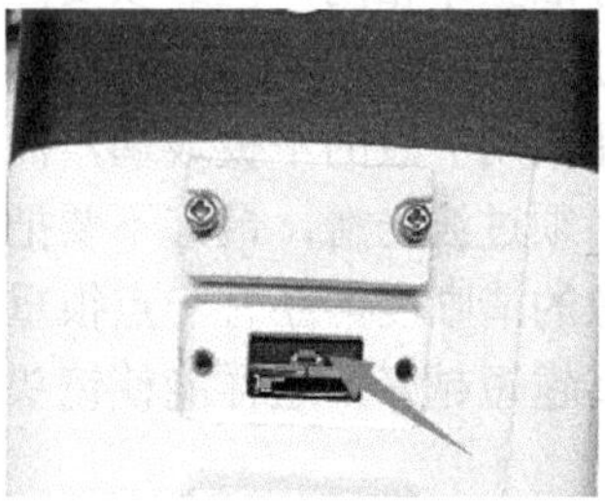

图 4-1-5　设备复位

人脸识别摄像机的恢复出厂设置一般是在设备上进行硬件复位。如图 4-1-5 所示为某款摄像机的复位按钮，长按 5s 左右，即可完成设备的复位。完成复位后，IP 地址也会进行复位。另外，使用摄像机的后台配置界面，也可以对设备进行恢复出厂设置。

### 3. 显示效果配置

摄像机的显示效果通常在相应的软件或插件上进行配置，运行浏览器，登录对应的界面后，可进行配置。摄像机的拍摄效果是在 WEB 界面的云台上进行调试的，如图 4-1-6 所示为某款摄像机的拍摄效果调试界面。

图 4-1-6　摄像机拍摄效果调试界面

### 4. IP 设置

在使用人脸识别摄像机之前，通常会对摄像机 IP 等数据进行设置。而 IP 设置通常为两种方式，一种是静态 IP 地址，该方式由用户设置指定的 IP 地址给摄像机；另一种是动态分

配，即 DHCP，该方式是由上级网络自动分配 IP 地址给摄像机。在工程项目中通常采用静态 IP 地址方式，是为了在后续摄像机管理的时候，更容易找到指定的摄像机。而动态分配多用于个人家用摄像机中，因为可以降低使用者的操作难度。如图 4-1-7 所示为某款网络摄像机的 IP 配置界面。

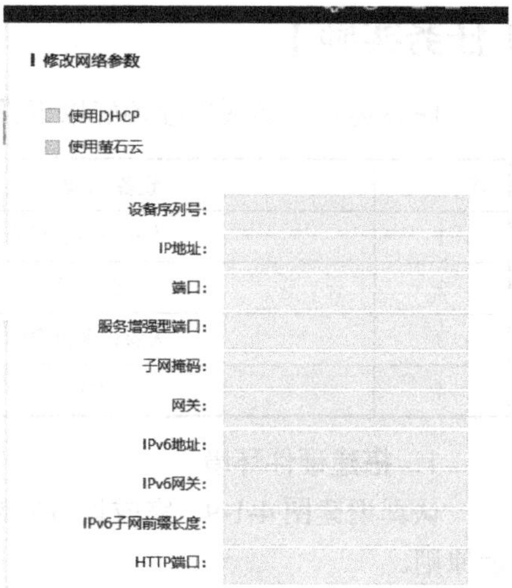


图 4-1-7　网络摄像机的 IP 配置界面

**5. 人脸库配置**

人脸识别摄像机的显著特征是人脸抓拍和人脸图像匹配与识别，即将提取的人脸图像的特征数据与数据库中存储的特征模板进行搜索匹配，通过设定一个阈值，当相似度超过这一阈值，则把匹配得到的结果输出。因为在每一次人脸抓拍后系统都要进行人脸信息对比，所以人脸识别摄像机需要配置人脸库中的信息。人脸库的配置分为设备端配置和服务器端配置。

设备端配置是指将人脸信息直接录入到设备中，优点是识别人脸的速度快，缺点是摄像机成本相对较高，同时不便于管理。该方式主要用于单个摄像机或少数摄像机设备的时候使用。

服务器端配置是指将人脸信息保存在后台服务器上，优点是摄像机设备价格低，缺点是识别速度慢。该方式主要用于系统中摄像机数量较多的时候，如园区、社区等地方。

## 4.1.3　人脸识别摄像机安装要求

为了保证最佳的人脸抓拍、识别的效果，应避免人脸重叠遮挡，确保不同身高的人都可以被抓拍到，设备的安装需符合以下要求，如图 4-1-8 所示。

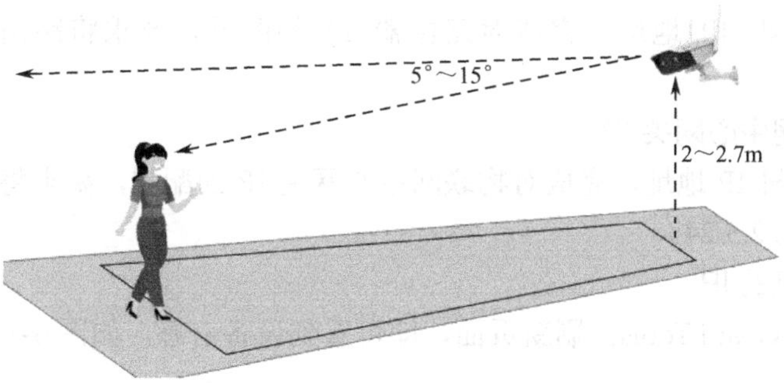


图 4-1-8　摄像机安装位置

① 摄像机安装在通道正前方，拍摄方向与通道方向一致；

② 摄像机俯视角度在 5°～15°之间；

③ 摄像机安装高度为 2～2.7m；

④ 摄像机拍摄区域焦点应在通道出入口处；

⑤ 保证人脸光照均匀，避免人脸出现逆光、强光和阴阳脸的情况，光照强度低于 100 lux 时，需要对被拍摄者采用白色光源进行补光。

# 【任务实施】

任务实施前必须先准备好以下设备和资源。

| 序　号 | 设备/资源名称 | 数　量 | 是否准备到位（√） |
|---|---|---|---|
| 1 | 物联网中心网关 | 1 | |
| 2 | 路由器 | 1 | |
| 3 | 人脸识别摄像机 | 1 | |
| 4 | 网线 | 若干 | |

## 1. 搭建硬件环境

认真识读图 4-1-9，完成设备安装和连线，要求设备安装整齐美观，并遵循横平竖直和就近原则。

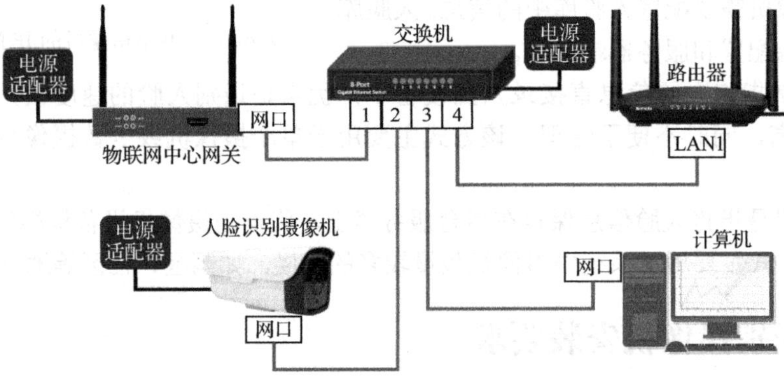


图 4-1-9　系统拓扑图

## 2. 配置路由器

正确配置计算机 IP 地址，完成对路由器 IP 的配置，要求将路由器 IP 地址配置为 192.168.2.254/24。

## 3. 配置物联网中心网关 IP

正确配置计算机 IP 地址，完成对物联网中心网关 IP 的配置，要求将物联网中心网关 IP 地址配置为 192.168.2.3/24。

## 4. 配置摄像机的 IP

打开软件工具 Guard Tools，刷新页面，即可看到设备信息，如图 4-1-10 所示。

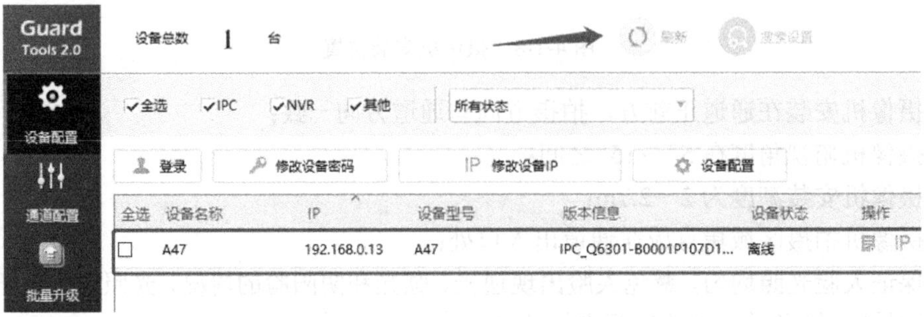


图 4-1-10　查看摄像机信息

设置计算机的 IP 地址与摄像机的 IP 地址为同网段。

单击“登录”按钮，输入用户名 admin，密码 admin123，即可完成登录。登录成功后单击“IP”按钮可进行 IP 修改配置，如图 4-1-11 所示。

**注意：设备严禁修改密码，该设备无法进行密码复位。**

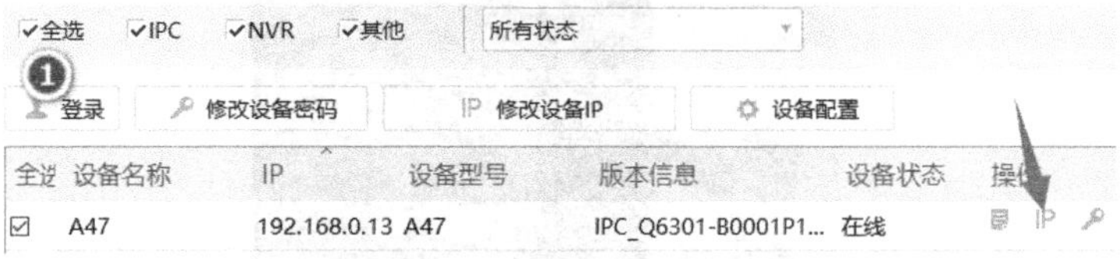


图 4-1-11　登录摄像机

这里将 IP 修改为 192.168.2.13，如图 4-1-12 所示。

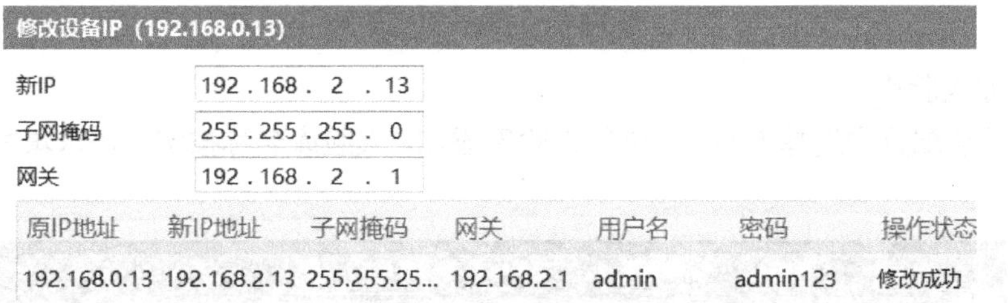


图 4-1-12　修改 IP 成功

## 5. 配置人脸识别

（1）登录配置界面

将计算机的 IP 地址配置成和摄像机同一个网段（这里配置成 192.168.2.2），直接在 IE 浏览器上输入摄像机的 IP 地址，登录摄像机 WEB 界面，默认用户名 admin，密码 admin123，如图 4-1-13 所示。

图 4-1-13　用 IE 浏览器登录设备 IP

初次登录成功后，界面会提示下载控件，按提示进行安装，安装完毕后重新登录，即可正常显示登录界面，如图 4-1-14 所示。

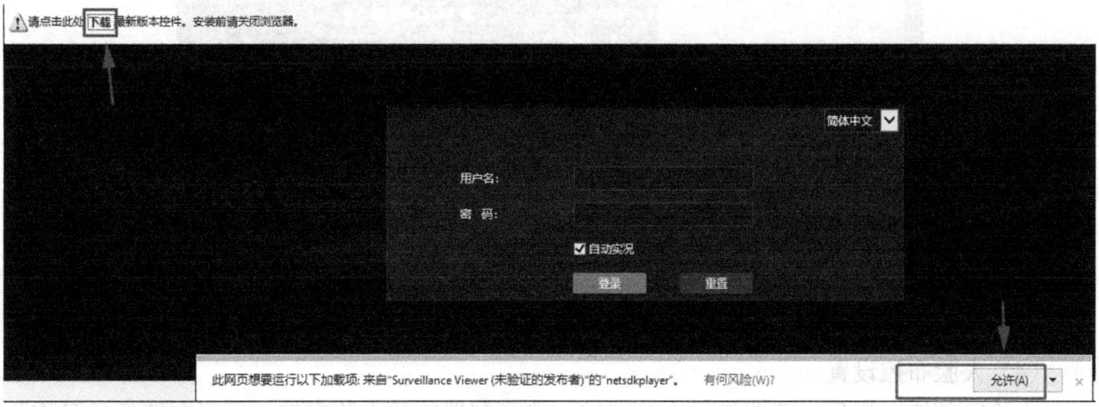


图 4-1-14　安装控件

（2）调试拍摄焦距

成功登录摄像机 WEB 后台，在实况界面选择控制面板，单击调试按钮进行拍摄效果调试，使得界面的显示效果清晰可见，如图 4-1-15 所示。

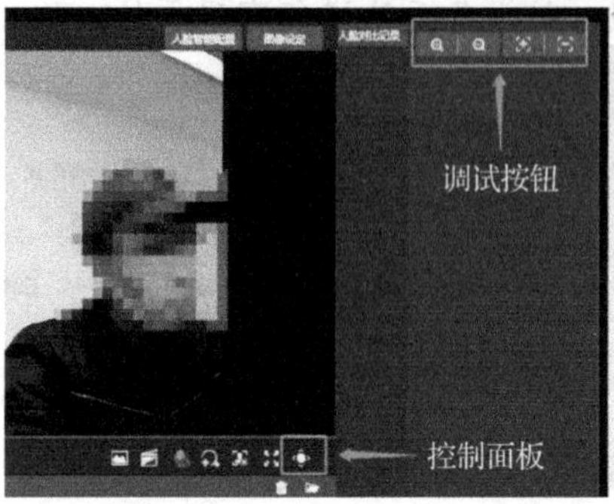


图 4-1-15　调试拍摄效果

（3）添加人脸库

在智能功能配置中选择人脸库，进行人脸库添加，人脸库名称按实际需求填写，如图 4-1-16 所示。

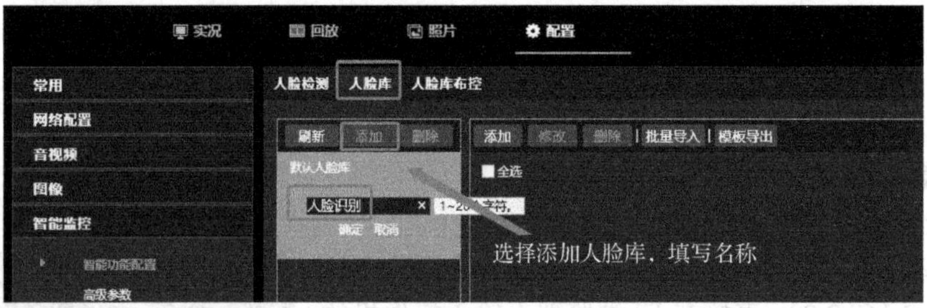


图 4-1-16　添加人脸库

在新增人脸库中，进行人脸添加，名字和照片是必填项，上传的照片格式有要求，其他资料可不填，如图 4-1-17 所示。

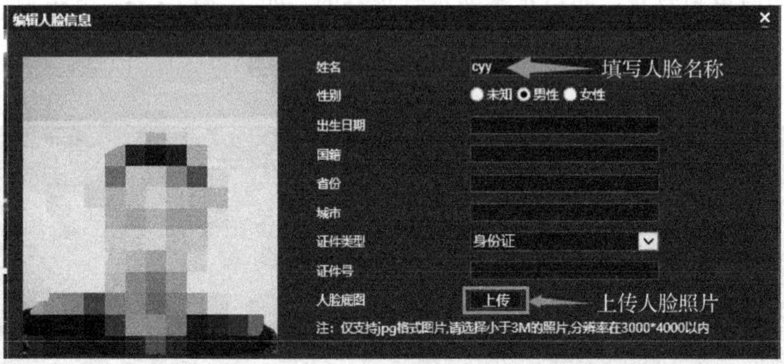


图 4-1-17　添加人脸名单和照片

（4）人脸布控设置

人脸库部署完毕后，需要进行人脸布控，选择配置中的人脸布控，填写布控任务名称和布控原因，其他保持默认，最后必须选择所要布控的人脸库，如图 4-1-18 所示。

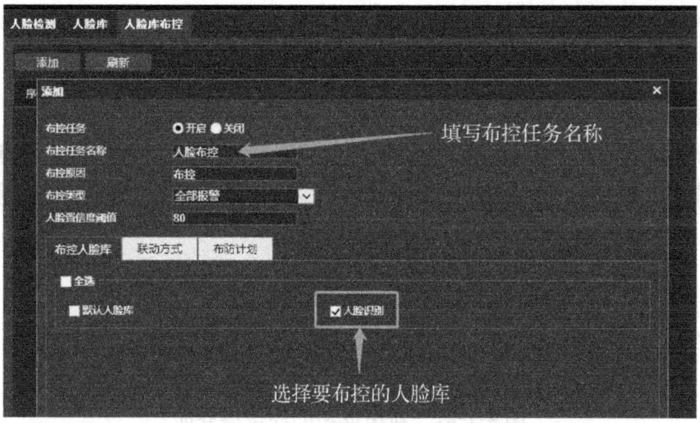


图 4-1-18　人脸布控

（5）人脸抓拍比对

人脸库部署完毕后，在实况界面中，单击“抓拍”按钮，摄像机即可对抓拍到的人脸进行比对，并把比对记录显示在界面上，如图 4-1-19 所示。

图 4-1-19　人脸抓拍对比

## 6．配置物联网中心网关

（1）新建连接器

在物联网网关配置界面，选择“新增连接器”，选择“网络设备”，连接器的名称自定，“网络设备连接类型”选择“NLE YV SHI CAMERA”，“数据监听 IP 地址”填写物联网中心网关 IP（本例是 192.168.2.3），“数据监听端口”填写 6669，如图 4-1-20 所示。

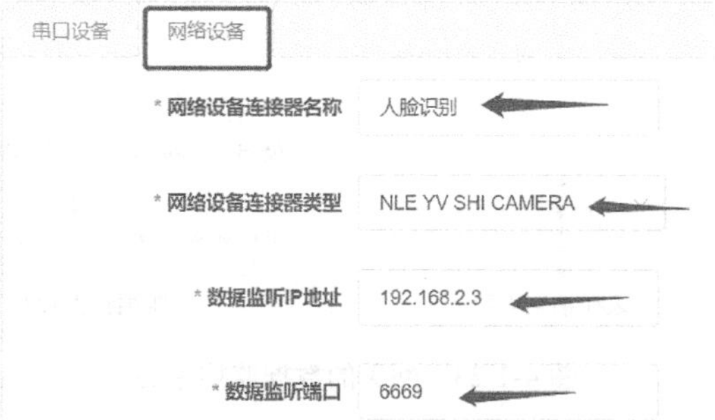


图 4-1-20　新增连接器

**温馨提示**：数据监听端口可自行指定（本例为 6669），只要不和物联网网关上的端口冲突即可。

（2）新增摄像机设备

查看连接器创建情况。连接器应处于正在运行状态，若创建失败，可能是端口冲突，这时需要重新编辑连接器，或者删除连接器再重新添加连接器，如图 4-1-21 所示。

图 4-1-21　新增成功的连接器界面

新增摄像头设备：在连接器列表中选择上述添加的连接器（本例为人脸识别），然后新增摄像头，设备名称和标识按规范自定，摄像头 IP 根据实际情况填写（本例为 192.168.2.13），端口和设备类型保持默认，如图 4-1-22 所示。

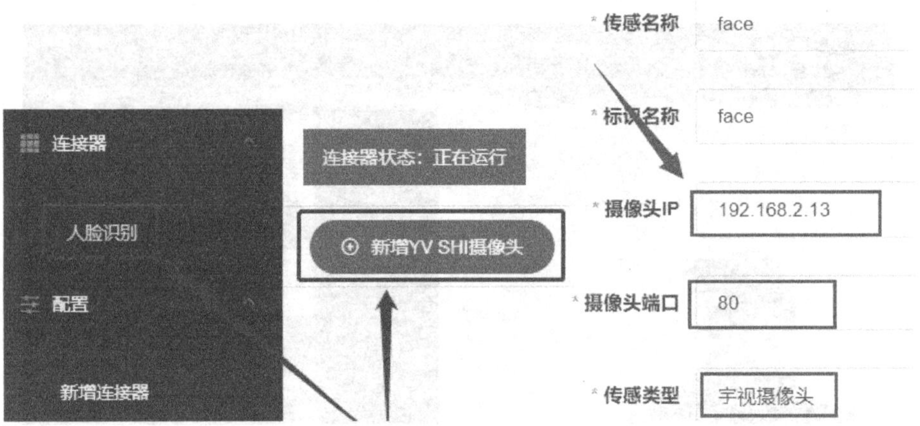


图 4-1-22　连接器下添加摄像机设备

### 7．测试功能

在物联网中心网关配置界面中选择数据监控，可查看到摄像机抓拍的人脸数据实时同步到网关数据监控中心，如图 4-1-23 所示。

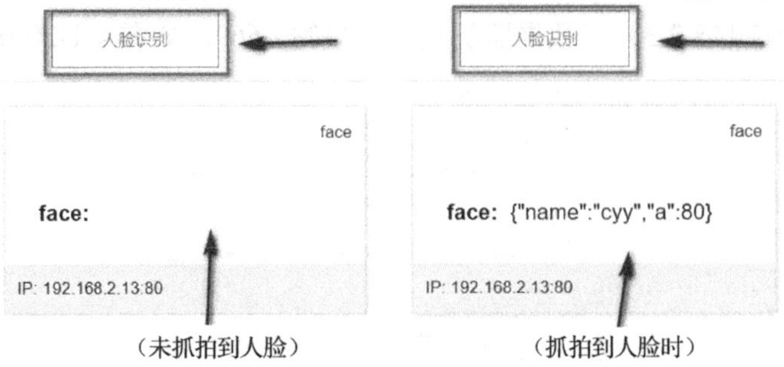


图 4-1-23　网关的数据监控中心

① 没有抓拍到人脸时，“face”中显示为空的数据画面，

② 抓拍到人脸时，“face”中显示用户数据信息，其中“cyy”表示用户名称，“80”代表相似度。

## 【任务小结】

本任务的相关知识小结思维导图见图 4-1-24。

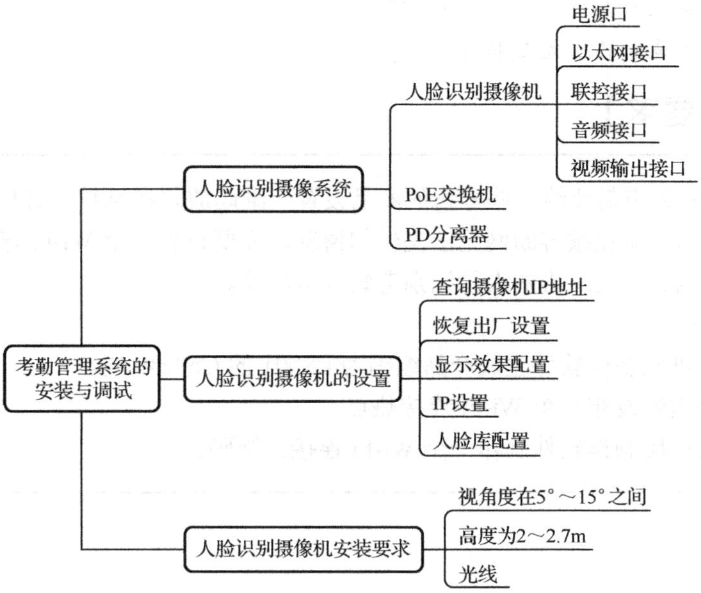


图 4-1-24　任务 1 考勤识别系统的安装与调试思维导图

## 【任务工单】

完整工单存放在本书配套资源中，不在书中体现。

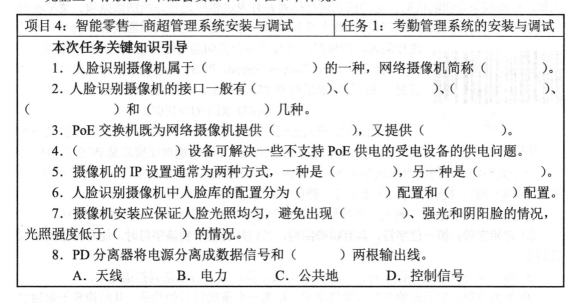

<table>
<tr><td>项目 4：智能零售—商超管理系统安装与调试</td><td>任务 1：考勤管理系统的安装与调试</td></tr>
<tr><td colspan="2">本次任务关键知识引导<br>1．人脸识别摄像机属于（　　　　　）的一种，网络摄像机简称（　　　　　）。<br>2．人脸识别摄像机的接口一般有（　　　　）、（　　　　）、（　　　　）、（　　　　）和（　　　　）几种。<br>3．PoE 交换机既为网络摄像机提供（　　　　　），又提供（　　　　　）。<br>4．（　　　　）设备可解决一些不支持 PoE 供电的受电设备的供电问题。<br>5．摄像机的 IP 设置通常为两种方式，一种是（　　　　），另一种是（　　　　）。<br>6．人脸识别摄像机中人脸库的配置分为（　　　　）配置和（　　　　）配置。<br>7．摄像机安装应保证人脸光照均匀，避免出现（　　　　）、强光和阴阳脸的情况，光照强度低于（　　　　）的情况。<br>8．PD 分离器将电源分离成数据信号和（　　　）两根输出线。<br>A．天线　　B．电力　　C．公共地　　D．控制信号</td></tr>
</table>

# 任务2　商品标签与扫码联网标签制作

## 【职业能力目标】

- 能使用软件工具制作 Code39 一维码。
- 能够根据需要制作二维码标签。

## 【任务描述与要求】

**任务描述**：超市需要给一些零售的商品设置一维码放置在结算台替代人工输入，方便收银。同时为了避免顾客断网无法支付的情况，需要设置一个 Wi-Fi 连接二维码。另外，还需要实现员工上下班的人脸识别考勤打卡功能。

**任务要求**：

- 使用一维码制作软件生成产品编码为 LS001 的 Code39 码。
- 使用路由器发布一个 Wi-Fi 连接热点。
- 使用二维码制作软件制作一个 Wi-Fi 连接二维码。

## 【知识储备】

### 4.2.1　一维码结构

**1．一维码构成**

定义：一维码是由平行排列的、宽窄不同的线条和间隔组成的二进制编码（图 4-2-1）。比如：这些线条和间隔根据预定的模式进行排列并且表达相应记号系统的数据项。宽窄不同的线条和间隔的排列次序可以解释成数字或者字母。可以通过光学扫描器或者手机对一维码进行阅读，即根据黑色线条和白色间隔对激光的不同反射来识别。

图 4-2-1　一维码

对比度（Print Contrast Signal，PCS）表示的是条形码符号中条的反射率 RL 与空的反射率 RD 的关系。可用公式表示如下：

$$PCS=(RD-RL)/RD\times100\%$$

一般来说，当条形码的 PCS 值为 67%～98%时，就能够被条码扫描器正确地识读。按照技术标准，要求印刷对比度应是 PCS 值>0.956。

一个完整的一维码的组成次序依次为：静区（前）、起始字符、数据字符、中间分割符（主要用于 EAN 码）、校验字符、终止字符、静区（后），如图 4-2-2 所示。

① 静区：位于条码二侧无任何符号及信息的白色区域，提示条码扫描器准备扫描。

② 起始字符：第一位字符，具有特殊结构，当扫描器读取到该字符时，便开始正式读取代码了。

③ 终止字符：最后一位字符，一样具有特殊结构，用于告知条码扫描完毕。

④ 数据字符：位于起始字符后面的字符，标志一个条码符号的数值，其结构异于起始字符，可允许进行双向扫描。

⑤ 校验字符：检验读取到的数据是否正确。不同编码规则可能会有不同的校验规则，但是有时条码也可以不需要校验字符。

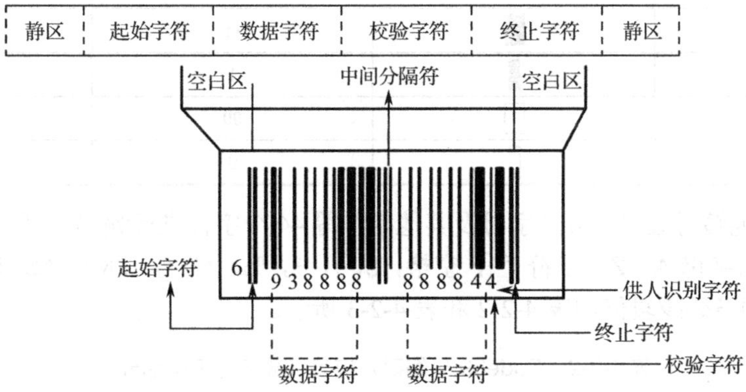


图 4-2-2　一维码构成

## 2. Code39 码

Code39 码为目前国内企业内部自定义码制，可以根据需要确定条码的长度和信息，它编码的信息可以是数字，也可以包含字母，主要应用于工业生产线领域、图书管理等。图 4-2-3 所示为 Code39 码的结构。

图 4-2-3　Code39 码结构

Code39 码主要由静区、起始字符、数据字符、终止字符四部分组成。Code39 码不包含校验字符，所以其优点是使用起来方便、结构简单、容易读懂，但是缺点是可靠性低。一般 Code39 码由 5 条线和分开它们的 4 条缝隙共 9 个元素构成。线和缝隙有宽窄之分，而且无论线还是缝隙仅有 3 个比其他的元素要宽一定比例。Code39 码只有二种粗细比例线，也就是说较粗的线条是细线条的 2～3 倍，如图 4-2-4 所示。

图 4-2-4　Code39 码宽窄比例

在绘制一维码时，需要遵守相应的 Code39 码组成规律：

- Code39 码每个字符由 12 个 bit 位的二进制码组成；
- 每个字符间需有一个数据间隔，即空白；
- 前后开始与结束必须有*号数据；
- 在两个*号字符中间插入数据；
- 黑白线条的比例为 1 : 1，由 0 或 1 组合而成。

Code39 码编码格式说明：黑线代表 1，白线代表 0，具体如表 4-2-1 所示。

表 4-2-1　Code39 码的字符编码方式

| 类　别 | 线 条 形 态 | 逻 辑 形 态 | 线 条 数 目 |
|---|---|---|---|
| 粗黑线 | | 11 | 2 |
| 细黑线 | | 1 | 1 |
| 粗白线 | | 00 | 2 |
| 细白线 | | 0 | 1 |

Code39 码能够对数字、英文字母及其他字符等 44 个字符进行编码。可以表示的字符集：数字 0～9，大写字母 A～Z，字符“-，空格，$，/，+，%，*”等 128 个 ASCII 字符。Code39 码中字符对应的条码逻辑值如表 4-2-2 和表 4-2-3 所示。

表 4-2-2　Code39 码编码对应表（数字与字符部分）

| 字　符 | 逻 辑 值 | 字　符 | 逻 辑 值 |
|---|---|---|---|
| 0 | 101001101101 | + | 100101001001 |
| 1 | 110100101011 | – | 100101011011 |
| 2 | 101100101011 | * | 100101101101 |
| 3 | 110110010101 | / | 100100101001 |
| 4 | 101001101011 | % | 101001001001 |
| 5 | 110100110101 | $ | 100100100101 |
| 6 | 101100110101 | . | 110010101101 |
| 7 | 101001011011 | 空白 | 100110101101 |
| 8 | 110100101101 | | |
| 9 | 101100101101 | | |

表 4-2-3　Code39 码编码对应表（英文字母部分）

| 字　符 | 逻 辑 值 | 字　符 | 逻 辑 值 |
|---|---|---|---|
| A | 110101001011 | B | 101101001011 |
| C | 110110100101 | D | 101011001011 |
| E | 110101100101 | F | 101101100101 |
| G | 101010011011 | H | 110101001101 |
| I | 101101001101 | J | 101011001101 |
| K | 110101010011 | L | 101101010011 |
| M | 110110101001 | N | 101011010011 |
| O | 110101101001 | P | 101101101001 |
| Q | 101010110011 | R | 110101011001 |
| S | 101101011001 | T | 101011011001 |
| U | 110010101011 | V | 100110101011 |
| W | 110011010101 | X | 100101101011 |
| Y | 110010110101 | Z | 100110110101 |

**3. 一维码等级**

一维码等级通常用美标检测法分为“A”～“F”五个质量等级。

- A 级条码能够被很好地识读，适合只沿一条线扫描并且只扫描一次的场合。
- B 级条码在识读中的表现不如 A 级，适合于只沿一条线扫描但允许重复扫描的场合。
- C 级条码可能需要重复扫描，通常要使用能重复扫描并有多条扫描线的设备才能获得比较好的识读效果。
- D 级条码可能无法被某些设备识读，要获得好的识读效果，则要使用能重复扫描并具有多条扫描线的设备。
- F 级条码是不合格品，不能使用。

## 4.2.2　二维码结构

二维码跟一维码不同，它能够在两个维度同时表达信息，在编码容量上有了显著的提高。二维码是在一维码基础上发展起来的，除具备一维码的优点外，同时还加入了纠错功能，且具有更大的信息容量、可靠性更高、可表示汉字及图像多种文字信息、保密防伪性强等优点（图 4-2-5）。

图 4-2-5　二维码样图

① PDF417 条码可表示数字、字母或二进制数据，也可表示汉字。一个 PDF417 码最多可容纳 1850 个字符或 1108 个字节的二进制数据。

② Data Matrix——原名 Data Code，由美国国际资料公司于 1989 年开发，是一种矩阵式二维码，它的尺寸是目前所有条码中最小的。

③ 汉信码是一种全新的二维矩阵码，由中国物品编码中心牵头组织相关单位合作开发，完全具有自主知识产权，和国际上其他二维码相比，更适合汉字信息的表示，而且可以容纳更多的信息。

最后我们来学习一下目前最常见的二维码：QR Code。QR Code 简称 QR 码，具有超高速识读、全方位识读、能够有效表示中国汉字和日本文字等特点，QR 来自英文 Quick Response 的缩写，即快速反应的意思。

如图 4-2-6 所示，是一个 QR 码的基本结构。

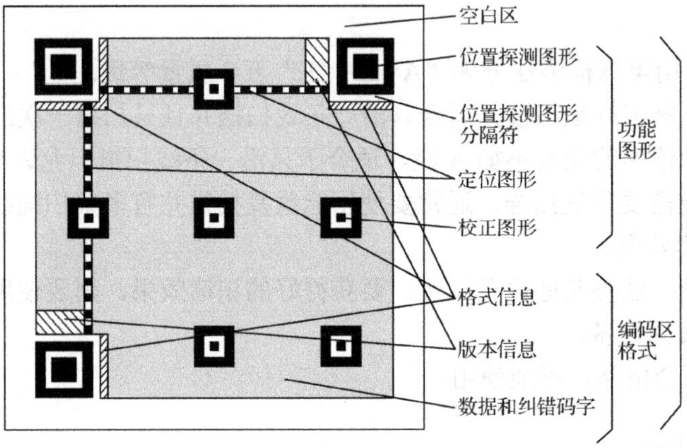


图 4-2-6　QR 码基本结构

位置探测图形：从图形中看到三个红框的同心正方形，这个模块的宽度比为 1∶1∶3∶1∶1。符号中其他地方遇到类似图形的可能性极小，因此可以在视场中迅速地识别可能的 QR 码符号。3 个位置探测图形，可以准确地确定视场中符号的位置和方向。

位置探测图形分隔符：在每个位置探测图形和编码区域之间有宽度为 1 个模块的分隔符，它全部由白色模块组成

定位图形：水平和垂直定位图形分别为一个模块宽的一行和一列，由深色浅色模块交替组成，其开始和结尾都是深色模块。例如图中所指的一行水平定位图形位于上部的两个位置探测图形之间、符号的第 6 行。垂直定位图形位于左侧的两个位置探测图形之间、符号的第 6 列。它们的作用是确定符号的密度和版本，提供决定模块坐标的基准位置。

校正图形：由黑白交替的重叠的同心正方形组成。形状似小型位置探测图形，由内到外依次为 1×1 个黑色模块、3×3 个白色模块和 5×5 个黑色模块。

格式信息：存在于所有的尺寸中，用于存放一些格式化的数据。表示该二维码的纠错级别，分为 L、M、Q、H。

版本信息：即二维码的规格，QR 码符号共有 40 种规格的矩阵，从 21×21（版本 1）到 177×177（版本 40），每一版本符号比前一版本每边增加 4 个模块。

数据和纠错码字：实际保存的二维码信息和纠错码字。

QR Code 广泛应用于工业自动化生产线管理、火车票、电子凭证等应用领域。支付宝和微信中的二维码也是 QR Code。

## 4.2.3　条码扫描器

条码扫描器也被称为条码扫描枪/阅读器，是用于读取条码所包含信息的设备，可分为一维、二维条码扫描器（图 4-2-7）。

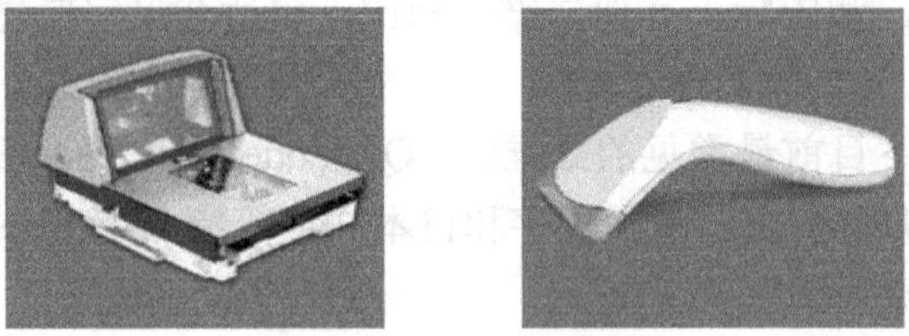

图 4-2-7　条码扫描器

**1．条码扫描器工作原理**

条码扫描器的结构主要由发光源、透镜、光电转换模块、CPU、计算机接口几部分组成。图 4-2-8 所示为条码扫描器的工作原理。

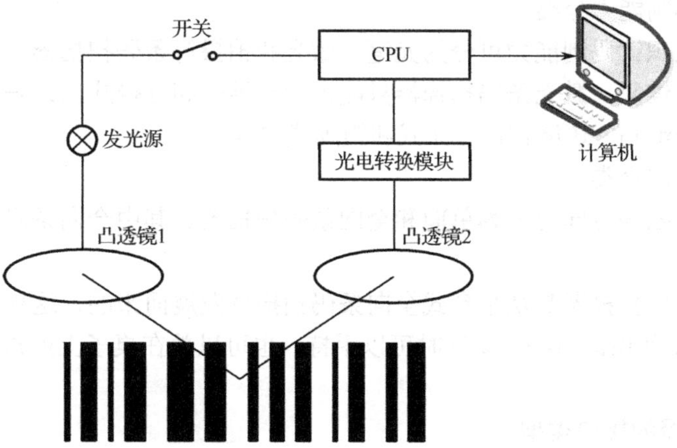


图 4-2-8　条码扫描器的工作原理

由于不同颜色的物体反射的可见光的波长不同，白色物体能反射各种波长的可见光，黑色物体则吸收各种波长的可见光，当条码扫描器发光源发出光线时，光经凸透镜 1 照射到黑白相间的条码上，反射光经凸透镜 2 聚焦后，照射到光电转换模块上，于是光电转换模块接收到与白条和黑条相应的强弱不同的反射光信号，并转换成相应的电信号输出到 CPU 模块。根据码制所对应的编码规则，CPU 便可将条码符号转换成相应的数字、字符信息，通过接口电路传送给后端计算机系统进行数据处理与管理，至此便完成了条码识读的全过程。

**2．条码扫描器的分类**

条码扫描器由条码扫描和译码两部分组成。现在绝大部分条码扫描器都将扫描器和译码器集成于一体。人们根据不同的用途和需要设计了各种类型的扫描器。条码扫描器可以按扫描方式、操作方式、识读码制能力和扫描方向进行分类，如图 4-2-9 所示。

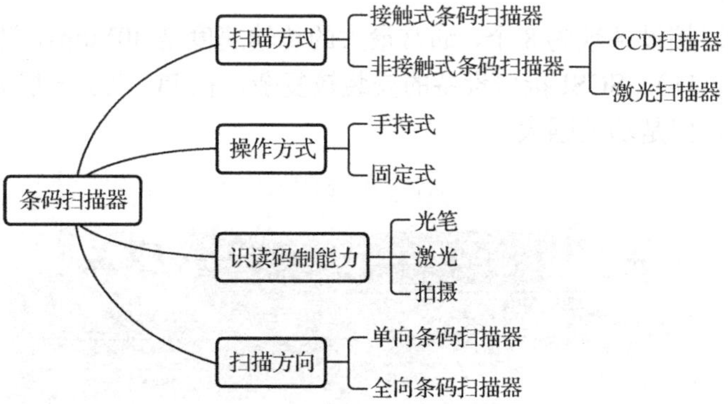


图 4-2-9　条码扫描器分类

（1）按扫描方式分类

按扫描方式分类，条码扫描器分为接触式条码扫描器和非接触式条码扫描器，接触式条码扫描器包括光笔与卡槽式条码扫描器，非接触式条码扫描器包括 CCD 扫描器和激光扫描器。

（2）按操作方式分类

条码扫描器按操作方式可分为手持式和固定式两种条码扫描器。手持式条码扫描器应用于许多领域，有激光笔、激光枪、手持式全向扫描器、手持式CCD扫描器和手持式图像扫描器。

（3）按识读码制能力分类

条码扫描器按识读码制能力可分为光笔、激光和拍摄等条码扫描器。光笔与卡槽式条码扫描器只能识读一维码；激光条码扫描器只能识读一维码和行排式二维码；图像条码扫描器可以识读常用的一维码，还能识读行排式和矩阵式二维码。

（4）按扫描方向分类

条码扫描器按扫描方向可分为单向和全向条码扫描器。其中全向条码扫描器又分为平台式和悬挂式。

悬挂式全向条码扫描器是从平台式全向条码扫描器发展而来的，这种扫描器也适用于商业POS系统以及文件识读系统。识读时可以手持，也可以放在桌子上或挂在墙上，使用更加灵活方便。

**3. 条码扫描器的接口类型**

条码扫描器的常用接口类型有以下几种。

（1）USB接口

USB接口的条码扫描器具有热插拔功能，可即插即用。此接口的条码扫描器使用率最高。USB1.1标准最高传输速率为12Mbps，最多可连接127台外设，有一个辅通道用来传输低速数据。USB2.0标准的条码扫描器速度可扩展到480Mbps。接口外观如图4-2-10所示。

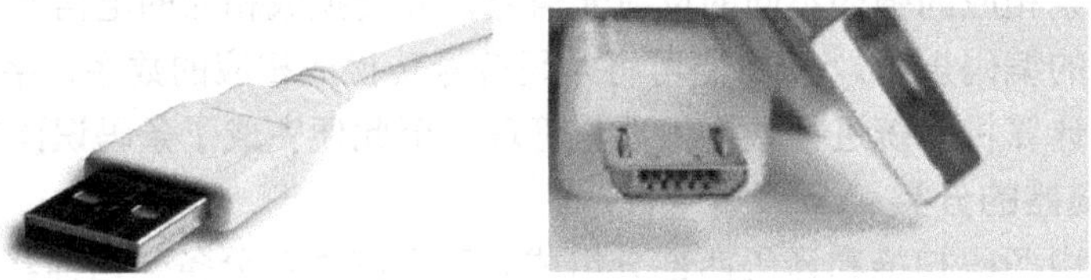

图4-2-10　USB接口

（2）SCSI接口

此接口最大的连接设备数为8个，通常最大的传输速度是40Mbps，速度较快，一般连接高速的设备（图4-2-11）。SCSI接口设备的安装较复杂，在PC机上一般要另加装SCSI卡，容易产生硬件冲突，但是功能强大。

图4-2-11　SCSI接口

（3）PS/2接口

键盘口又称为PS/2接口、KBW（Keyboard Wedge）接口，是一种6针圆形接口。它是早期键盘使用的一种接口方式，目前使用较少。条码扫描器键盘口线材通常为三个接头，一个连接条码器，一个连接电脑键盘，另外一个连接电脑主机。在电脑上通常使用文本输出，即插即用，和 USB 接口用法差不多，需要一个智能头转换一下，一般购买的条码扫描器里会附带。现在还是有很多公司用 PS/2 接口。接口外观如图 4-2-12 所示。

（4）DB9 接口

该接口两侧带有可加固螺丝，使用时不易松动，DB9 接口主要采用 RS232 通信协议，传输距离比 USB 接口远，可达 10m 以上距离。接口外观如图 4-2-12 所示。

（PS/2 接口）

（DB9 接口）

图 4-2-12　扫描器接口

（5）其他接口

如蓝牙或 Wi-Fi 的条码扫描器，优势是不带连接线，便于移动操作。

## 【任务实施】

任务实施前必须先准备好以下设备和资源。

| 序　号 | 设备/资源名称 | 数　量 | 是否准备到位（√） |
|---|---|---|---|
| 1 | 计算机 | 1 | |
| 2 | 扫描枪 | 1 | |
| 3 | 相关配置软件 | 1 | |
| 4 | 手机 | 1 | |

### 1. 制作商品一维码标签

超市商品通常都贴有一维码，用于商品的流通和出入库。下面使用一维码生成软件，制作一个简易的 Code39 一维码，过程如下。

Code39 码编码对应表

| 字　符 | 逻 辑 值 | 字　符 | 逻 辑 值 |
|---|---|---|---|
| 0 | 101001101101 | 1 | 110100101011 |
| L | 101101010011 | S | 101101011001 |
| * | 100101101101 | | |

利用软件绘制“LS001”一维码标签，先将条码编辑为*LS001*，参照表格对应的条码数字绘制完成后生成一维码并保存（图 4-2-13、图 4-2-14）。

### 2. 配置 Wi-Fi 环境

如图 4-2-15 所示完成设备安装和连线，要求设备安装整齐美观，并遵循横平竖直和就近原则。

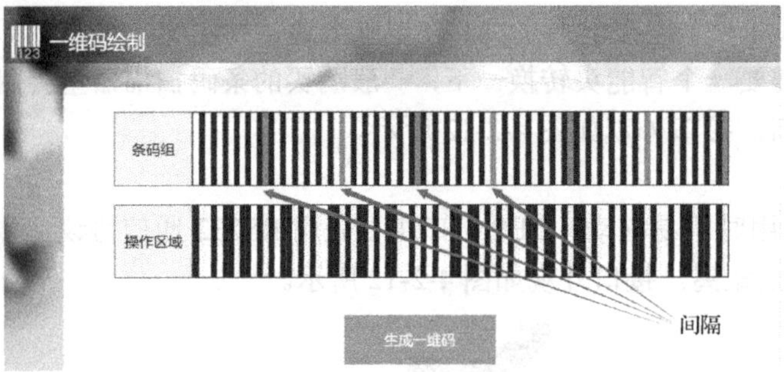


图 4-2-13　绘制 Code39 一维码

图 4-2-14　生成的一维码

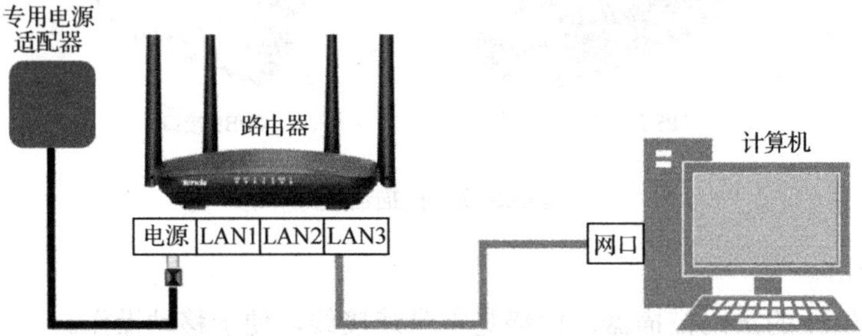


图 4-2-15　系统拓扑图

单击“无线设置”按钮，按图 4-2-16 和图 4-2-17 所示完成配置，配置完成后需单击“确定”按钮。

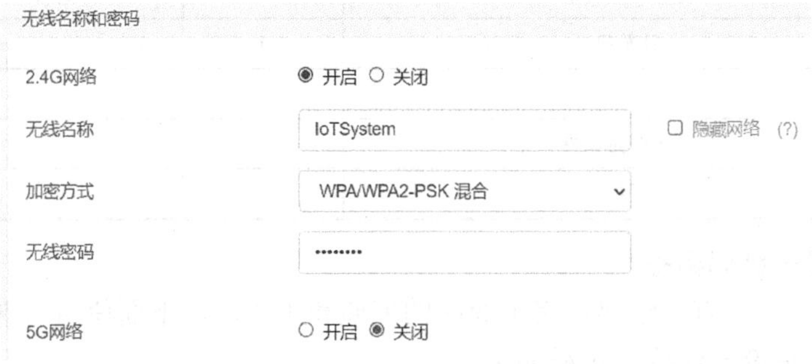


图 4-2-16　设置 2.4G 网络

图 4-2-17　设置访客网络

① 2.4G 网络：需选择“开启”，路由器才会运行该 2.4G 网络。

② 无线名称：可自定义。

③ 加密方式：选择“WPA/WPA2-PSK 混合”。

④ 无线密码：可自定义。

⑤ 访客网络：设置为“开启”，开启后才能用手机扫描二维码进行联网。

⑥ 2.4G 网络名称：可自定义，这里设置为“IoTSystem_Guset”。

⑦ 访客网络密码：可定义。

**温馨提示：有些厂商的路由器没有访客网络功能，只要配置好 Wi-Fi 即可。**

### 3. 制作 Wi-Fi 连接二维码

运行二维码制作软件，如图 4-2-18 所示，在 Wi-Fi 信息项中输入无线账号、无线密码、加密类型，这些必须和路由器的 Wi-Fi 设置一样。“纠错等级”选择“中等”即可。完成后，将二维码标签保存。

图 4-2-18　二维码制作界面

### 4. 测试功能

先打开一维码，接着运行记事本，并选中记事本，使用扫描枪对生成的一维码进行扫描，记事本会显示出扫描的结果，如图 4-2-19 所示。

图 4-2-19　一维码扫描结果

使用手机 Wi-Fi 设置界面中的扫一扫功能，对着生成的 Wi-Fi 二维码进行扫描，将自动连接上 IoTSystem_Guset 的网络，如图 4-2-20 所示。

图 4-2-20　Wi-Fi 二维码扫描结果

## 【任务小结】

本任务的相关知识小结思维导图见图 4-2-21。

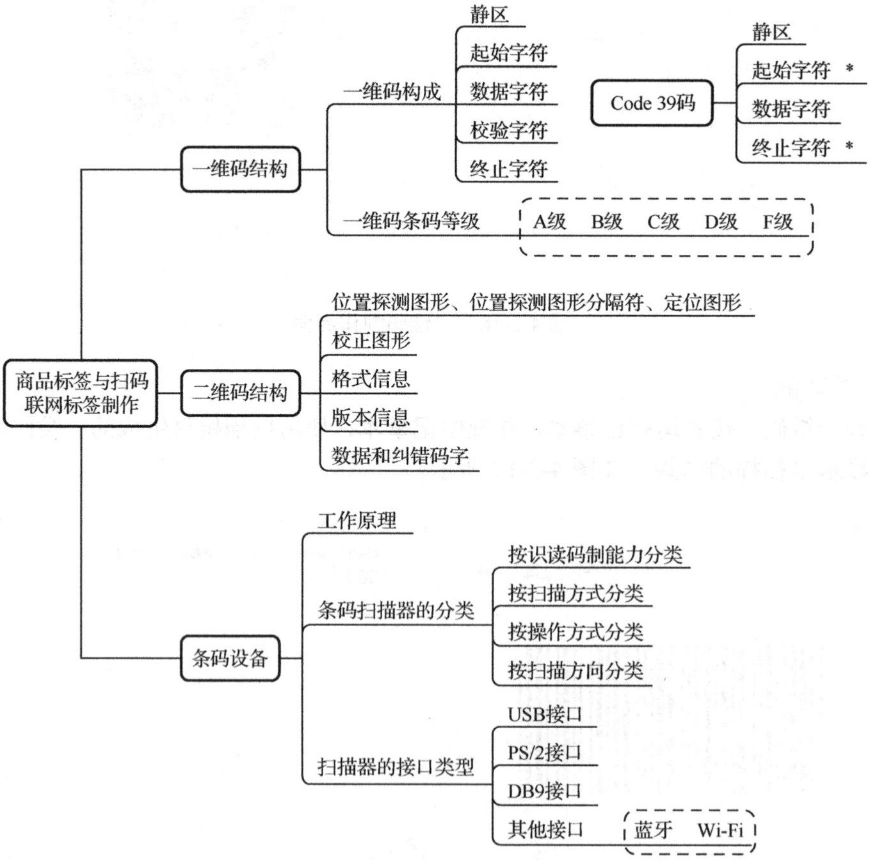


图 4-2-21　任务 2 商品标签与扫码联网标签制作思维导图

## 【任务工单】

完整工单存放在本书配套资源中，不在书中体现。

| 项目 4：智能零售—商超管理系统安装与调试 | 任务 2：商品标签与扫码联网标签制作 |
| --- | --- |
| **本次任务关键知识引导**<br>1．一维码由静区、（　　　　）、（　　　　）、中间分割符、（　　　　）、终止字符组成。<br>2．Code 39 码由（　　　　）、（　　　　）、（　　　　）、（　　　　）四部分组成。<br>3．一维码用美标检测法分为五个质量等级，（　　）级为最好，（　　）级为最差，（　　）级为不合格。<br>4．生活中最常见的二维码是（　　）码，其由（　　）个位置探测图形组成。<br>5．条码扫描器的结构主要由（　　　　）、（　　　　）、（　　　　）、（　　　　）、（　　　　）几部分组成。<br>6．非接触式条码识读设备有（　　　　）和（　　　　）。<br>7．条码识读设备按（　　　　）可分为手持式和固定式两种条码扫描器。 | |

# 任务 3　资产管理电子标签制作

## 【职业能力目标】

- 具备正确安装调试 RFID 读写器设备的能力。
- 具备按需求对高频 RFID 标签和超高频 RFID 标签进行数据读写操作的能力。

## 【任务描述与要求】

**任务描述：**门店管理系统中需要使用电子标签对商品进行管理，同时为了便于门店的电子管理，需要为店长专门开设一张会员卡。

**任务要求：**

- 使用超高频电子标签对商品进行管理，标签 EPC 号设置为 4 个字。
- 使用高频 RFID 读写器发布一张会员卡，并预充值金额 10000 元。

## 【知识储备】

### 4.3.1　RFID 系统组成

一般而言，RFID 系统由 5 个组件构成，包括发射器、接收器、微处理器、天线、标签。其中发射器、接收器和微处理器通常被封装在一起，又统称为阅读器（Reader），所以工业界经常将 RFID 系统分为阅读器、天线和标签三大基本组件，如图 4-3-1 所示。这三大基本组件一般可由不同的生产商生产。

- 标签（Tag）：由芯片及内置天线组成。
- 阅读器（Reader）：读/写电子标签信息的设备，主要任务是控制射频模块向标签发射读取信号，并接收标签的应答，对标签的对象标识信息进行解码，将对象标识信息连带标签上其他相关信息传输到主机以供处理。
- 天线（Antenna）：天线是标签与阅读器之间传输数据的发射、接收装置。在实际应用中，除了影响系统功率，天线的形状和相对位置也会影响数据的发射和接收，需要专业人员对系统的天线进行设计、安装。

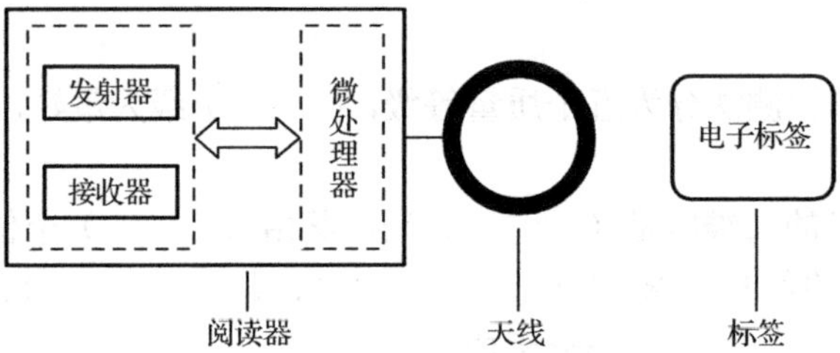


图 4-3-1　RFID 系统组成

在实际应用中，需要管理系统来接收电子标签的内容，所以有时我们也将应用管理系统列入 RFID 系统中。它们的作用如图 4-3-2 所示。

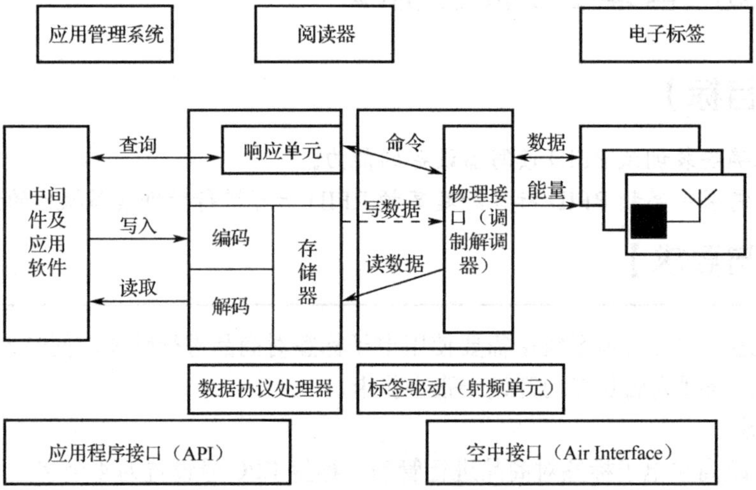


图 4-3-2　RFID 系统工作原理

阅读器主要负责与电子标签的双向通信，同时接收来自应用管理系统的控制指令。阅读器的频率决定了 RFID 系统工作的频段，其功率决定了射频识别的有效距离。阅读器根据使用的结构和技术的不同可以是读或读/写装置，它是 RFID 系统信息控制和处理中心。阅读器通常由射频接口、逻辑控制单元和天线三部分组成。

电子标签（Electronic Tag）也称为智能标签（Smart Tag），是由 IC 芯片和无线通信天线组成的超微型的小标签，其内置的射频天线用于和阅读器进行通信。电子标签是 RFID 系统中真正的数据载体。系统工作时，阅读器发出查询（能量）信号，标签（无源）在收到查询（能量）信号后将其一部分整流为直流电源供电子标签内的电路工作，一部分能量信号被电子标签内保存的数据信息调制后反射回阅读器。

应用管理系统：应用管理系统的软件组件可分为三类，即 RFID 系统软件、RFID 中间件和系统应用程序。RFID 系统软件在电子标签和阅读器中执行；RFID 中间件在阅读器和主机中运行；系统应用程序在与阅读器连接的主机或通过网络连接的主机中运行。

## 4.3.2　标签的存储结构

电子标签按工作频率，可以分为低频 RFID 标签、高频 RFID 标签和超高频 RFID 标签。

### 1. M1 卡标签存储结构

高频 RFID 标签的类型很多，其中，M1 卡是最常用的一种标签。M1 卡分为 16 个扇区，如图 4-3-3 中橙色标注所示。每个扇区由 4 块（块 0、块 1、块 2、块 3）组成，如图 4-3-3 中红色标注。我们也将 16 个扇区的 64 个块按绝对地址编号为 0～63，如图 4-3-3 中绿色标注。整体的存储结构，如图 4-3-3 所示。

| 块位置 | | 内存字节 | 说明 | |
|---|---|---|---|---|
| 扇区0 | 块0 | | 数据块 | 0 |
| | 块1 | | 数据块 | 1 |
| | 块2 | | 数据块 | 2 |
| | 块3 | 密码A　存取控制　密码B | 控制块 | 3 |
| 扇区1 | 块0 | | 数据块 | 4 |
| | 块1 | | 数据块 | 5 |
| | 块2 | | 数据块 | 6 |
| | 块3 | 密码A　存取控制　密码B | 控制块 | 7 |
| | | ⋮ | | |
| 扇区15 | 0 | | 数据块 | 60 |
| | 1 | | 数据块 | 61 |
| | 2 | | 数据块 | 62 |
| | 3 | 密码A　存取控制　密码B | 控制块 | 63 |

图 4-3-3　M1 卡存储结构

- 第 0 扇区的块 0（绝对地址 0 块），用于存放厂商代码，已经固化，不可更改。
- 每个扇区的块 0、块 1、块 2 为数据块，可用于存储数据。
- 数据块可以被访问控制位（access bits）配置为读写块或值块。
- 数据块可用于两种应用：一种是一般的数据保存，我们也把数据块称为读写块，可以对卡中的数据可以进行读、写操作；另一种是作为数值块，可以进行初始化值、加值、减值、读值操作。
- 每个扇区的块 3 为控制块，包括了密码 A、存取控制、密码 B。非专业人士禁止操作，操作失误会造成该扇区永久性锁死。

### 2. 超高频 RFID 标签存储结构

从逻辑上可将超高频 RFID 标签的存储器分为四个存储体，每个存储体可以由一个或一个以上的存储器字组成。四个存储体分别是：保留内存（Reserved）、EPC 存储器（EPC）、

TID 存储器（TID）、用户存储器（User），如图 4-3-4 所示。

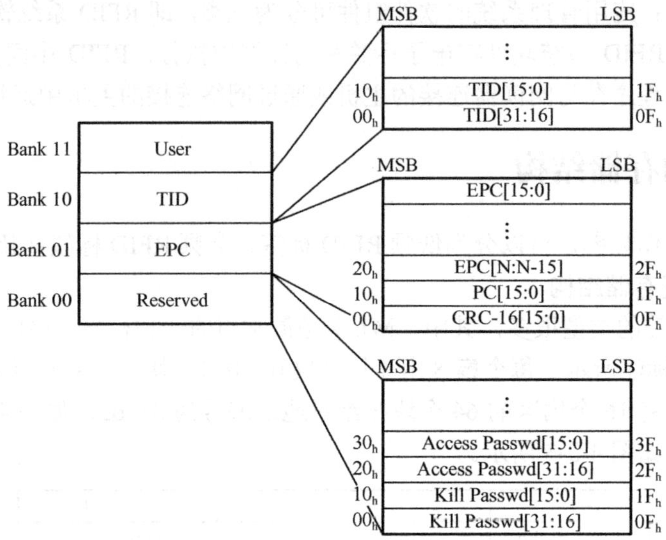


图 4-3-4　超高频 RFID 标签存储结构

（1）Reserved 区

存储 Kill Password（灭活口令）和 Access Password（访问口令），一共 8 字节。灭活口令可用于摧毁标签，一旦标签被摧毁后，就不能再使用。访问口令为标签读写所需的密码。

（2）EPC 区

EPC 区为 RFID 标签物品编码区，由 CRC-16、PC、EPC 三部分组成。

CRC-16：校验码，长度共 16 位，内容不可改变。该内容会根据 EPC 数据的改变而发生变化。

PC：协议控制字，长度共 16 位，设置标签的物理层信息，主要用于设置该区的可用长度。PC 协议控制的每一位的定义如下：

- 10h～14h 位设置 EPC 的长度（00001 为 1 个字长度，11111 为 31 个字长度）
- 15h～17h 位设置 RFU（射频收发单元），通常设置为 000。
- 18h～1Fh 位默认值为 0000 0000。

常见的 RFID 标签 PC 协议控制字通常设置为 3000h 或者 4000h。

- PC 协议控制字设置为 3000h，表示 EPC 长度为 6 个字，12 字节。
- PC 协议控制字设置为 4000h，表示 EPC 长度为 8 个字，16 字节。

本次任务中要求 EPC 的长度设置为 4 个字，因此 PC 需设置为 0010 0000 0000 0000（也就是 2000h）。

EPC：RFID 标签的物品编码。

（3）TID 区

TID 存储器是指电子标签的产品类识别号，每个生产厂商的 TID 号都会不同。标签生产厂商会在该存储区中存储其自身的产品分类数据及产品供应商的信息。一般来说，TID 存储区的长度为 4 个字，8 个字节。但有些电子标签的生产厂商提供的 TID 区为 2 个字或 5 个字。TID 值在标签出厂时，往往是厂商写好，用户无法修改。用户在使用时，需根据自己的需要选用相关厂商的产品。

（4）User 区

用户存储器用于存储用户自定义的数据，用户可以对该存储区进行读、写操作。该存储器的长度由各个电子标签的生产厂商确定。每个生产厂商提供的电子标签的用户存储区的容量会不同，存储容量大的电子标签会贵一些。用户应根据自身应用的需要，来选择符合要求的电子标签，以降低成本。许多电子标签为低成本的，可能不包括用户存储器。

## 4.3.3　RFID 电子标签种类

RFID 电子标签的种类很多，如何挑选显得尤为重要。不同的材质、尺寸、性能，都对实际应用影响很大。如表 4-3-1 所示为常见的几种 RFID 电子标签类型。

表 4-3-1　RFID 电子标签类型

| 序　号 | 类　型 | 样　图 | 说　明 |
| --- | --- | --- | --- |
| 1 | 不干胶类型 |  | 直接将芯片与天线绑定在一起，成本低，材质薄，而其中的不干胶是在镶嵌片表面封装的一层纸 |
| 2 | 卡片类型 |  | 将镶嵌片封装到不同尺寸的 PVC 材质里，形成一种便于携带的卡片。平时使用的公交卡和学生卡就是这种类型的 |
| 3 | 轮胎电子标签类型 |  | 专用于轮胎管理的标签，封装形式类似一张轮胎修补片 |
| 4 | 抗金属电子标签类型 |  | 能够贴到金属或带有液体的瓶子上，保证不影响读取效果 |

续表

| 序　号 | 类　型 | 样　图 | 说　明 |
|---|---|---|---|
| 5 | 动物电子标签类型 |  | 专门用于对动物管理的电子标签，一般材质也为 PET 或 PVC |
| 6 | 挂牌电子标签类型 |  | 适用于服装行业的标签，封装材质可为厚纸或者 PVC 材质 |
| 7 | 异形电子标签类型 | 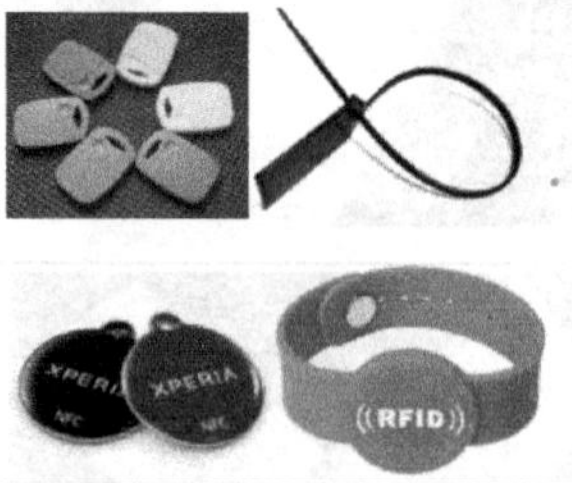 | 在尺寸、封装材质上略有不同，应用于一些特殊场景 |

门店中的 RFID 标签必须满足以下几个特点：

- 信号感应效果好，即天线要大；
- RFID 标签的柔韧性好，可弯曲；
- 价格便宜。

综上分析，不干胶标签比较符合我们的需求。

## 4.3.4　RFID 读写器设备

### 1. RFID 读写器的结构

射频识别系统中，阅读器又称为读出装置、扫描器、通信器、阅读器（取决于电子标签是否可以无线改写数据）。RFID 读写器通过天线与 RFID 电子标签进行无线通信，可以实现对标签识别码和内存数据的读出或写入操作（图 4-3-5）。

图 4-3-5　各种外观的 RFID 读写器

RFID 读写器工作时，一方面通过标准网口、RS232 接口或 USB 接口同主机相连，另一方面通过天线同 RFID 标签通信。根据不同的应用场合，有时读写器会和天线分开，或者一个读写器外接多个天线。如图 4-3-6 所示 1、2、3、4 引脚用来连接外设天线，可应用于物流运输等方面。

图 4-3-6　一拖四读写器应用场合

有时为了方便使用，会将读写器和天线以及智能终端设备集成在一起形成可移动的手持式读写器。如图 4-3-7 所示的 PDA 设备，既有条码扫描功能，也有读写 RFID 功能。还有部分设备可固定在墙壁上，配合其他设备一起工作，主要应用在安防门禁管理中，如图 4-3-8 所示。

图 4-3-7　手持式阅读器

图 4-3-8　固定式阅读器

RFID 读写器的功率、天线的大小形状等，影响着读写器的作用范围。读写器的功率一般是可调的。天线一体型 RFID 读写器组件少、成本低、安装简单，但由于不能追加天线，系统的扩容性要劣于天线分离型。天线分离型用同轴电缆连接控制器和天线，一台控制器可以连接多个天线并同时进行控制，大大提高了电子标签的识读范围和安装自由度。

**2．RFID 读写器内部结构**

RFID 读写器基本工作原理是使用多种方式与标签交互信息。近距离读取被动标签中信息最常用的方法就是电感式耦合。只要贴近，盘绕读写器的天线与盘绕标签的天线之间就形成了一个磁场。标签就是利用这个磁场发送电磁波给读写器。这些返回的电磁波被转换为数据信息，即标签的 EPC 编码。

电子标签与读写器之间通过耦合元件实现射频信号的空间（无接触）耦合，在耦合通道内根据时序关系实现能量的传递、数据的交换。发生在读写器和电子标签之间的射频信号的耦合类型有两种。

① 电感耦合：变压器模型，通过空间高频交变磁场实现耦合，依据的是电磁感应定律，如图 4-3-9 所示。

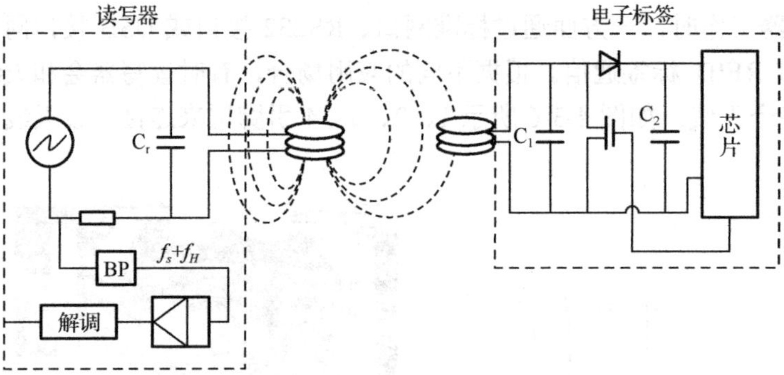


图 4-3-9　电感耦合

② 电磁反向散射耦合：雷达原理模型，发射出去的电磁波，碰到目标后反射，同时携带回目标信息，依据的是电磁波的空间传播规律（图 4-3-10）。

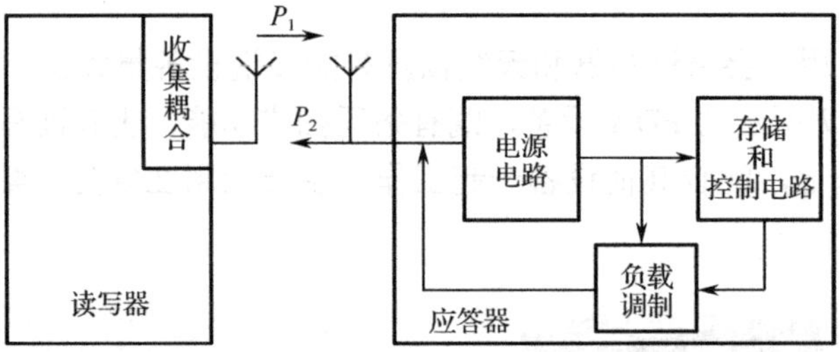


图 4-3-10　电磁反向散射耦合

3．RFID 读写器的连接

RFID 读写器一般配有 USB 接口、网口、串口等通信接口，用户根据需要选择读写器的某个通信接口连接到计算机，在计算机上运行通信软件或厂家提供的应用软件来控制读写器并获取信息，如图 4-3-11 所示。

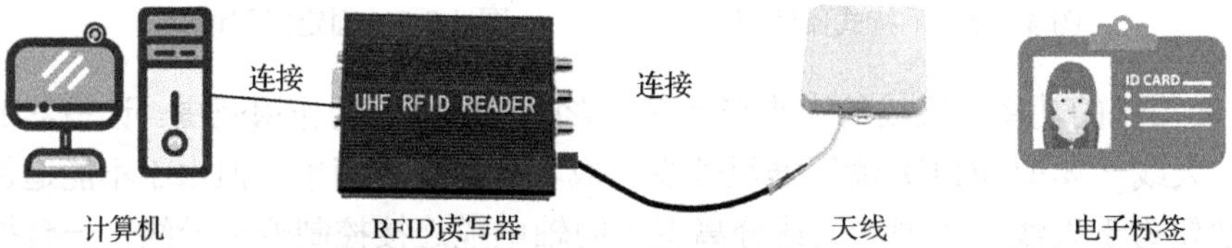


图 4-3-11　RFID 读写器的连接

RFID 读写器的读写模式通常有两种：

① 由用户发送命令来执行对电子标签的读写。

② 只要电子标签进入到读写器的通信范围内就自动进行读写。

大部分 RFID 读写器还可以指定对电子标签的读写方式：

① 对单个标签的读写。

② 对多个标签的读写。

## 【任务实施】

任务实施前必须先准备好以下设备和资源。

| 序　号 | 设备/资源名称 | 数　量 | 是否准备到位（√） |
|---|---|---|---|
| 1 | 超高频读写器 | 1 | |
| 2 | 高频读写器 | 1 | |
| 3 | 超高频 RFID 标签 | 1 | |
| 4 | 高频 RFID 标签 | 1 | |

## 1．搭建硬件环境

将超高频 RFID 读写器和高频 RFID 读写器连接到计算机上，如图 4-3-12 所示。

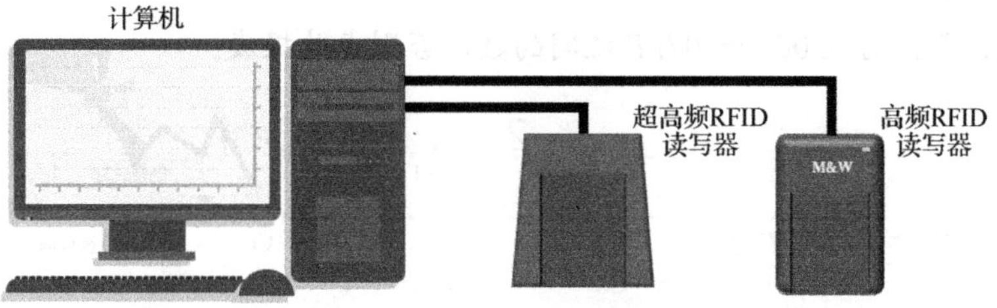


图 4-3-12　资产管理电子标签制作的硬件连接图

计算机首次连接超高频 RFID 设备时，需要安装设备的 USB 驱动程序，按照 USB 驱动程序系统提示即可完成安装。驱动安装成功后，将在系统硬件资源里虚拟出一个 COM 端口，该端口号为计算机与超高频 RFID 读写器的通信端口。高频 RFID 设备是免驱设备，无需安装驱动。

取一张超高频 RFID 标签放置在超高频 RFID 读写器上。

取一张高频 RFID 标签放置在高频 RFID 读写器上。

## 2．修改商品标签卡号

（1）运行超高频 RFID 读写软件

打开 SSUDemo 软件，选择 RS232 连接方式，正确选择 COM 口，单击“Connect”按钮连接设备，如图 4-3-13 所示。

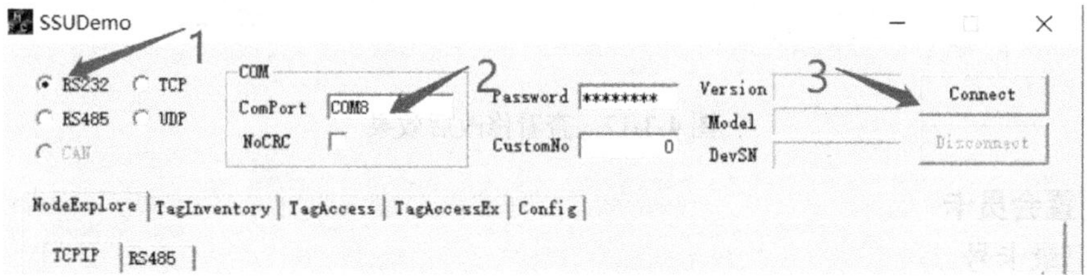


图 4-3-13　超高频 RFID 读写软件使用界面

（2）读取超高频 RFID 标签卡号

放置一张超高频 RFID 标签到读写器上，如图 4-3-14 所示。选择 tagAccess 标签页，进入标签访问界面，单击标签查询按钮“TagQuery”，将查询到标签的 PC+EPC 号，如图 4-3-15 所示。

PC 号是存放在 EPC 区中的第 2 个字位置（从 0 开始数，第 1 个字就是 1 的位置），如图 4-3-16 所示，设置“Offset”（起始位置）为 1，“Words”（字长度）为 1，“Pwd”（访问密码）为 0000 0000，“Data”（写入数据）为 2000，单击“TagWrite”（写入）按钮，界面底部提示写入成功。

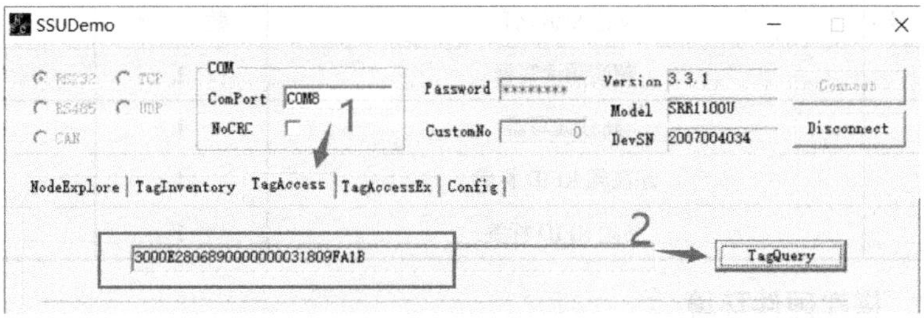


图 4-3-14　放置标签　　　　图 4-3-15　查询标签

**温馨提示：**严禁写入 0000～07FF 之间的数，否则卡片报废。

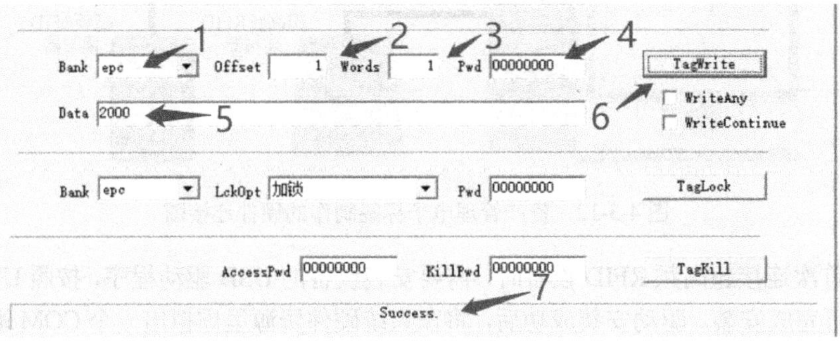


图 4-3-16　写入标签

单击“TagQuery”按钮，重新读取 PC+EPC 号，如图 4-3-17 所示，可以发现获取到的数据为 20001111222233334444，该数据为 16 进制显示方式，其中 2000 是 PC 号，剩余的 1111222233334444 是 EPC 号，刚好是 8 个字节，也就是 4 个字。

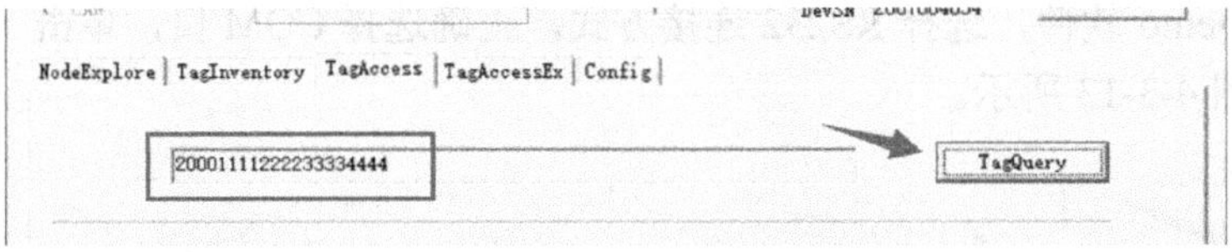


图 4-3-17　查看修改后效果

### 3．配置会员卡

（1）记录卡号

运行高频卡读写软件，选择扇区 0 的 00 块进行读取操作，如图 4-3-18 所示。

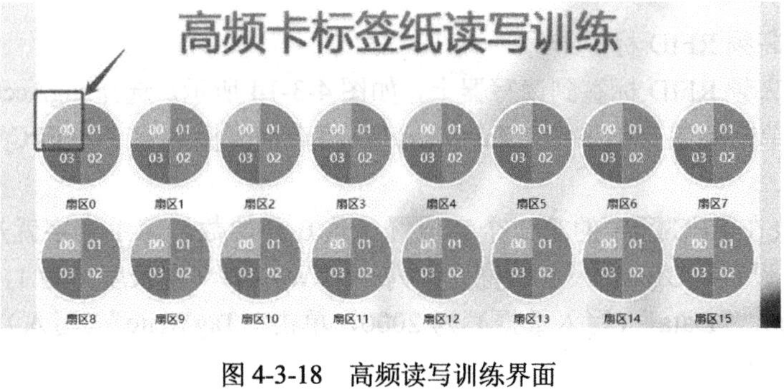


图 4-3-18　高频读写训练界面

选择读取操作，所有扇区的密码全部默认为 12 个 F（即 FFFFFFFFFFFF）。输入密码，选择 hex 格式，单击“读取”按钮，如图 4-3-19 所示。

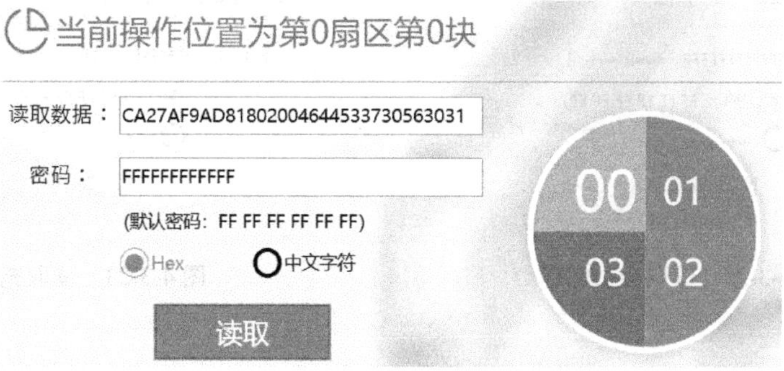


图 4-3-19　读取操作

（2）写入会员卡信息

选择扇区 6 中的第 00 块，选择写入操作，“写入数据”填会员姓名“张三”，“密码”为 12 个 F，“格式”选择“中文字符”，单击“写入”按钮，如图 4-3-20 所示。

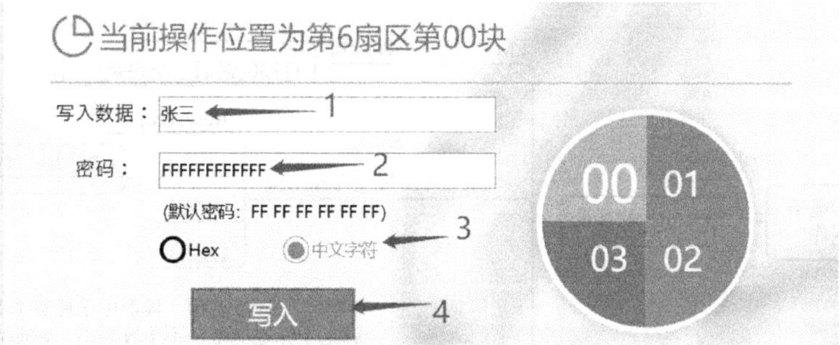


图 4-3-20　高频卡写入会员名称

**注意事项：每个扇区的 03 块为密码模块，禁止写入数据，否则该扇区将作废！**

选择扇区 6 中的第 01 块，选择写入操作，“写入数据”填充值金额“1000”，“密码”为 12 个 F，“格式”选择“中文字符”，单击“写入”按钮，如图 4-3-21 所示。

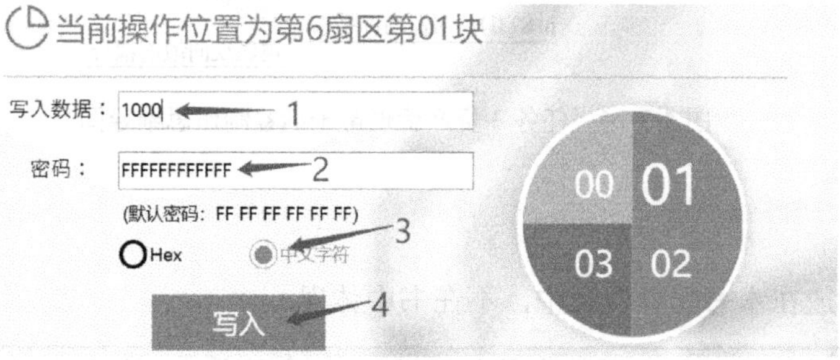


图 4-3-21　高频卡写入充值金额

（3）检查写入信息情况

分别对扇区 6 中的第 00 块和第 01 块进行读取操作，密码为 12 个 F，读取的数据结果如图 4-3-22 和图 4-3-23 所示。

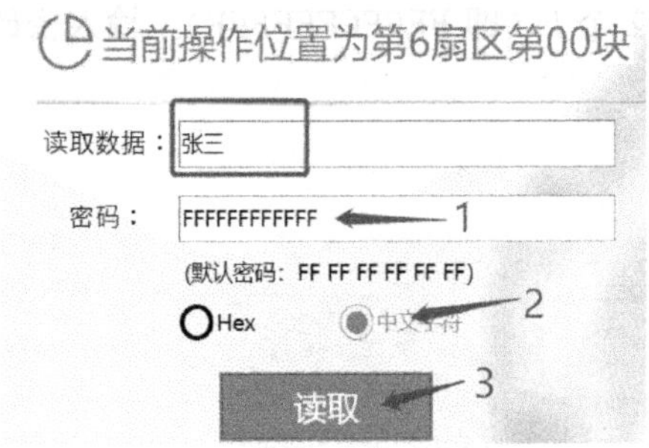


图 4-3-22　读取会员名称

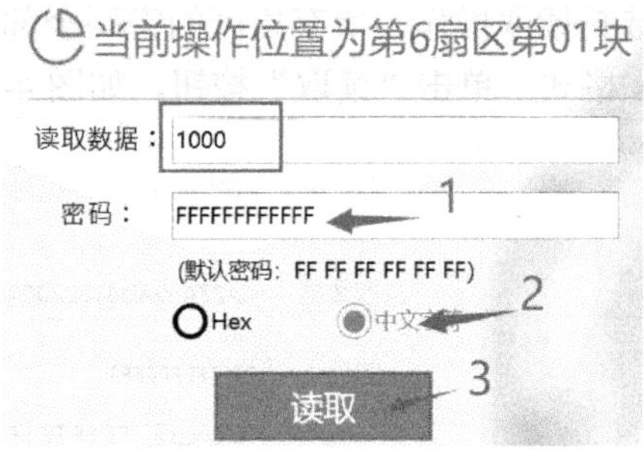


图 4-3-23　读取充值金额

## 【任务小结】

本任务的相关知识小结思维导图见图 4-3-24。

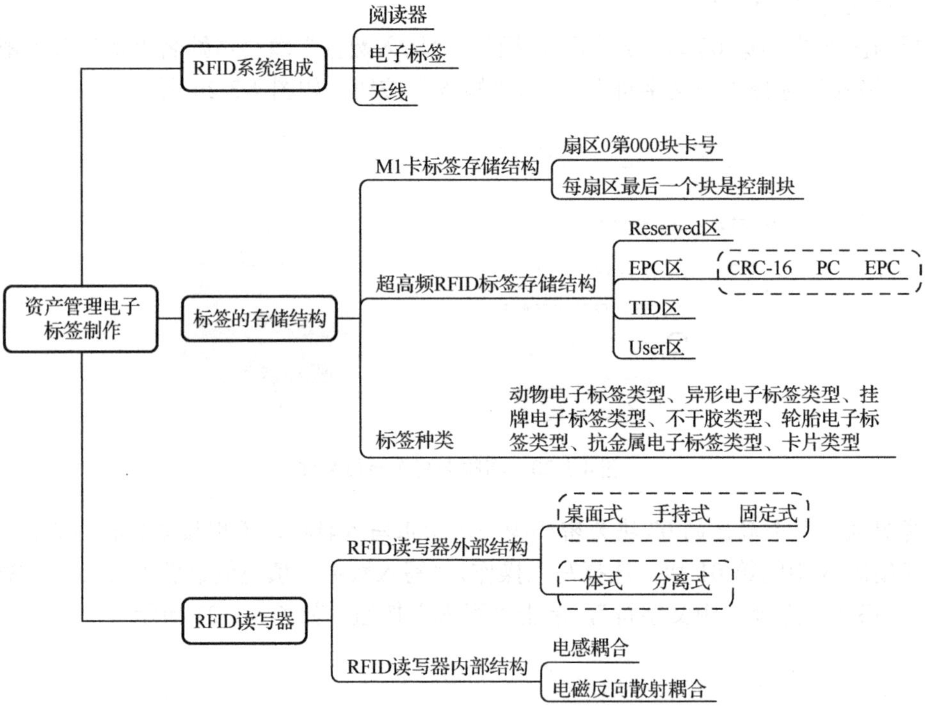


图 4-3-24　任务 3 资产管理电子标签制作思维导图

## 【任务工单】

完整工单存放在本书配套资源中，不在书中体现。

<table>
<tr><td>项目 4：智能零售—商超管理系统安装与调试</td><td>任务 3：资产管理电子标签制作</td></tr>
<tr><td colspan="2">本次任务关键知识引导<br>1．RFID 系统一般由（　　　　　）、（　　　　　）和（　　　　　）三部分组成。<br>2．用于读取和写入电子标签内存信息的设备是（　　　　　）。<br>3．阅读器的基本构成通常包括（　　　　　），（　　　　　）、（　　　　　）。</td></tr>
</table>

4．RFID 电子标签由（　　　　　　）及（　　　　　　）构成。

5．电子标签按工作频率分类，可以分为（　　　　　）、（　　　　　）和（　　　　　）。

6．超高频 RFID 标签由 4 个区域组成，分别是保留区、电子产品代码区、（　　　　）和（　　　　）。

7．RFID 阅读器通过（　　　　）与（　　　　　　）进行无线通信，可以实现对标签识别码和内存数据的读出或写入操作。

8．发生在阅读器和电子标签之间的射频信号的耦合类型有两种，分别是（　　　　　）、（　　　　　　）。

# 项目 5　智慧园区—园区数字化监控系统安装与调试

## 引导案例

伴随城市的不断生长、演进、迭代，城市主体的智能升级驱动城市从物质文明走向物质与数字世界共生共荣的数字智慧文明。智慧园区作为智慧城市的主要单元，是经济高效和高质量发展的核心抓手，是实现双碳战略的主战场，是构建万物互联的智能世界的落脚点，是未来社会的发展缩影和示范载体。

当前，园区逐步走上转型迭代的道路，中国智慧园区将迎来高速发展的浪潮，探索更节约、更绿色、更高效的增长方式。在新技术和新需求的双重驱动下，园区业务场景和商业模式不断升级和革新，向着一体化、生态化、定制化和可持续发展的智慧空间不断演进。

数字经济对智慧园区建设的诉求，本质是蓬勃生长的经济要素对新型基础设施的需求，以及森林巨树（独角兽企业、瞪羚企业等）对肥沃数字土壤的需求。《“十四五”数字经济发展规划》中提出“以数据为关键要素，以数字技术与实体经济深度融合为主线，加强数字基础设施建设，完善数字经济治理体系，协同推进数字产业化和产业数字化”。2019 年 10 月，我国首次提出将数据作为生产要素参与收益分配，标志着中国正式进入“数字红利”大规模释放时代。园区作为我国经济的主要载体，在数字基础设施建设、推进产业数字化等方面居于重要地位，利用数据的力量开展产业/企业服务、赋能园区产业/企业转型升级、提升公共服务水平，充分挖掘数据要素的价值，对推动我国数字经济高质量发展具有重大意义。

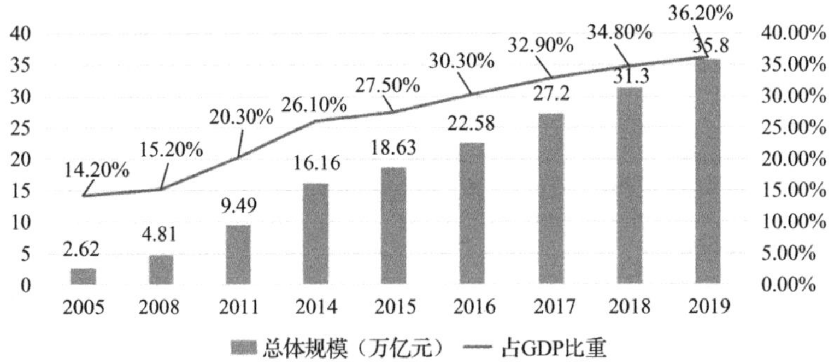


2005—2019 年中国数字经济总体规模及 GDP 占比情况

**项目介绍：**

现有一个园区，由于建造时间较早，内部线路复杂，投入资金较为紧张，需要进行数字化升级改造。园区改造主要采用 NB-IoT、LoRa 等无线通信方式。

**项目要求：**

- 改造地下停车场，实现采集停车场环境中的温湿度数据，提高停车场的舒适度。

- 改造门禁系统，实现平台统一控制开启重要路口处的门禁。
- 改造照明系统，实现平台统一远程控制管理路灯。

# 任务 1 地下停车场环境监测系统搭建

## 【职业能力目标】

- 能够安装和连接 NB-IoT 通信设备。
- 能够下载和配置 NB-IoT 设备，完成与云平台的连接。

## 【任务描述与要求】

**任务描述**：园区的地下停车场较为封闭，造成通风效果较差，为了提高园区的舒适度，在园区关键位置安装温湿度变送器。考虑到地下停车场的无线信号较差，经研究选用 NB-IoT 无线通信技术，不仅满足通信要求，同时投入成本低。

**任务要求**：

- 正确配置温湿度变送器地址和波特率。
- 完成对 NB-IoT 通信终端设备的固件下载和配置。
- 完成云平台的配置，实现云平台实时获取温湿度变送器数据。

## 【知识储备】

### 5.1.1 NB-IoT 无线通信技术简介

NB-IoT 是指基于蜂窝的窄带物联网（Narrow Band－Internet of Things）技术。它是 IoT 领域的一个新兴技术分支，支持低功耗设备在广域网的蜂窝数据连接，也称作低功耗广域网（LPWAN）。NB-IoT 工作于授权频谱下，带宽大约只消耗 180kHz，可以直接部署在 GSM、UMTS、LTE 网络。

NB-IoT 着眼于低功耗、广域覆盖的通信应用。终端的通信机制相对简单，无线通信的耗电量相对较低，适合小数据量、低频率（低吞吐率）的信息上传，信号覆盖的范围则与普通的移动网络技术基本一样，行业内将此类功耗低却能实现远距离无线信号传输的技术统称为“LPWA 技术”（Low Power Wide Area，低功耗广域技术）。

LPWAN 是低功耗广域网（Low Power Wide Area Network，LPWAN）的缩写，也就是使用 LPWA 技术搭建起来的无线连接网络。和传统的蜂窝网络技术（2G、3G）相比，LPWA 的功耗更低，电池供电设备的使用寿命也能达到数年之久。基于这两个显著的优点，LPWA 能真正助力和引领物联网革命。

目前主流的 LPWAN 技术分为两类：一类是工作在非授权频段的技术，如 LoRa、Sigfox 等；另一类是工作在授权频段的技术，如 NB-IoT、eMTC 等。如图 5-1-1 所示是按传输距离和传输速率划分的各种无线通信技术的特征。

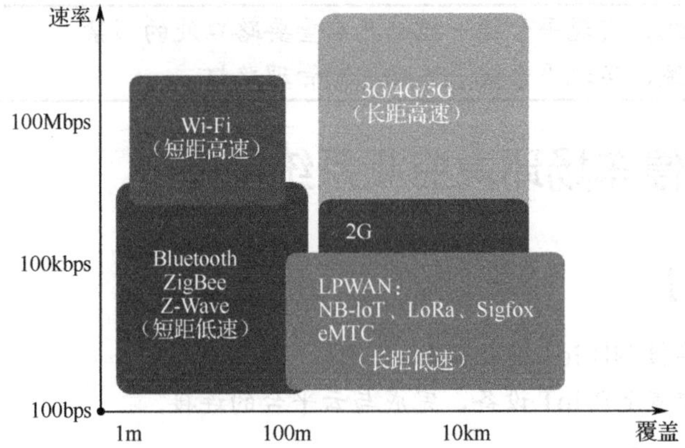


图 5-1-1　各种无线通信技术的特征

### 1. NB-IoT 简介

窄带物联网属于广域低功耗网络，是物联网系统的重要分支。目前运营商的 2G、3G、4G 技术无法解决大规模物联网应用所需的大连接、低功耗、低成本、广覆盖的要求，但 NB-IoT 恰恰满足以上 4 点要求。

### 2. NB-IoT 的关键词

- Device：NB-IoT 终端设备，如智能水表、气表等各种表，通过 NB 空口连接到 eNodeB。
- eNodeB：就是基站，简称 eNB，连接到核心网。
- IoT Core：面向 IoT 业务的核心网，主要作用是传输、转发数据。
- IoT Platform：IoT 业务管理平台，主要作用是汇集、管理数据。
- APP Server：IoT 数据的最终目的地，属于应用层，根据不同的需求、方案来处理数据，一般是用户自己的服务器。
- CoAP：一种应用于终端 UE 和物联网平台之间的专用的协议，其主要原因是考虑 UE 的硬件配置一般很低，不适合使用 HTTP/HTTPS 等复杂协议，而物联网云平台和第三方应用服务器 AP 之间，由于两者的性能都很强大，要考虑代管、安全等因素，因此一般会使用 HTTP/HTTPS 等应用层协议。

### 3. NB-IoT 的网络架构

NB-IoT 网络架构包括终端 UE、基站、EPC 核心网、IoT 平台、应用服务器，如图 5-1-2 所示。

① 终端 UE（模组/芯片）：类似于 3G/4G 通信模组，将设备端数据打包发送到指定渠道的硬件模块。

② 基站：NB-IoT 基站是移动通信中构成蜂窝小区的根本单元，首要实现移动通信网和 UE 之间的通信和办理功能。即经过运营商网络衔接的 NB-IoT 用户终端设备必须在基站信号的掩盖范围内才可进行通信。基站不是孤立存在的，归于网络架构中的一部分，是衔接移动通信网和 UE 的桥梁。基站一般由机房、信号处理设备、室外的射频模块、收发信号的天线、GPS、各种传输线缆等构成。

③ EPC 核心网：承担与终端非接入层交互的功能，将 IoT 业务相关数据转发到 IoT 平台进行处理，主要技术包括移动性/安全/连接管理，无 SIM 卡终端安全接入，终端节能特征，时延不敏感终端适配，拥塞控制和流量调度，以及计费使用。核心网络承担与终端的非接入层相互作用的功能，向物联网平台发送数据进行处理。

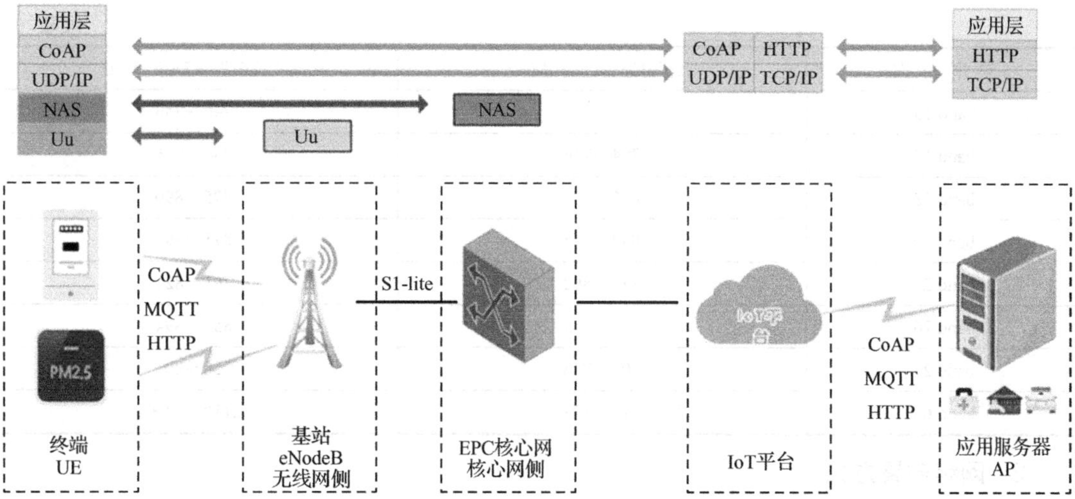


图 5-1-2　NB-IoT 的网络架构

④ IoT 平台：供给对各种传感器、SIM 卡的数据收集、办理功用，能够把数据开放给第三方应用体系，让各种应用能迅速构建自己的物联网事务。

⑤ 应用服务器：是 IoT 数据的最终汇聚点，根据客户的需求进行数据处理等操作。应用服务器通过 HTTP/HTTPS 和云平台通信，通过调用云平台的开放 API 来控制设备，云平台把设备上报的数据推送给应用服务器。

NB-IoT 终端产品（模组/芯片）将数据发送至 NB-IoT 基站，由基站传输至 EPC 核心网，通过 EPC 核心网将数据传至 IoT 平台，随后再将数据转发到应用服务器进行处理；反之亦然。

NB-IoT 终端与业务平台的数据交互过程如下：

NB-IoT 终端（模组/芯片）<—>NB-IoT 基站<—>EPC 核心网<—>IoT 平台<—>应用服务器

## 5.1.2　NB-IoT 的网络部署

### 1. 通信频率规划

全球大多数运营商使用 900MHz 频段来部署 NB-IoT，有些运营商部署在 800MHz 频段。国内明确 NB-IoT 网络可运行于 GSM 系统的 800MHz 频段和 900MHz 频段、FDD-LTE 系统的 1800MHz 频段和 2100MHz 频段（联通的 band 3 和 band 8，移动的 band 8，电信的 band 5），如表 5-1-1 所示。

表 5-1-1　NB-IoT 频段表

| 频 率 范 围 | 上行链路（UL）/MHz | 下行链路（DL）/MHz |
|---|---|---|
| band 1 | 1920～1980 | 2110～2170 |
| band 2 | 1850～1910 | 1930～1990 |
| band 3 | 1710～1785 | 1805～1880 |
| band 5 | 824～849 | 869～894 |
| band 8 | 880～915 | 925～960 |
| band 12 | 699～716 | 729～746 |

续表

| 频率范围 | 上行链路（UL）/MHz | 下行链路（DL）/MHz |
|---|---|---|
| band 13 | 777～787 | 746～756 |
| band 17 | 704～716 | 734～746 |
| band 18 | 815～830 | 875～890 |
| band 19 | 830～845 | 875～890 |
| band 20 | 832～862 | 791～821 |
| band 26 | 814～849 | 859～894 |
| band 28 | 703～748 | 758～803 |
| band 66 | 1710～1780 | 2110～2200 |

**2. 网络部署方式**

为了便于运营商根据自由网络的条件灵活运用，NB-IoT 可以在不同的无线频带上进行部署，分为三种模式：独立部署、保护带部署、带内部署，如图 5-1-3 所示。

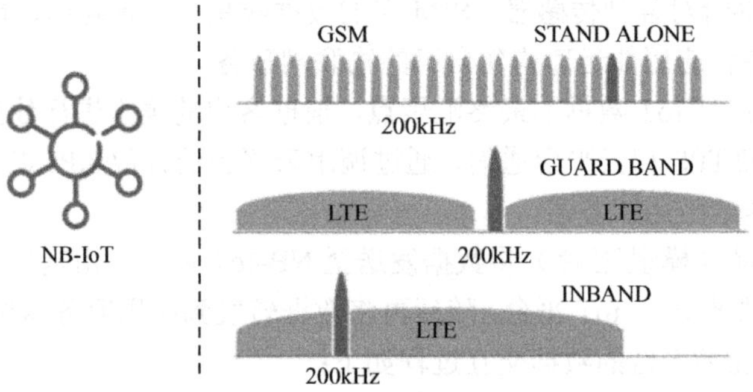


图 5-1-3　NB-IoT 的部署模式

独立部署：不依赖 LTE，与 LTE 可以完全解耦。适合用于重耕 GSM 频段，GSM 的信道带宽为 200kHz，这刚好为 NB-IoT 180kHz 带宽辟出空间，且两边还有 10kHz 的保护间隔。

保护带部署：不占用 LTE 资源，利用 LTE 系统边缘保护频段中的、未使用的 180kHz 带宽的资源块进行部署。采用该模式，需要满足一些额外的技术要求（例如原 LTE 频段带宽要大于 5Mbit/s），以避免 LTE 和 NB-IoT 之间的信号干扰。

带内部署：利用 LTE 载波中间的某一频段。为了避免干扰，3GPP 要求该模式下的信号功率谱密度与 LTE 信号的功率谱密度不得超过 6dB。

综上所述，除了独立部署模式外，另外两种部署模式都需要考虑和原 LTE 系统的兼容性，部署的技术难度相对较高，网络容量相对较低。

## 5.1.3　NB-IoT 的特性

**1. 低功耗原理**

为适应安装环境没有电源供电，需要使用电池，同时为了满足电池达到 5 到 10 年寿命的需求，NB-IoT 网络引入了 PSM 和 eDRX，PSM 和 eDRX 技术极大降低了终端功耗，使得 NB 设备在生命周期绝大部分时间处于极低功耗状态，从而保证电池的使用寿命。

NB 低功耗需要从三种工作模式来描述：

① DRX 模式：意思是不连续接收（Discontinuous Reception），但从硬件产品通信时的宏观层面来看，是“连续接收”，随时可以收到数据，因此功耗也最高（DRX 待机功耗大概在 1mA 左右）。例如我们的手机，只要开机，就可以随时被呼叫。

② eDRX 模式：DRX 模式的扩展，为进一步减少终端在空闲状态监听网络的寻呼次数，通过扩展寻呼网络的周期，减少终端监听网络寻呼的时间，从而降低终端功耗。

③ PSM 模式：功率节省状态（Power Saving Mode），处于 PSM 状态时，终端关闭收发信号机，不监听无线侧寻呼，与网络没有任何消息交互，最大程度降低功耗。当终端处于 PSM 状态时，平台发送给终端的任何数据，网络都不会立即下发给终端。只有当用户终端离开 PSM 状态进入到连接状态时，平台侧下发的数据才会发送给终端。

终端发送一次数据的时候，依次需要建立连接发送数据→监听网络数据→进入 Idle→进入 PSM 状态，如图 5-1-4 所示。

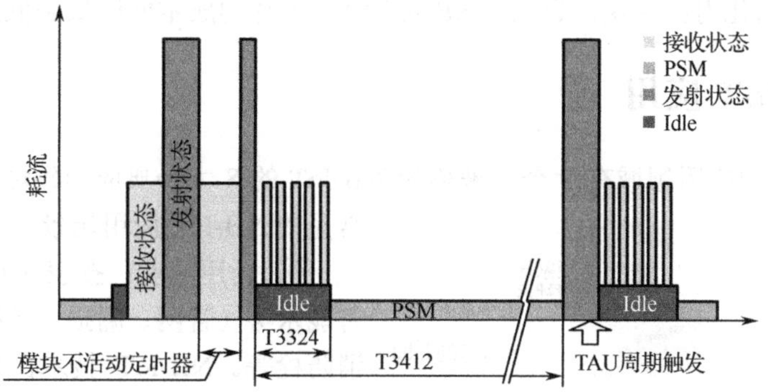


图 5-1-4　NB-IoT PSM 模式电流消耗

首先，连接状态中数据传输对应发射状态，数据发送完成后进入无数据传输的连接状态，此时对应接收状态，这部分存在一个不活动定时器，该定时器由核心网配置，默认值为 20s，随后进入空闲（Idle）状态，在该模式中存在一个激活定时器，由运营商通过接入点名称来配置，该定时器超时后进入 PSM 状态。连接结束时启动 T3412 定时器，该定时器超时后会触发 TAU 更新，再次进入连接状态，终端上报相关数据并且寻呼网络是否有数据下发。

**2. 覆盖增强**

由于 NB-IoT 的应用场景一般是存在深度覆盖的地方，信号的衰减非常严重，一般的信号不能满足这种场景的要求，因此需要增强 20dB 的功率，相当于提升了 100 倍区域覆盖能力。不仅可以满足农村这样的广覆盖需求，对于厂区、地下车库、深井这类对深度覆盖有要求的应用同样适用。

NB-IoT 覆盖面积为 2G、4G 网的 3 倍。信号强度（即信噪比）随距基站距离降低。NB-IoT 提高覆盖能力主要是通过提高功率谱密度、发送重复和上行 Inter-site CoMP 等方式实现的。

① 提高功率谱密度：NB-IoT 采用窄带设计方式，下行带宽 180kHz，同样的发射功率，NB-IoT 的功率谱密度和 GSM 相当，比 CDMA 高 8dB；NB-IoT 上行带宽最低 3.75kHz，GSM 终端发射功率最大支持 2W，因此，NB-IoT 上行功率谱密度比 GSM 高 7 dB，比 CDMA 高 25dB。

② 发送重复：NB-IoT 最高支持 128 次重复，实际中一般取下行 8 次重复，上行 16 次重复，获得 9～12dB 的增益。

③ 上行 Inter-site CoMP：NB-IoT 上行引入 Intersite CoMP 技术，可以获得 3dB 的增益。

因此，NB-IoT 在上行链路至少可以提升 20dB，既能满足郊区、农村区域的广覆盖需求，也可以实现城市区域的深度覆盖，就算在地下车库、地下室、地下管道等信号难以到达的地方也能覆盖到。

**3. 超大接入**

物联网业务的低速率要求和对时延不敏感决定了 NB-IoT 具有小包数据发送和终端极低激活比的特征。而且，NB-IoT 通过减小空口信令开销，大大提升了频谱效率。据相关设备厂家评估，NB-IoT 比 2G/3G/4G 有 50～100 倍的上行容量提升，可以提供现有无线技术 50～100 倍的接入数。

**4. 低成本**

终端芯片通常由基带处理模块、射频模块、功放模块、电源管理模块和 Flash/RAM 等组成。和 4G 智能手机或其他终端相比，NB-IoT 终端采用 180kHz 的窄带带宽，基带模块复杂度低；低数据速率和协议栈简化可以大大降低对 Flash/RAM 大小的要求；单天线、半双工的方式，可以有效简化射频模块。目前，NB-IoT 终端芯片的成本能够做到低至 1 美元。

## 5.1.4 NB-IoT 应用

NB-IoT 常见的应用领域有 8 个，被称为 NB-IoT 的 8 大经典应用领域。图 5-1-5 所示为常见的 NB-IoT 应用场景。

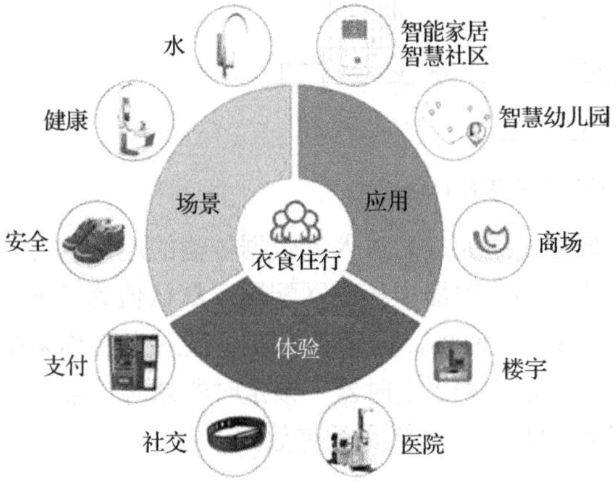

图 5-1-5 常见的 NB-IoT 应用场景

① 公用事业：抄表（水、气、电、热）、智能水务（管网、漏损、质检）、智能灭火器、消防栓等。NB-IoT 技术在智能水表的应用具有实现便捷、使用安全可靠、用户管理方便的特点，从性能测试与分析结果可知，整个系统的运行状态良好，性能稳定，具有广泛的市场应用前景。

② 医疗健康：药品溯源、远程医疗监测、血压表、血糖仪、护心甲监控等。作为首款 NB-IoT 健康医疗设备，NB-IoT 智能血压计也将会得到更大范围的普及，并进一步为用户创造新一代智能健康生活方式。

③ 智慧城市：智能路灯、智能停车、城市垃圾桶管理、公共安全、报警、建筑工地、城市水位监测等。传统的停车方案，无论是蓝牙、Wi-Fi，还是红外等技术，由于自身功耗、通信距离、终端数量等原因，都不能完全满足城市智慧停车大规模应用场景需求。而 NB-IoT 技术的应用将大大改变这一局面。

④ 消费者：可穿戴设备、自行车、助力车防盗、智能行李箱、支付/POS 机。

⑤ 农业环境：精准种植（环境参数：水、温、光、药、肥）、畜牧养殖（健康追踪）、水产养殖、食品安全追溯、城市环境监控（水污染、噪声、空气质量 PM2.5）等。

⑥ 物流仓储：资产、集装箱跟踪、仓储管理、车队管理、物流状态追踪等。

⑦ 智能楼宇：门禁、智能 HVAC、烟感、火警检测、电梯故障/维保等。

⑧ 制造行业：生产、设备状态监控；能源设施、油气监控；化工园区监测、大型租赁设备、预测性维护（家电、机械等）等。

# 【任务实施】

任务实施前必须先准备好以下设备和资源。

| 序　　号 | 设备/资源名称 | 数　　量 | 是否准备到位（√） |
|---|---|---|---|
| 1 | NB-IoT 通信终端 | 1 套 | |
| 2 | 温湿度变送器 | 1 个 | |

本次任务使用到的NB-IoT通信终端设备说明如图5-1-6所示，NB设备组件包括NBDTU、适配器、SIM卡、天线等。

| 产品型号 | TiBox-NB200 |
|---|---|
| 产品名称 | 钛极 NB-IoT 可编程数传控制器 |
| 工作电压 | 6-28V |
| 无线传输方式 | NB-IoT |
| 有线传输方式 | RS485/RS232 |
| 频段（MHz） | 全网通（B1/B3/B5/B8/B20/B28） |
| SIM 卡规格 | 标准 SIM 卡 |
| 通信天线 | 胶棒天线 |
| 发射电流 | <120mA@20dB |
| 外壳材料 | 金属 |

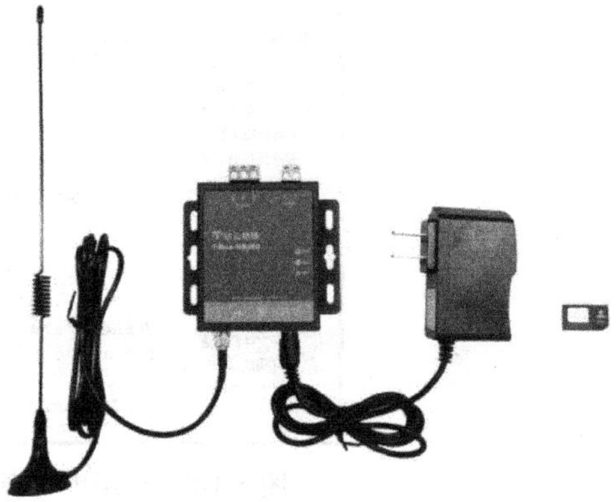

图 5-1-6　NB-IoT 设备组件

## 1. 配置温湿度变送器

（1）连接硬件环境

温湿度变送器接 24V 直流电源，RS485 接口通过 RS232 转 RS485 转换器接到 USB 转 RS232 线，最后插到 PC 的 USB 接口上，连接方式如图 5-1-7 所示，首次连接需要安装 USB 转串口驱动。

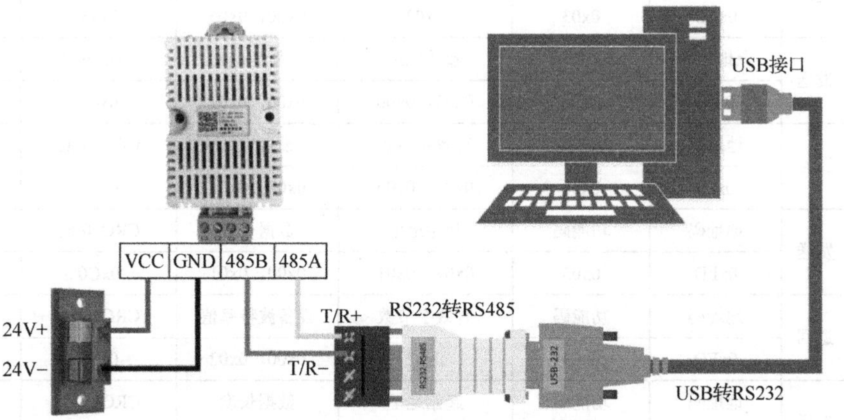


图 5-1-7　温湿度变送器与计算机连接

（2）配置温湿度变送器

温湿度变送器的配置可以使用串口调试助手和厂家配套工具这两种方式进行，这里采用串口调试助手的方式对温湿度变送器的地址和波特率进行配置。

**温馨提示：**厂家配套工具的使用请查阅项目 1 任务 3 中的任务实施部分。

设置串口参数（波特率 9600，检验位 NONE，数据位 8，停止位 1，流控制 NONE），“接收设置”和“发送设置”勾选“HEX”，“发送设置”勾选“自动发送附加位”，并选择 CRC16/Modbus 算法。如图 5-1-8 所示。

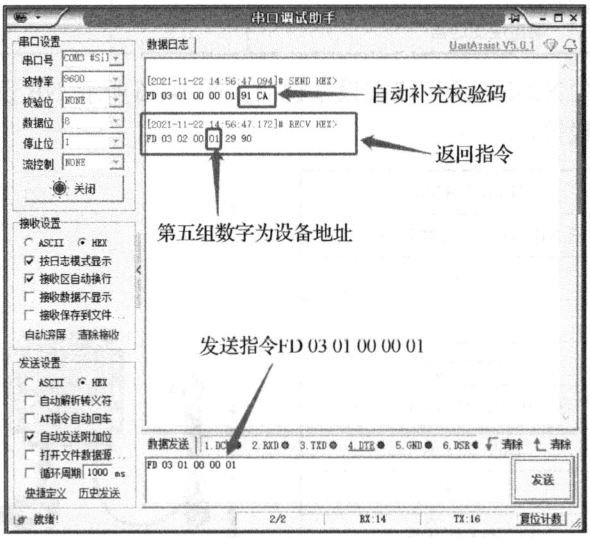


图 5-1-8　使用串口调试助手配置温湿度设备地址

温湿度变送器的地址查询指令：FD 03 01 00 00 01。若要更改设备地址，则输入更改指令：原地址 06 01 00 00 新地址。温湿度变送器的指令说明如表 5-1-2 所示。

表 5-1-2　温湿度变送器指令说明

| | | | | | | | |
|---|---|---|---|---|---|---|---|
| 问询地址指令 | 发送 | 地址码 | 功能码 | 起始地址 | 数据长度 | CRC16 低 | CRC16 高 |
| | | 0xFD | 0x03 | 0x01，0x00 | 0x00，0x01 | 0x91 | 0xCA |
| | 返回 | 地址码 | 功能码 | 有效字节数 | 设备地址 | CRC16 低 | CRC16 高 |
| | | 0xFD | 0x03 | 0x02 | 0x00，0x05 | 0x28 | 0x53 |
| 修改地址指令 | 发送 | 原地址码 | 功能码 | 起始地址 | 新地址 | CRC16 低 | CRC16 高 |
| | | 0x05 | 0x06 | 0x01，0x00 | 0x00，0x01 | 0x48 | 0x72 |
| | 返回 | 地址码 | 功能码 | 有效字节数 | 设备地址 | CRC16 低 | CRC16 高 |
| | | 0x05 | 0x06 | 0x01，0x00 | 0x00，0x01 | 0x48 | 0x72 |
| 问询波特率指令 | 发送 | 地址码 | 功能码 | 起始地址 | 数据长度 | CRC16 低 | CRC16 高 |
| | | 0xFD | 0x03 | 0x01，0x01 | 0x00，0x01 | 0xC0 | 0x0A |
| | 返回 | 地址码 | 功能码 | 有效字节数 | 设备波特率值 | CRC16 低 | CRC16 高 |
| | | 0xFD | 0x03 | 0x02 | 0x00，0x02 | 0x69 | 0x91 |
| 修改波特率指令 | 发送 | 地址码 | 功能码 | 起始地址 | 数据长度 | CRC16 低 | CRC16 高 |
| | | 0x01 | 0x06 | 0x01，0x01 | 0x00，0x01 | 0x18 | 0x36 |
| | 返回 | 地址码 | 功能码 | 有效字节数 | 设备波特率值 | CRC16 低 | CRC16 高 |
| | | 0x01 | 0x06 | 0x01，0x01 | 0x00，0x01 | 0x18 | 0x36 |

其中，设备波特率 00 代表 2400，01 代表 4800，02 代表 9600，重启设备才能生效。

**2. 下载 NB-IoT 设备固件**

步骤如下：

① 用 micro 数据线连接 NB 设备和计算机；

② 打开“TiDeviceManager”软件；

③ 如图 5-1-9 所示，选择对应的串口，单击“连接”按钮，若无法连接，请按住设备 RESET 键同时给设备上电；

④ 如图 5-1-10 所示，单击“下载 APP”按钮，选择 APP 所在的路径，然后开始下载；

⑤ 下载成功后单击应用列表，NLE_NB_DTU1.0 设置为自启动；

⑥ 断开设备（不断开的话后面配置有可能会产生串口冲突），退出下载软件。

图 5-1-9　NBDTU 串口连接界面

图 5-1-10　NBDTU 下载界面

下载完成后，单击“应用列表”按钮，右击程序名（本例为 NLE_NB_DTU1.0），设置程序为自启动，然后断开设备，退出下载程序界面，如图 5-1-11 所示。

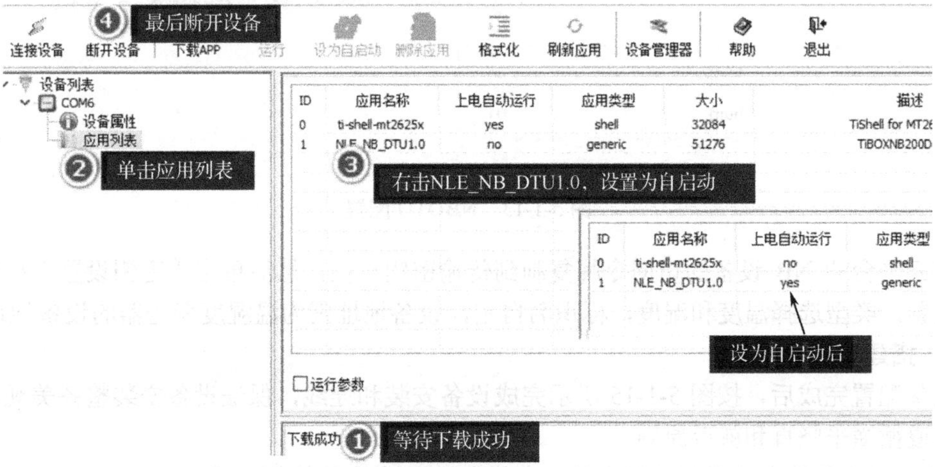


图 5-1-11　程序的自启动设置

**3．配置 NB-IoT 设备**

在配置 NB 设备的时候是需要配置传输密钥的，那么这个密钥是怎么来的呢？首先在云平台上添加一个 NB 设备（按默认方式添加，名称自定），添加完成后，复制 NB 设备的访问令牌，该访问令牌就是 NB 设备的传输密钥，如图 5-1-12 所示。

图 5-1-12　云平台上新增 NB 设备

打开 NBDTU 配置工具，选择正确的串口并打开，配置工具界面应提示串口打开成功，如图 5-1-13 所示，若无法成功打开串口，则先按住 NB 设备的 RESET 键不放，然后重新连接 USB 串口线到计算机，再松开 RESET 键即可。

图 5-1-13　NBDTU 配置

将云平台的 NB 设备的访问令牌复制到传输密钥一栏，然后单击“密钥设置”按钮。传感器设置：类型选择温度和湿度，标识名自定，设备地址则为温湿度变送器的设备地址。

**4．搭建硬件环境**

设备配置完成后，按图 5-1-15 所示完成设备安装和连线，保证设备安装整齐美观，设备安装需遵循横平竖直和就近原则。

NB-IoT 设备的安装需要确保设备中安装有 SIM 卡和连接好天线。

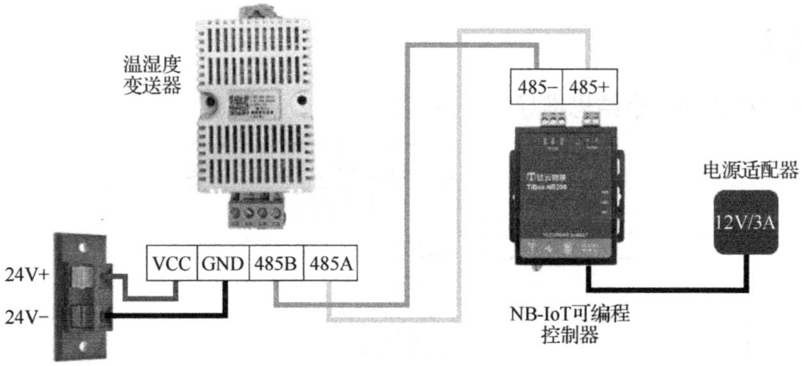


图 5-1-14　环境监测系统设备接线图

### 5．测试功能

为 NB-IoT 设备上电，正常状态下 NB 设备的 PWR 和 NET 灯常亮，LED 灯闪烁如图 5-1-15 所示。此时观察温湿度变送器，红色指示灯常亮，蓝色指示灯闪烁，如图 5-1-16 所示，说明数据传输正常。

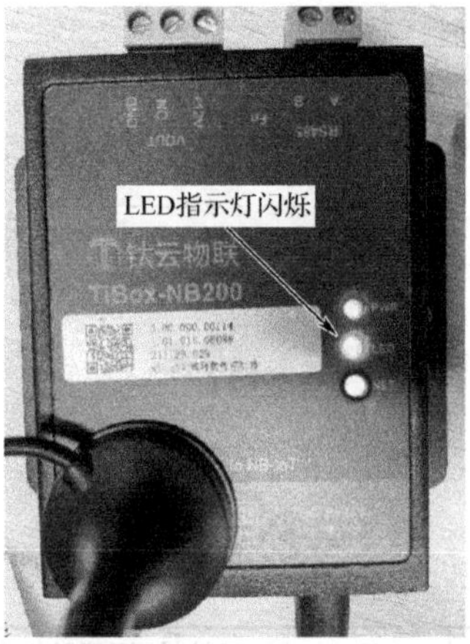


图 5-1-15　NB 设备指示灯

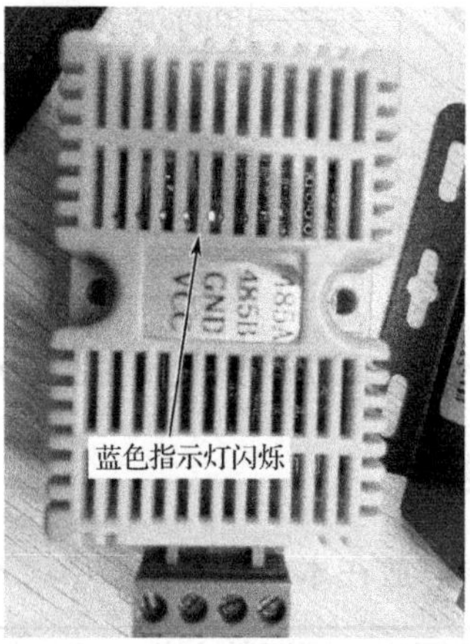


图 5-1-16　温湿度设备指示灯

云平台上单击“NB 设备”按钮，查看“最新遥测”，能实时获取温湿度变送器上传的数据，如图 5-1-17 所示。

图 5-1-17　云平台的 NB 数据展示

## 【任务小结】

本次任务的相关知识小结思维导图见图 5-1-18。

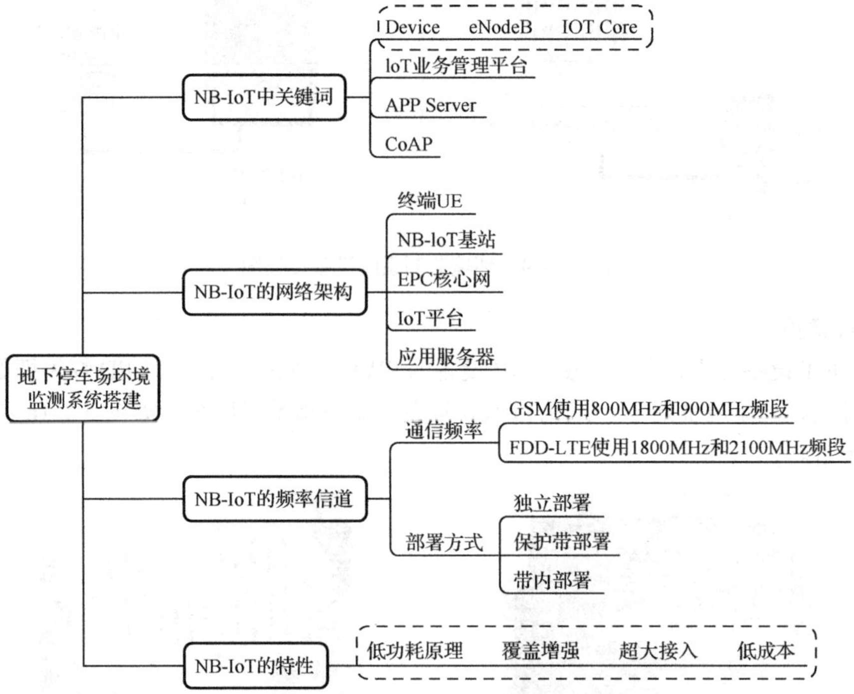


图 5-1-18　任务 1　智能地库环境系统环境搭建思维导图

## 【任务工单】

完整工单存放在本书配套资源中，不在书中体现。

| 项目 5：智慧园区—园区数字化监控系统安装与调试 | 任务 1：地下停车场环境监测系统搭建 |
|---|---|

**本次任务关键知识引导**

1．以下电气符号分别代表什么器件？

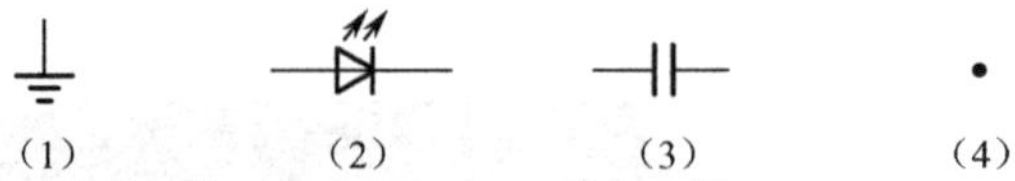


（1）是__________；（2）是__________；（3）是__________；（4）是__________。

2．NB-IoT 是（　　　　　　　　　　　　　　）技术。

3．LPWAN 是（　　　　　　　　　　　　　　）网。

4．主流的 LPWAN 技术分为两类：一类是工作在（　　　　　　）的技术；另一类是工作在（　　　　　　　）的技术。

5．NB-IoT 网络架构包括（　　　　　　　）、（　　　　　　　）、（　　　　　　　）、（　　　　　　　）、（　　　　　　　　）几部分。

6．NB-IoT 的部署方式，可以分为（　　　　　　　　）、（　　　　　　　　）、（　　　　　　）。

7．NB-IoT 的特征是（　　　　　　　　）、（　　　　　　　　）、（　　　　　　　　）、（　　　　　　　　）。

8．列举 NB-IoT 在智慧城市中的两个应用场景：（　　　　　　　　）、（　　　　　　　　）。

# 任务 2　门禁远程控制系统搭建

## 【职业能力目标】

- 能够搭建和配置 LoRa 设备进行组网通信。
- 能够完成物联网网关与 LoRa 的连接配置。

## 【任务描述与要求】

**任务描述**：为园区财产和人员安全，园区在关键的出入口通道都安装有门禁系统，一旦发生火情或要紧急疏散人群时，就需要人工逐个开启，效率极低，为提高门禁的管理效率，要求在监视平台上能够远程控制门禁开启。经研究选用 LoRa 技术进行远程无线通信。

**任务要求**：

- 按设备接线图要求正确完成设备的安装和连线。
- 完成对 LoRa 通信终端设备的正确配置。
- 完成云平台和物联网网关的配置，实现云平台远程控制设备。

## 【知识储备】

### 5.2.1　LoRa 无线通信技术

最近几年，市场对物联网应用的需求在不断增加，以及物联网相关技术的不断演进，物联网已经不单单满足于只提供短距离、窄覆盖的数据通信，其正在向远距离、广覆盖的方向不断发展。LoRa 无线通信技术正是在这种背景下应运而生的。自 2013 年 8 月 Semtech 先科公司发布以来，LoRa 无线通信技术便迅速获得了业界极大的关注。图 5-2-1 是 LoRa 协议的组成架构。

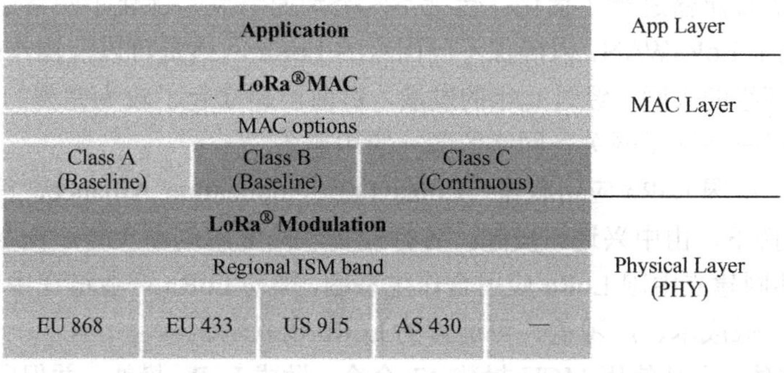


图 5-2-1　LoRa 协议的组成架构

LoRa 的信道带宽为 125kHz，这使其通信速率可达 0.3～50kbit/s。LoRa 采用的是线性扩频调制技术，链路预算为 157dB，既保持了 FSK 的低功耗特性，又增加了通信距离，提高了网络效率并消除了干扰。直线传输距离可达十几公里以上，信噪比在低于 20dB 的情况下仍可实现全解调。LoRa 是基于 sub-Ghz 频段的超长距离低功耗的数据传输技术。其灵敏度高达 -148dbm 与其他 sub-Ghz 通信方案相比，接收灵敏度提高了 20dB 以上。LoRa 无线网络技术的电源功耗极低，其工作电流只有几毫安，休眠状态下电流不到 200 纳安，这极大地增加了设备的工作时间，理论上一节五号电池可供通信模块工作超过十年。

LPWAN 可以分为授权频谱与非授权频谱两类。NB-IoT 属于授权频谱，LoRa、Nwave、SigFox 等属于非授权频谱。相比于授权频谱类，非授权频谱类具有频段免费、网络搭建灵活、可定制化、设备成本低、产品商业化速度快等特点。在运营模式上，SigFox 只能部署私有局域网络，应用数据厂商无法获得，而 LoRa 则可以让厂商掌握应用数据，因此获得了多数设备厂商的支持。在抗干扰能力方面，SigFox 所应用的频移键控技术决定了其仅能工作在环境杂讯水平（Noise Floor）之上，而 LoRa 的线性扩频技术则保证了其在杂讯位准以下也能有效通信。在未来物联网应用大量涌现的背景下，杂讯水平的不断升高会使 SigFox 受到严重干扰，因此 LoRa 在抗干扰方面也更具潜力。

**1. LoRa 的技术特点**

- 传输距离：城镇可达 2～5km，郊区可达 15km。
- 工作频率：ISM 频段包括 433MHz、868MHz、915MHz 等。
- 标准：IEEE 802.15.4g。
- 调制方式：基于扩频技术，线性调制扩频（CSS）的一个变种，具有前向纠错（FEC）能力，Semtech 公司自有专利技术。
- 容量：一个 LoRa 网关可以连接成千上万个 LoRa 节点。
- 电池寿命：长达 10 年。
- 安全：AES128 加密。
- 传输速率：几百到几十 Kbps，速率越低传输距离越长。
- 穿透性强：Lora 的穿墙能力比传统 FSK、GFSK 强，但受到外界因素的影响，这和模块的发射功率、墙的厚度等因素都有关系。

**2. LoRa 协议**

LoRa 最典型的协议就是 LoRaWAN 协议，此外，还有 CLAA 协议，以及 LoRa 数据透传。

LoRaWAN 协议：LoRaWAN 协议是由 LoRa 联盟推动的一种低功耗广域网协议，针对低成本、电池供电的传感器进行了优化，包括不同类别的节点，优化了网络延迟和电池寿命。LoRa 联盟标准化了 LoRaWAN，以确保不同国家的 LoRa 网络是可以互操作的。LoRaWAN 构建的是一个运营商级的大网。经过几年的发展，目前已建立起了较为完整的生态链：LoRa 芯片→模组→传感器→基站或网关→网络服务→应用服务。

CLAA 协议：中国 LoRa 应用联盟（China Lora Application Alliance，简称 CLAA）是在 LoRa Alliance 支持下，由中兴通讯发起，各行业物联网应用创新主体广泛参与、合作共建的技术联盟，旨在共同建立中国 LoRa 应用合作生态圈，推动 LoRa 产业链在中国的应用和发展，建设多业务共享、低成本、广覆盖、可运营的 LoRa 物联网。

LoRa 数据透传：产品使用 MCU 封装 AT 命令，做成 LoRa 模块，并保留 RS232/485 等接口，将 LoRa 用于简单的数据传输应用。透传模式下数据的传输过程不影响数据的内容，所发即所传，透明传输模式的优势在于可实现两个 LoRa 数传终端即插即用，无需任何数据传输协议。

## 5.2.2　LoRaWAN 通信技术架构

LoRa 应用中组网方式非常多，且很多供应商根据需求制定了相应的协议（网络层和应用层），根据是否支持 LoRaWAN 协议可以分为 LoRaWAN 协议网络和私有协议网络两大类。LoRaWAN 是 LoRa 联盟推广的统一协议，也是唯一一个全球达成共识的且联盟成员一致推广的 LoRa 协议。

在中国的 LoRa 生态中有大量的用户使用私有协议，而在欧美等发达国家的 LoRa 市场上绝大多数是 LoRaWAN 协议，这与 LoRa 推广初期不同地区的国情相关。LoRa 技术诞生在欧洲，当市场认识到 LoRa 技术的优势后，发现 LPWAN 会是一个非常大的市场，且 LoRa 技术推动 LPWAN 的应用是绝佳的机会。此时最激动的是欧洲的电信运营商，这些运营商与 Semtech 一起建立 LoRa 联盟，并且朝着物联网运营商全覆盖的目标努力。当 LoRaWAN 技术来到中国后，没有一家国内的运营商愿意按照 4G、5G 的模式布 LoRaWAN 网。但是中国涌现出众多的行业公司发现 LoRa 调制可以解决原来无线技术无法实现的功能和应用。这些公司纷纷把 LoRa 技术整合到其系统中，而国内的这些公司为了方便和快速上线 LoRa 产品，网络结构甚至系统架构都保持原样，只是使用 LoRa 替代原来的通信芯片，只做了物理层的升级。由于原有的这些应用没有统一的行业协议标准，所以至今国内多数的 LoRa 应用依然是私有协议。随后，大家逐渐发现使用统一协议的好处，越来越多的人加入 LoRaWAN 产品的开发中。随着 LoRaWAN 的推广和协议更新，其市场影响力也不断扩大，市场占有率不断攀升。

**1. LoRaWAN 无线通信组成结构**

LoRaWAN 网络的系统由 4 部分组成，分别是终端节点（End Nodes）、网关（Gateway）、网络服务器（Network Server）、应用服务器（Application Server），如图 5-2-2 所示。

其中，终端节点也叫终端设备（End Device）、传感器（Sensor）或者节点（Nodes）；网关也可以叫集中器（Concentrator）或者基站（Base Station）。由于 LoRaWAN 应用于物联网中，所以服务和连接的对象是终端节点。而 LoRaWAN 网络中的网关与网络服务器之间的连接方式采用 3G/4G 等移动通信网络或以太网网线连接的方式。

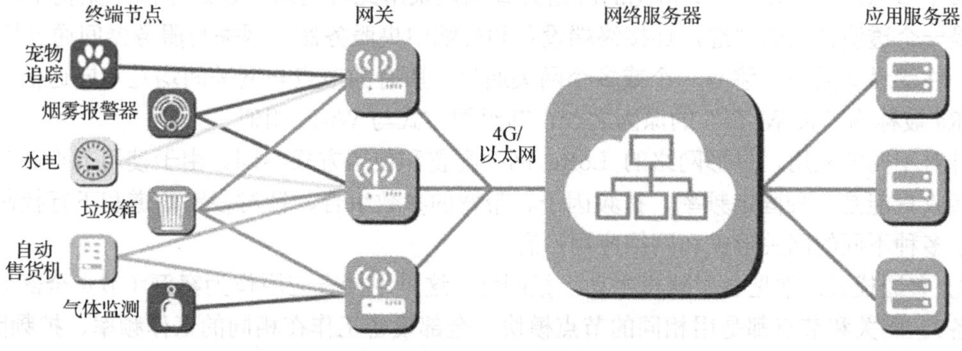


图 5-2-2　LoRaWAN 网络的系统组成

根据应用和服务不同，LoRaWAN 网络系统需要应用服务器的支持，它是 LoRaWAN 系统组成的必要部分，而在移动通信网络中并非必要组成项。这是因为 LoRaWAN 的节点一定是为了满足某种业务而存在的，几乎不存在没有服务业务而挂在网上的情况。这个情况与移动通信网络不同，移动通信服务的目的是让用户一直连接在网络上，对于运行什么业务并不关心。这也是物联网的网络系统与移动通信网系统的重要差别之一。

特别注意：LoRaWAN 中网关只是透传，加解密由节点和服务分别完成，如图 5-2-3 所示为 LoRaWAN 通信数据加解密过程。

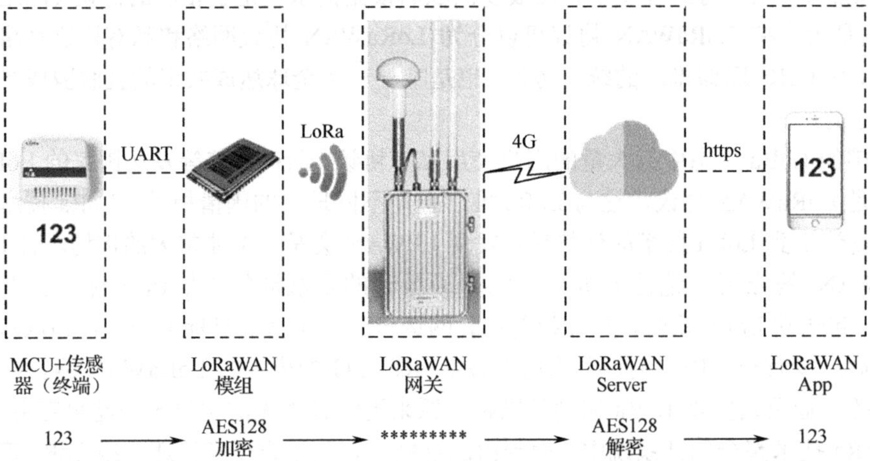


图 5-2-3 LoRaWAN 通信数据加解密过程

在 LoRaWAN 网络中，终端节点通过 LoRa 无线通信与网关连接，网关通过现有的有线/无线网络（以太网/蜂窝网）与网络服务器连接，网络服务器再通过以太网与应用服务器连接。一次通信过程可以由终端节点发起或由应用服务器发起，网关和网络服务器只是完成透传和网络管理的工作，与业务没有直接关系。LoRaWAN 网关只是不断接收节点发来的数据并传给网络服务器，而网络服务器会整理数据发往应用服务器；应用服务器收到节点的业务数据后，响应应答指令发往网络服务器，网络服务器管理网关下发命令到达原业务节点。

**2．LoRaWAN 组网结构**

星形拓扑网络是最常见的拓扑网络结构，比如 Wi-Fi 是最典型的星形结构。如图 5-2-4 所示星状结构的中心为网关，其他的连接都为节点（也叫作终端节点、终端设备或传感器），网关与每个节点通信。LoRa 最常见的应用方式也是采用此种网络，在这个网络架构中，LoRa 网关是一个透明传输的中继，连接终端设备和后端中央服务器；网关与服务器间通过标准 IP 连接，终端设备采用单跳与一个或多个网关通信；所有的节点与网关间均是双向通信。这也是 LoRa 被称为“长 Wi-Fi”的原因之一，其组网方式与 Wi-Fi 相似。

针对不同的应用，星形网络的 LoRa 网关配置和使用方式不同。由于使用节点芯片，网关的接收只能是一种固定频率、扩频因子、带宽的参数组合，针对多路信道和下行控制，衍生出了多种不同的网关形式和网络应用形态。

① 普通模式：常见小型随机主动上报网络，这里用抄表应用作为案例（节点全部为低功耗设备）。网关和节点都是用相同的节点模块，全部设备工作在相同的工作频率、扩频因子、带宽参数。网关的工作状态是一直打开接收通道，等待节点的 LoRa 数据。节点内部有两种唤醒功能：一种是触发唤醒；另一种是定时唤醒。触发唤醒是当有事件发生时，中断唤醒 MCU；定时唤醒是其内部有一个定时器，每隔一段时间 MCU 自动唤醒。一个节点 MCU 唤醒后会读取传感器的数据，然后将这个数据通过 LoRa 发射出信号，并打开接收窗口等待网关应答。网

关收到数据后会下行应答一个确认信号，该节点收到下行确认信号后，继续进入休眠状态，若未收到下行确认信号，则会重发该数据包。网关收到上行信号后还可以在下行确认数据中加入一些控制命令。比如一个带有闸门功能的 LoRa 气表上报的数据显示当前气表在漏气，网关可以在下行命令中加入关闸的指令，该气表收到指令后会关闭闸门。但是这些下行命令不是任何时间发送都有效果的，必须在收到对应节点设备的上行数据后，节点打开接收窗口时间内才有效。

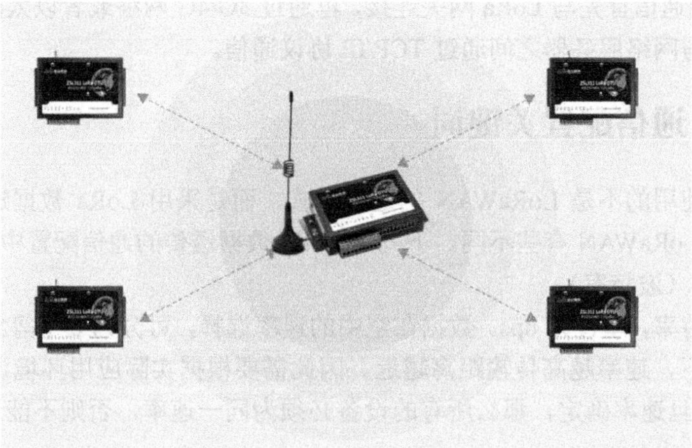

图 5-2-4　Lora 星形拓扑结构

② 定时问询模式：跟普通模式很相似。在该系统中，全部设备工作在相同的频率、扩频因子、带宽参数。网络建立时，网关给每个节点都分配一个序号以及当前的系统标准时间（节点时钟保证与网关相同）。入网后节点就会进入休眠状态，其内部计时器启动，计时的长短是由网关管理的。计时器唤醒 MCU 后打开接收窗口，等待网关的命令。定时问询模式下的网关不再像普通模式需要一直打开接收窗口，而是主动发送下行命令，根据其 MCU 内部的时间表，分别在准确的时间与每一个节点进行通信。其通信内容包括被叫节点编号、命令操作、时钟时间校准。当节点收到这些数据后会执行命令操作，并校准自己的时钟进入休眠状态，准备下一次唤醒。

## 5.2.3　LoRaWAN 通信终端类型

LoRaWAN 网络根据实际应用的不同，把终端设备划分成基础类别 Class A 和可选功能类别 Class B、Class C。

① Class A（双向传输终端）：Class A 的终端在每次上行后都会紧跟两个短暂的下行接收窗口，以此实现双向传输。终端基于自身通信需求来安排传输时隙，在随机时间的基础上具有较小的变化（属于随机多址 ALOHA 协议）。这种 Class A 操作为应用提供了最低功耗的终端系统，只要求应用在终端上行传输后的很短时间内进行服务器的下行传输。服务器在其他任何时间进行的下行传输都需要等待终端的下一次上行。通常用于低功耗的物联网设备，如水表、气表、烟感、门磁等多种传感器。

② Class B（支持下行时隙调度的双向终端）：Class B 的终端会有更多的接收时隙。除了 Class A 的随机接收窗口，Class B 设备还会在指定时间打开另外的接收窗口。为了让终端可以在指定时间打开接收窗口，终端需要从网关接收时间同步的信标（Beacon）。这使得服务器可

以知道终端何时处于监听状态。一般应用于下行控制且有低功耗需求的场景，如水闸、气闸、门锁等。

③ Class C（最大接收时隙的双向终端设备）：Class C 的终端一直打开着接收窗口，只在发送时短暂关闭。Class C 的终端会比 Class A 和 Class B 更加耗电，但同时从服务器下发给终端的时延也是最短的。一般 Class C 用于长带电的场景，比如电表、路灯等。

LoRa 的终端节点可以是各种设备，比如水表气表、烟雾报警器、宠物跟踪器等。这些节点通过 LoRa 无线通信首先与 LoRa 网关连接，再通过 3G/4G 网络或者以太网络，连接到网络服务器中。网关与网络服务器之间通过 TCP/IP 协议通信。

### 5.2.4 LoRa 通信配置关键词

本次任务中使用的不是 LoRaWAN 的通信方式，而是采用 LoRa 数据透传的方式，这种情况下的配置和 LoRaWAN 有些不同。下列是 LoRa 数据透传的通信配置中常涉及的关键词。

**1. 空中速率（波特率）**

也叫空中波特率，单位为 bps。数据在空中的速率选择，可分为 6 个等级，等级越高速率越高，相同条件下，速率越高传输距离越近。因此需要根据实际应用环境调整此值。同一个 LoRa 网络下，一旦速率确定，那么所有的设备必须为同一速率，否则不能通信。

**2. 工作协议**

LoRa 模块的串口数据协议，可分为 PRO 和 TRNS。

- TRNS：数据透传，此时需要配置透传地地址，即目的地址。
- PRO：串口数据必须以一定的数据格式进行发送和接收。

一般使用透传模式进行数据传输。

**3. 工作频率 Radio Frequency（RF）**

LoRa 模块数据传输的工作频率，也可称为信道。同一个 LoRa 网络下的设备使用相同的频率，否则不能相互接收数据。不同的硬件模块可工作的频段不同，大致分为低频段（525MHz 以下）和高频段（525MHz 以上）两类；典型的工作频段为 410M～441MHz，一般使用 433MHz；470M～510MHz，一般使用 433MHz 和 470MHz；850～950MHz，一般使用 868MHz。不同应用地区有不同的频段限制，以及不同信道的干扰因素，误码率不同，因此需要根据实际情况调整此值。

有些 LoRa 设备的工作频段有禁用频点，即通信性能极差的频率，一般避开 1MHz 以上：401～510MHz（有禁用频点 416MHz、448MHz、450MHz、480MHz、485MHz）。

**4. 网络 ID**

网络 ID（NetID）是网络服务器 NS 的一个参数，可以简单理解成 NS 的 ID，在同一个 LoRa 网络下，所有设备使用相同的网络 ID。

**5. 设备地址**

终端节点在每次的数据交互过程中，无线数据必须包括设备的节点地址 DevAddr，一个中心设备最多支持 255 个终端设备，即设备地址是 1～255，同一个 LoRa 网络中不能出现两个相同的 DevAddr。

所以，综上所述，同一个 LoRa 网络的设备具有相同的工作频率、网络 ID、波特率，不同的设备端地址。

## 【任务实施】

任务实施前必须先准备好以下设备和资源。

| 序　号 | 设备/资源名称 | 数　量 | 是否准备到位（√） |
|---|---|---|---|
| 1 | LoRa 通信终端 | 2 个 | |
| 2 | 4150 数字量采集控制器 | 1 个 | |
| 3 | 物联网中心网关 | 1 个 | |
| 4 | 路由器 | 1 个 | |
| 5 | 风扇 | 1 个 | 代替门禁使用 |
| 6 | 继电器 | 1 个 | |
| 7 | RS232 转 RS485 转换器 | 1 个 | |
| 8 | USB 转 RS232 线 | 1 条 | |

本次任务使用到的 LoRa 通信终端设备说明如图 5-2-5 所示。

① 电源接口：采用 DC 12V/1A。

② 通信方式：支持 LoRa、RS485 通信。

③ RS485 通信口：采用透传方式，无线配置。

④ 工作频段：401～510MHz（禁用频点 416MHz、448MHz、450MHz、480MHz、485MHz）。

⑤ 无线发射功率：可达 5km@250bps（测试环境下）。

### 1．搭建 LoRa 通信终端配置环境

两个 LoRa 通信终端的配置连线方式是一样的，用串口线连接计算机和 LoRa 终端的 RS485 接口，如图 5-2-6 所示。

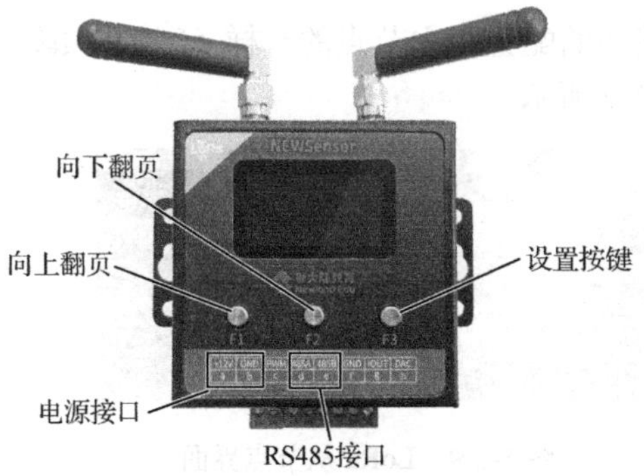


图 5-2-5　LoRa 设备组件

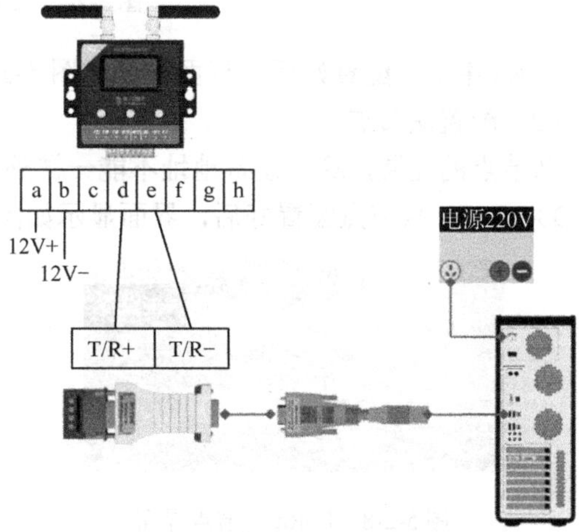


图 5-2-6　LoRa 通信终端硬件连接

### 2．配置 LoRa 通信终端

（1）配置主节点

LoRa 终端上电后按 F3 键切换至配置模式。

在计算机上打开 NEWSensor 配置工具，选择对应串口，勾选“透传模式”，“设备地址”

设置为 1，“LoRa 频段”设置为 4301，“网络 ID”设置为 199，依次单击进行设置，如图 5-2-7 所示。

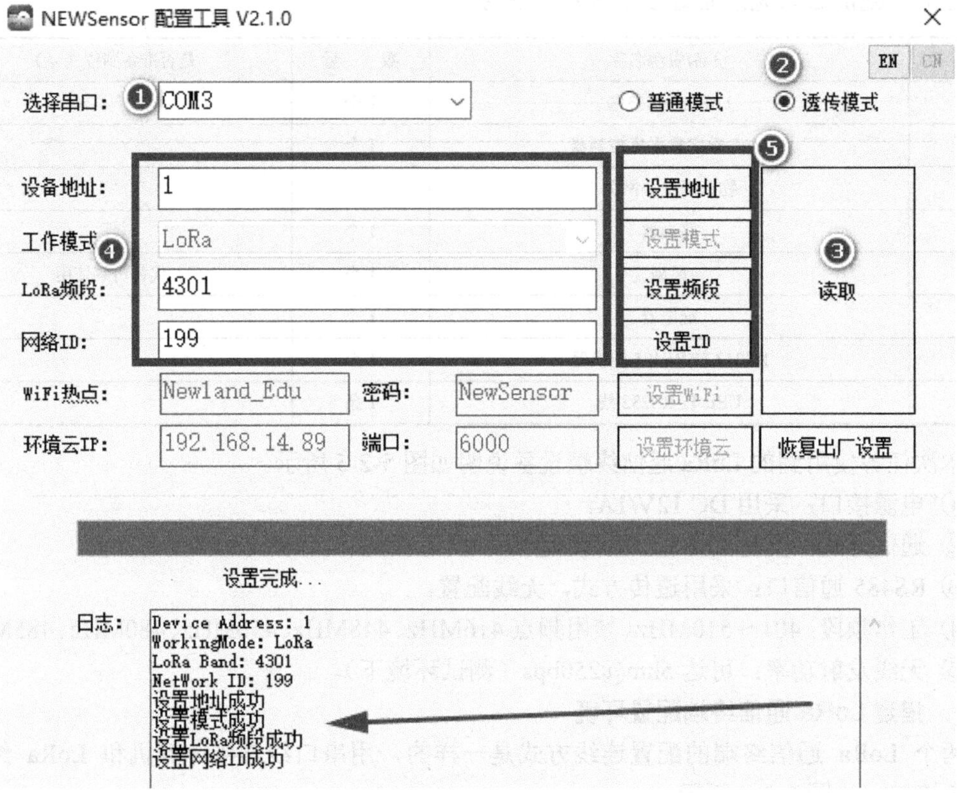


图 5-2-7　LoRa 模块配置

LoRa 主节点配置好后，界面显示如图 5-2-8 所示，

（2）配置从节点

从节点的配置，除了设备地址不能一样外，其他的配置和主节点的一样（LoRa 频段、网络 ID）。LoRa 从节点配置好后，界面显示如图 5-2-9 所示。

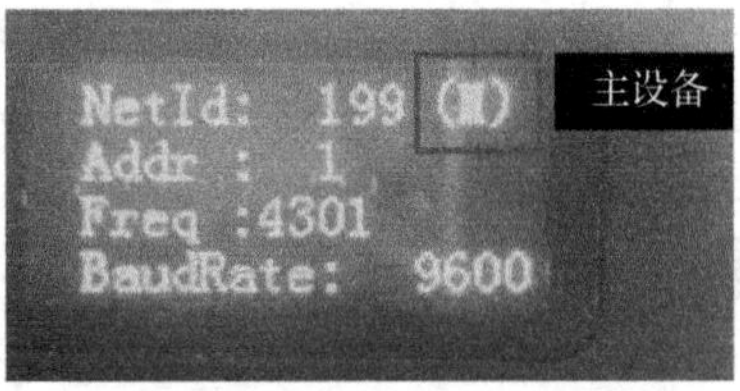


图 5-2-8　LoRa 主节点界面

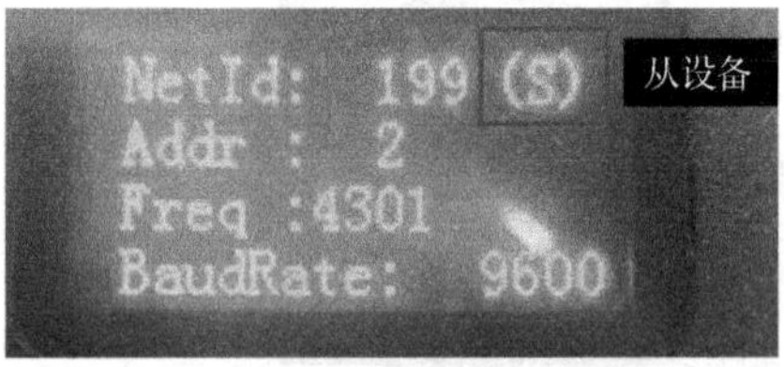


图 5-2-9　LoRa 从节点界面

**3．搭建硬件环境**

设备配置完成后，认真识读图 5-2-10 所示的设备接线图，在本项目任务 1 的基础上继续完成下列设备的安装和连线，保证设备连线正确，本次任务使用风扇设备代替门锁进行实验。

**4．配置物联网中心网关**

正确配置计算机 IP 地址和路由器 IP 地址，并使用浏览器登入物联网中心网关配置界面。

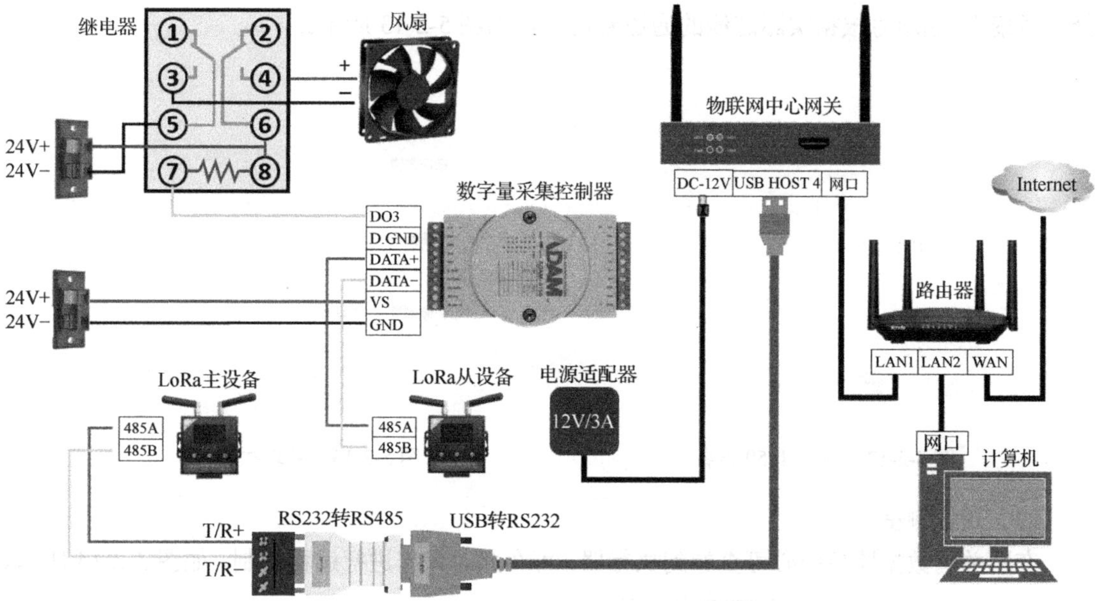


图 5-2-10　门禁远程控制系统接线图

（1）配置连接器

在物联网网关配置界面，选择新增连接器，连接器名称自定，“连接器设备类型”选择“Modbus over Serial”，“设备接入方式”选择“串口接入”（LoRa 主设备接物联网网关的串口），“波特率”选择 9600，“串口名称”选择“/dev/ttySUSB4”，如图 5-2-11 所示。

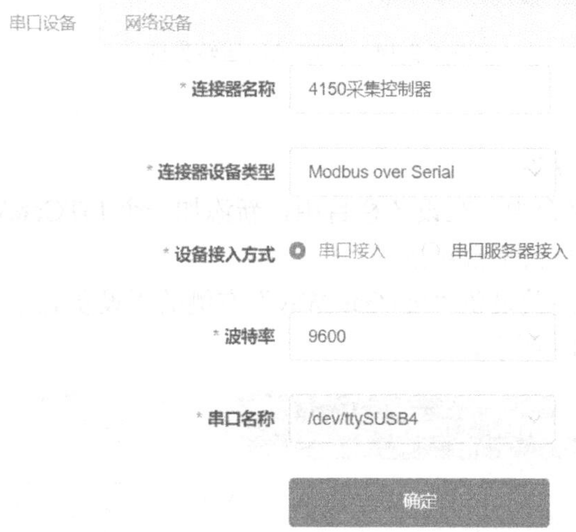


图 5-2-11　配置连接器

（2）新增 4150 设备

在连接器中选择新增的 4150 采集控制器，然后选择新增设备，设备名称自定（本例为 4150 设备），“设备类型”选择 4150，“设备地址”为 4150 的设备地址（本例为 1），最后单击“确定”按钮完成 4150 设备的添加，如图 5-2-12 所示。

在 4150 数字量采集控制器下新增执行器，如风扇，名称和标识自定义，“传感类型”选择“风扇”，通道号根据实际连线的通道号而定，如图 5-2-13 所示。

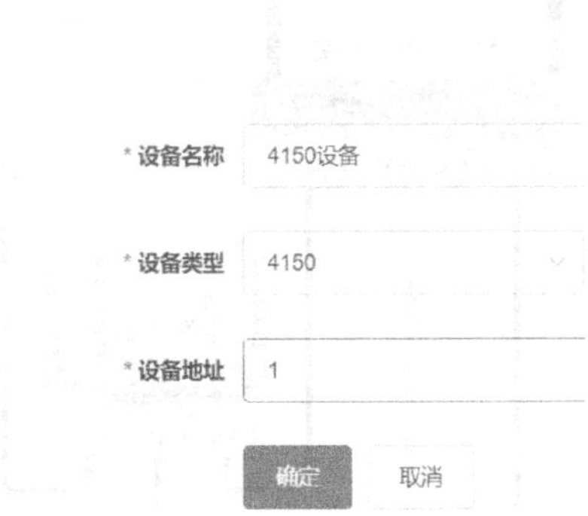


图 5-2-12　新增 4150 设备

图 5-2-13　新增执行器

（3）功能测试

在网关的数据监控中心可查看到执行器，可在此对风扇进行远程控制，如图 5-2-14 所示。

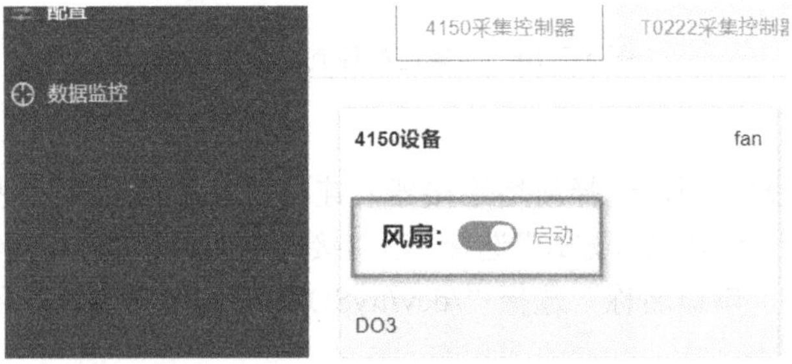


图 5-2-14　控制风扇运转界面

### 5. 配置云平台

（1）创建物联网网关设备

进入 Thingsboard 云平台中，在设备栏目中，新添加一个 IoTGateWay 物联网网关设备。

（2）配置物联网网关与云平台对接

单击创建好的物联网网关设备“IoTGateWay”右侧的“设备凭据”图标，复制设备凭据中的访问令牌，如图 5-2-15 所示。

图 5-2-15　复制访问令牌

将所复制的访问令牌粘贴到物联网网关配置界面中的 TBClient 连接方式中，如图 5-2-16 所示。

图 5-2-16　物联网网关令牌配置

至此，完成了物联网网关设备与 ThingsBoard 云平台的对接。刷新 ThingsBoard 云平台上的设备列表，可以看到物联网网关中的风扇设备也显示在设备列表中，如图 5-2-17 所示。

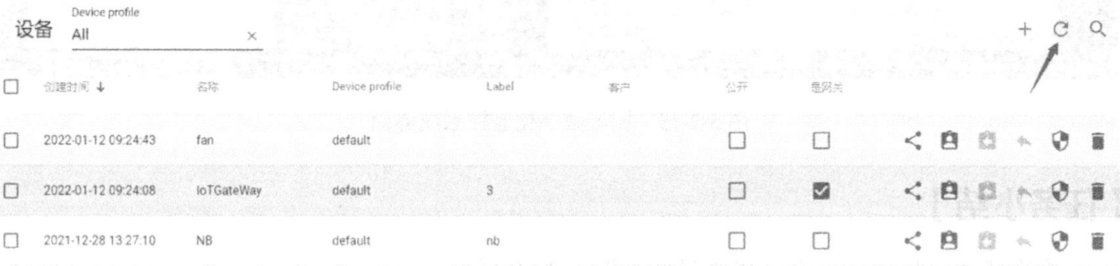


图 5-2-17　刷新设备列表

### 6. 导入云平台仪表板

单击左侧仪表板库栏目，在仪表板库中，单击“+”按钮，选择导入仪表板功能，将教材配套资源中的“园区数字化监控系统.json”导入到仪表板中，如图 5-2-18 所示为导入后的仪表板。

图 5-2-18　导入后的仪表板界面

### 7. 测试功能

打开“园区数字化监控系统”仪表板，在该界面中可以看到本项目中所有设备的工作情况，如图 5-2-19 所示。

如果数据无法显示，需要重新对“实体别名”进行配置操作。

- 温湿度变化曲线图：可以形象地呈现出本项目任务一中温湿度的历史波动情况。
- 温度：表示任务一中温湿度变送器当前检测到的温度值。
- 湿度：表示任务一中温湿度变送器当前检测到的湿度值。
- 风扇开关（门禁）：可以通过按钮实现远程控制风扇的开与关。
- 路灯开关：是本项目任务三中的设备，目前还没完成，所以无法显示。

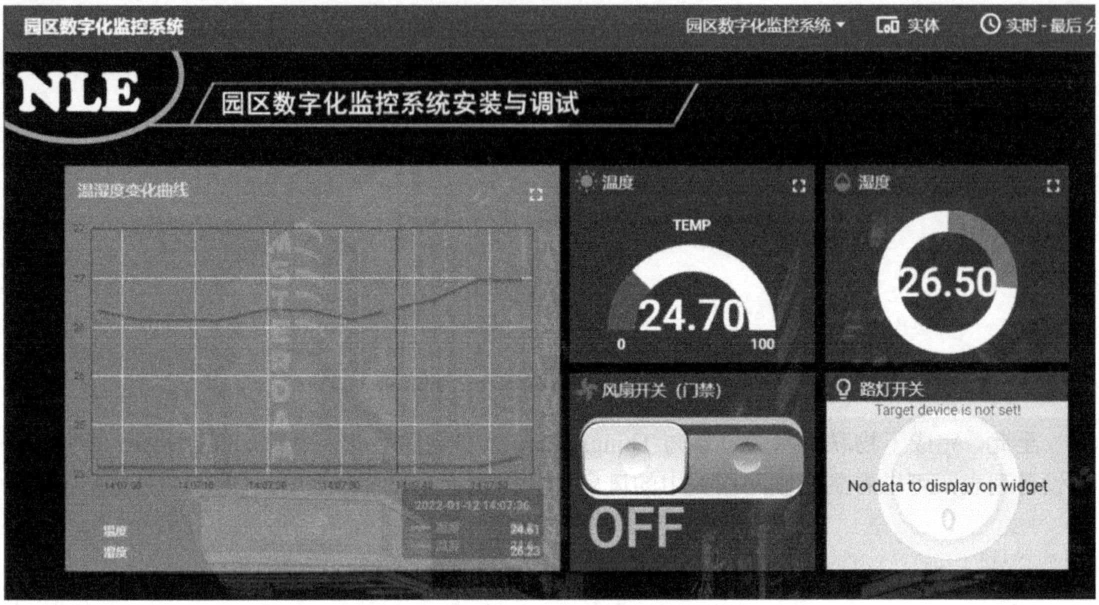


图 5-2-19　园区数字化监控系统界面

## 【任务小结】

本次任务的相关知识小结思维导图如图 5-2-20 所示。

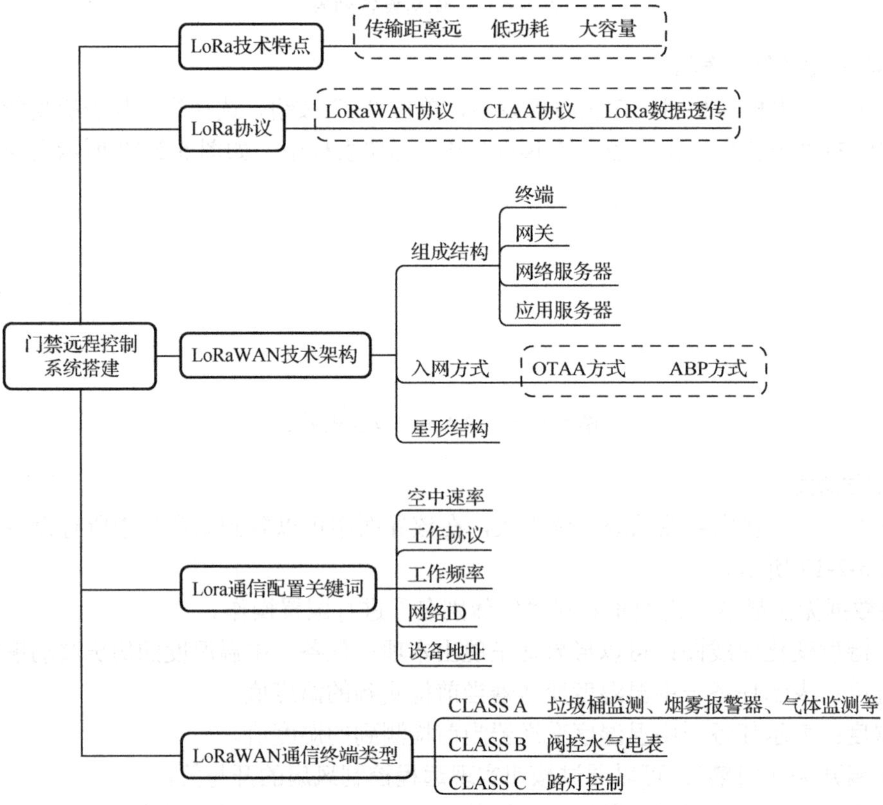


图 5-2-20　任务 2 门禁远程控制系统搭建思维导图

## 【任务工单】

完整工单存放在本书配套资源中，不在书中体现。

| 项目 5：智慧园区—园区数字化监控系统安装与调试 | 任务 2：门禁远程控制系统搭建 |
|---|---|
| （一）本次任务关键知识引导<br>1．LoRa 无线通信技术是由（　　　　　）公司发布的。<br>2．LoRa 在市区城镇内通信时可达（　　　）km 及以上，在郊区可达（　　　）km。<br>3．Lora 协议的工作频率包括（　　　　）、（　　　　　）和（　　　　）。<br>4．一个 LoRa 网关可以连接（　　　　　　　　）个 LoRa 节点。<br>5．Lora 协议包括（　　　　）、（　　　　　）和（　　　　）。<br>6．唯一一个全球达成共识的且联盟成员一致推广的 LoRa 协议是（　　　　）。<br>7．LoRaWAN 网络的系统由 4 部分组成，分别是（　　　　　）、（　　　　　）、（　　　　　）和（　　　　）。<br>8．列举两个 LoRa 通信技术的应用场景：（　　　　　）和（　　　　　）。 | |

# 任务 3　智能路灯控制系统搭建

## 【职业能力目标】

- 能够搭建和配置 ZigBee 无线通信网络。
- 会使用配置工具配置 ZigBee 终端。

## 【任务描述与要求】

**任务描述：**项目要求对路灯控制进行改造，要求在原有路灯的基础上加装远程控制功能。响应国家节能环保政策，实现按需照明、节约照明。经过研究，园区路灯较多，而且相隔较近，采用 ZigBee 无线通信技术最为合适。

**任务要求：**

- 按设备接线图正确完成设备的安装和连线。
- 完成对 ZigBee 通信终端设备的正确配置。
- 完成云平台和物联网网关的配置，实现通过云平台远程控制设备。

## 【知识储备】

### 5.3.1　ZigBee 无线通信技术基础知识

#### 1．ZigBee 无线通信技术概述

ZigBee 是基于 IEEE802.15.4 标准的低功耗个域网协议，图 5-3-1 为 ZigBee 的应用场景。根据这个协议规定，该技术是一种短距离、低功耗的无线通信技术。这一名称来源于蜜蜂的

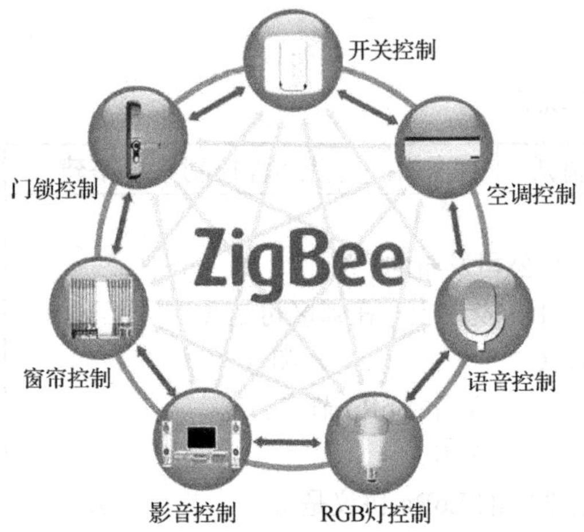


图 5-3-1　ZigBee 技术的应用场景

八字舞，由于蜜蜂（bee）是靠飞翔和“嗡嗡”（zig）地抖动翅膀的“舞蹈”来向同伴传递花粉所在方位信息，也就是说蜜蜂依靠这样的方式构成了群体中的通信网络。其特点是近距离、低复杂度、自组织、低功耗、高数据速率，主要适用于自动控制和远程控制领域，可以嵌入各种设备。简而言之，ZigBee 就是一种便宜的、低功耗的近距离无线组网通信技术。

### 2. ZigBee 节点类型

ZigBee 节点是采用 ZigBee 协议栈进行通信的节点。ZigBee 节点通常可以分为三类，包括 ZigBee 协调节点、ZigBee 路由节点和 ZigBee 终端节点。在一个 ZigBee 网络中，这三种节点必须存在。

ZigBee 协调节点：管理整个 ZigBee 网络，而且在通常情况下也仅有一个这样的协调节点。协调节点负责建立网络。在这个过程中，它选择网络中用于不同终端节点设备通信的通道。同时，ZigBee 的协调节点往往还作为网络安全控制的信任中心。首先，协调节点有权限允许其他设备加入或离开网络并跟踪所有终端节点和路由节点。其次，协调节点还将配置并实现设备节点之间的端到端安全性。最后，协调节点将负责存储并分发其他节点的密钥。在 ZigBee 网络中，协调中心不能休眠并需要保持持续供电。

ZigBee 路由节点：在 ZigBee 网络中扮演着协调节点和终端节点之间的中间人角色。路由节点需要首先通过协调节点的准许加入网络，然后开始进行协调节点和设备节点间的路由工作。该工作包括了路径的建立和数据的转发。路由节点同样具有允许其他路由和终端节点加入网络的权限。最后，和协调节点类似，在加入网络之后，路由节点也不能休眠直到该节点退出 ZigBee 网络。

ZigBee 终端节点：是 ZigBee 网络中最简单且基本的设备，而且通常情况下 ZigBee 终端节点往往是低功率低能耗的，如运动传感器、温度传感器、智能灯泡等。终端节点设备必须首先加入网络才能与其他设备通信。但是，与协调节点和路由节点不同，终端节点设备不会路由任何数据，也没有权限允许其他设备加入网络。由于无法中继来自其他设备的消息，因此终端节点只能通过其父节点（通常是路由节点）在网络内进行通信。同时，与其他两种类型的节点不同，终端节点可以进入低功耗模式并进入休眠状态以节省功耗。

### 3. ZigBee 组网过程

组建一个完整的 ZigBee 网络包括两个步骤：网络初始化、节点加入网络。其中节点加入网络又包括两个步骤：通过协调器连接入网和通过已有父节点入网。

ZigBee 网络的建立是由网络协调器发起的，任何一个 ZigBee 节点要组建一个网络必须满足以下两点要求：节点是全功能设备节点，具备 ZigBee 协调器的能力；节点还没有与其他网络连接。当节点已经与其他网络连接时，此节点只能作为该网络的子节点，因为一个 ZigBee 网络中有且只有一个网络协调器。

网络初始化流程：确定网络协调器，进行信道扫描过程，设置网络 ID。这些步骤完成后，就成功初始化了 ZigBee 网络，之后就等待其他节点的加入。

节点通过协调器加入网络，当协调器确定之后，节点首先需要和协调器建立连接加入网络。为了建立连接，全功能设备节点需要向协调器提出请求，协调器接收到节点的连接请求后根据情况决定是否允许其连接，然后对请求连接的节点做出响应。节点与协调器建立连接后，才能实现数据的收发。

节点加入网络的具体流程可归纳为：查找网络协调器、发送关联请求命令、等待协调器处理、发送数据请求命令/回复。

在 ZigBee 中通常有三种网络拓扑结构，即星状、网状和树状，如图 5-3-2 所示。

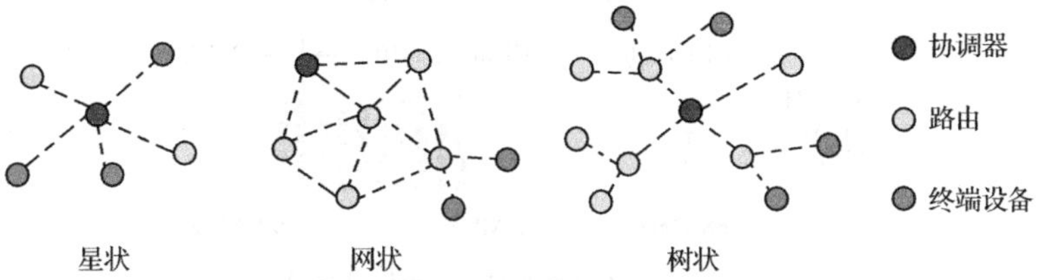


图 5-3-2　ZigBee 网络拓扑

星状拓扑是最简单的一种拓扑结构。在 ZigBee 中，星状拓扑包含了一个协调节点和多个终端节点。这些终端节点直接且仅和位于网络中心的协调节点相连进行通信。而两两终端节点需要进行通信时，由协调节点进行转发。

树状拓扑包含了一个协调节点和多个路由节点及终端节点。协调节点和多个路由节点及终端节点相连，即协调节点作为这些路由节点和终端节点的父节点。同时，每个路由节点还可以连接其他的路由节点或者终端节点作为其子节点。需要说明的是，终端节点只能作为子节点而不能作为父节点。在树状结构中两个节点需要进行通信时，该终端的消息会沿路径树向上传至目标通信节点共同的父节点再转发至目标通信节点。

网状拓扑和树状拓扑类似，也包含了一个协调节点和多个路由节点及终端节点。与树状节点不同的是，路由节点间可以相互直接通信，这样就组成了网络状的拓扑结构。在传送消息时，协调节点和路由节点共同为待通信的两个节点规划最优的路径。网络拓扑的优点是路由更加灵活且优化，同时整体网络的鲁棒性增强。这是由于即使个别节点出现问题不能工作，还可以选择其他路径来保证通信完成。

## 5.3.2　ZigBee 组网参数

### 1. CHANNEL

CHANNEL 是指 ZigBee 的工作信道。ZigBee 通信使用的是免执照的工业科学医疗（ISM）频段，其支持 3 个频段通信，分别为：868MHz（欧洲）、915MHz（美洲）、2.4GHz（全球）。ZigBee 在这 3 个频段中定义了 27 个物理信道，其中，868MHz 频段定义了 1 个信道，915MHz 频段附近定义了 10 个信道，信道间隔为 2MHz，2.4GHz 频段定义了 16 个信道，信道间隔为 5MHz，如图 5-3-3 所示。

在我国通常支持的免费频段是 2.4GHz，而 ZigBee 信道中属于 2.4GHz 频段的信道号是 11～26。因此，在配置 ZigBee 终端的时候，通常信道号（也叫 CHANNEL）只能选择 11～26 的值。

由于 ZigBee、Wi-Fi 和 Bluetooth 都使用 2.4GHz 频段，因此会存在信道分布部分重合的问题。重合之后，彼此就会有很大干扰，模块会根据环境自动选择最优信道。在中国 Wi-Fi

常用的信道为 1、6、11，故 ZigBee 优选信道为 11、15、20、25、26。蓝牙基本不会冲突；无线电话尽量不与 ZigBee 同时使用。

两个 ZigBee 通信终端要互相通信，必须保证信道号是一样的。

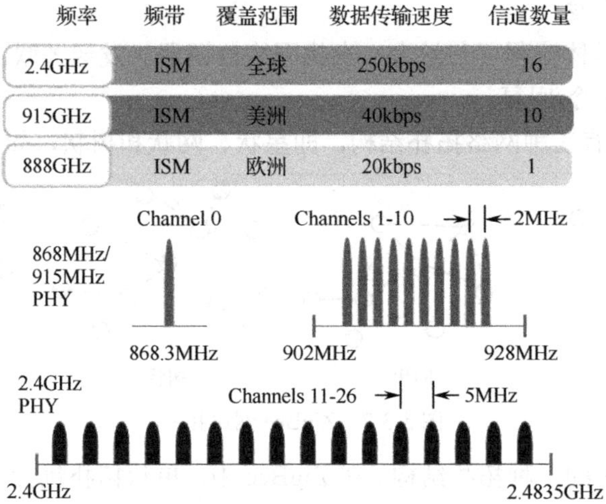


图 5-3-3　ZigBee 信道在不同频段上的分布

## 2. PAN ID

当一个环境中存在多个 ZigBee 网络时，16 个信道可能就不够用了，如果两个网络设置在同一个默认信道，就有可能 A 的终端加到 B 的网络中去。解决这个问题的方法是使用 PAN ID 给网络编号。如图 5-3-4 所示，为同一信道下的不同 PAN ID 组网情况。

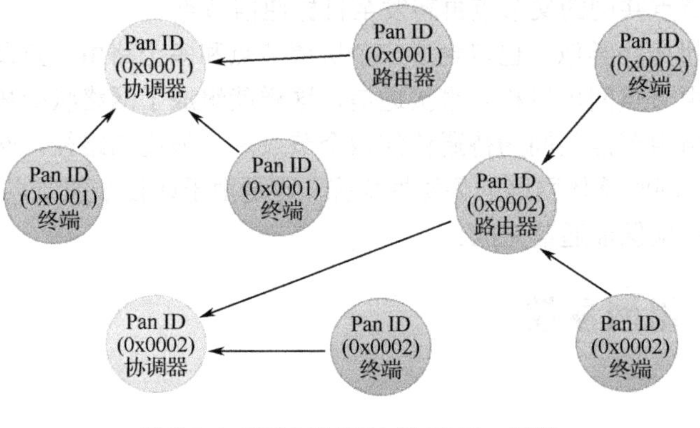


图 5-3-4　不同 PAN ID 的 ZigBee 网络

PAN 的全称为 Personal Area Networks，即个域网。每个个域网都有一个独立的 ID 号，即 PAN ID；整个个域网中的所有设备共享同一个 PAN ID。ZigBee 设备的 PAN ID 可以通过程序预先指定，也可以在设备运行期间自动加入一个附近的 PAN 中。每个 ZigBee 网络只允许有一个 ZigBee 协调器，协调器在上电启动后扫描现存网络的环境，选择信道和网络标识符，然后启动网络。

PAN ID 由 4 位 16 进制数组成，可选数值范围为 0x0000～0xFFFF，其中 0xFFFF 比较特殊，如果协调器的 PAN ID 为 0xFFFF 时，则协调器会随机产生一个值作为自己的 PAN ID；如果路由器和终端设备的 PAN ID 配置为 0xFFFF 时，则会在自己的默认信道上随机选择一个网络加入，加入之后协调器的 PAN ID 即为自己的 PAN ID。

### 3．ZigBee 设备的地址

ZigBee 有两种类型的地址：一种是 64 位 IEEE 地址，即 MAC 地址；另一种是 16 位的网络地址。

IEEE 地址，也叫做扩展地址或 MAC 地址。这些地址由 IEEE 组织来维护和分配，64 位的 IEEE 地址是一个全球唯一的地址，一经分配就将跟随设备一生。它通常在制造时或者被安装时设置。当然我们现在买到的开发板芯片上的 IEEE 地址如果为全 F，这是一个无效地址，就是说这个芯片还没有分配地址，可以使用 TI 的 flash 编程软件烧写一个 IEEE 地址，如图 5-3-5 所示。

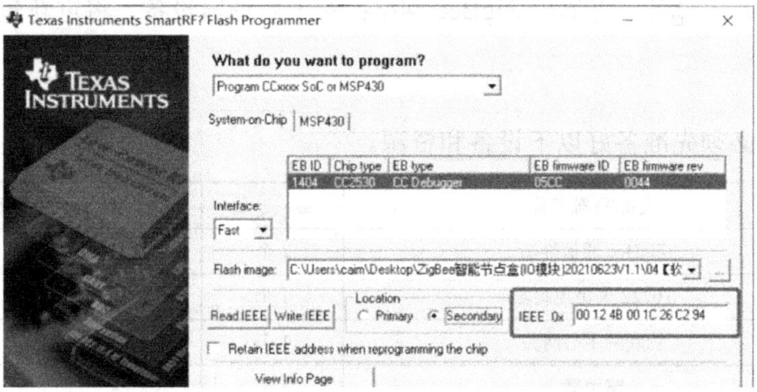


图 5-3-5　使用 TI 编程软件读写 IEEE 地址

由于 IEEE 地址太长难以记忆，因此在 ZigBee 协议中增加了网络地址这个参数。

网络地址，也叫短地址。16 位网络地址是当设备加入网络后分配的，它在网络中是唯一的，用来在网络中鉴别设备和发送数据。取值范围为 0x0000～0xFFFF，每一个地址对应一个目标设备，其中有几个特殊的地址：

- 0xFFFF：对网络中所有设备广播的广播地址。
- 0xFFFE：如果目的地址为这个地址的话，那么应用层将不指定目标设备，而是通过协议栈读取绑定表来获得相应目标设备的短地址。
- 0xFFFD：如果在命令中将目标地址设为这个，则表示只对打开了接收功能的设备进行广播。
- 0xFFFC：广播到协调器和路由器。

网络地址可以通过程序预先指定，或者由其上一级的节点分配。

## 5.3.3　ZigBee 设备的使用

在 ZigBee 设备组网时，要熟练掌握 ZigBee 设备的指示灯和功能键在不同情况下的使用技巧，这样才能对 ZigBee 组网时遇到的问题进行排查和解决。下面举例说明一款通用 ZigBee 指示灯和功能键的应用，如图 5-3-6 所示。

图 5-3-6　ZigBee 指示灯和功能键

### 1．指示灯

对于协调器，若“连接”指示灯常亮，则表示协调器已经建立 ZigBee 网络；若“连接”指示灯常灭，则表示协调器未建立 ZigBee 网络。“通讯”指示灯常亮，说明允许入网；“通讯”指示灯常灭，说明不允许入网。

对于 ZigBee 路由，若“连接”指示灯闪烁，表示路由入网成功；若“连接”指示灯常灭，表示路由未入网。“通讯”指示灯常亮，说明允许入网；“通讯”指示灯常灭，说明不允许入网。

### 2. 功能键

短按。每短按一下功能键时，设备在允许入网和关闭允许入网间切换。允许入网时，“通讯”指示灯常亮；关闭允许入网时，“通讯”指示灯常灭。

长按 3s。长按功能键 3s 时，“通讯”指示灯开始闪烁，用于指示长按 3s 时间到，此时释放功能键，对于路由设备，将退出 ZigBee 网络；对于协调器设备，将重新建立 ZigBee 网络。

## 【任务实施】

任务实施前必须先准备好以下设备和资源。

| 序　号 | 设备/资源名称 | 数　量 | 是否准备到位（√） |
|---|---|---|---|
| 1 | ZigBee 通信终端 | 2 个 | |
| 2 | T0222 采集控制器 | 1 个 | |
| 3 | 物联网中心网关 | 1 个 | |
| 4 | 路由器 | 1 个 | |
| 5 | 报警灯 | 1 个 | 代替灯泡使用 |
| 6 | 继电器 | 1 个 | |
| 7 | RS232 转 RS485 | 1 个 | |
| 8 | USB 转 RS232 线 | 1 条 | |

本次任务使用到的 ZigBee 通信终端设备说明如图 5-3-7 所示。

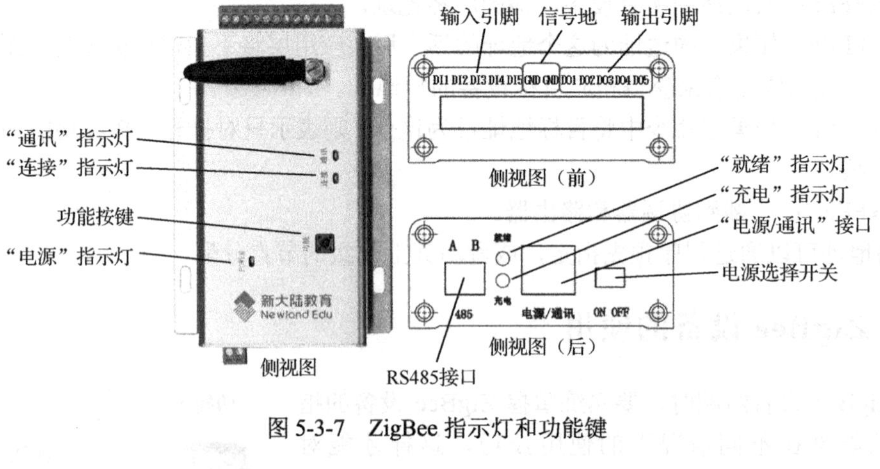


图 5-3-7　ZigBee 指示灯和功能键

①“通讯”指示灯：灯常亮说明允许入网，灯灭说明不允许入网。

②“连接”指示灯：对于协调器，灯常亮说明已建立 ZigBee 网络，灯灭表示未建立 ZigBee 网络；对于路由器，灯闪烁表示入网成功，灯灭表示未入网。

③ 功能按键：短按设置允许入网或关闭入网，长按 3s，退出网络。

④“电源”指示灯：开机后指示灯点亮。

⑤ RS485 接口：可用于配置设备和连接外部 RS485 设备进行协议透传。

⑥ 电源选择开关：拨至 ON 时，接通内部电池；拨到 OFF 时，断开连接内部电池。

⑦“电源/通讯”接口：可用来供电和充电，还可以通过该接口配置设备，波特率为 115200。

⑧“充电”指示灯：电池充电时指示灯亮起，充满后指示灯灭。

⑨“就绪”指示灯：电池充满电后指示灯亮起。

⑩ 输出引脚：DO1～DO5 共 5 个，输出 0 时，DO 口与 GND 导通；输出 1 时，DO 口浮空。

⑪ 信号地：使用 DI 口或 DO 口时需要接信号地线。

⑫ 输入引脚：DI1～DI5 共 5 个，可以采集+5V 电平逻辑的开关量信号，每隔 100ms 采集一次。

**1．配置 ZigBee 设备**

（1）协调器配置

取一个 ZigBee 通信终端，将 ZigBee“电源/通讯”接口连接至计算机的 USB 口，电源开关拨至 OFF，如图 5-3-8 所示。

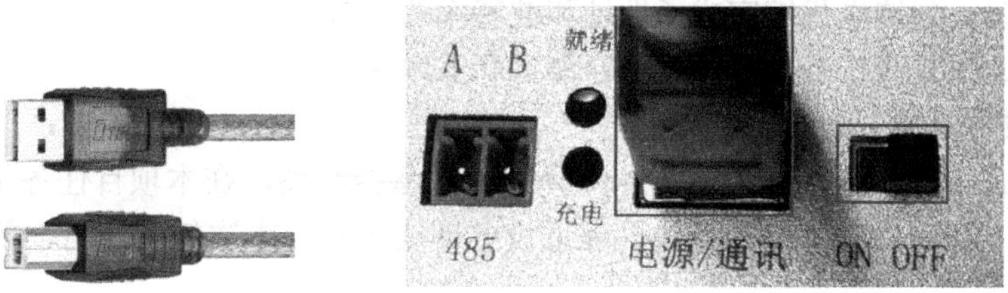


D 口转 USB 线　　　　ZigBee 通信终端

图 5-3-8　ZigBee 连接计算机

如图 5-3-9 所示，打开 ZigBee 配置工具。

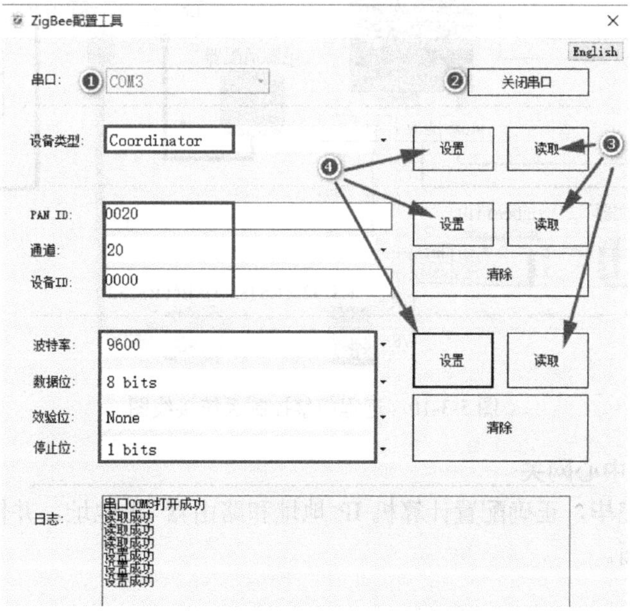


图 5-3-9　ZigBee 协调器配置

① 选择正确的串口号；

② 打开串口；

③ 读取 ZigBee 设备的参数；

④ 配置“设备类型”为协调器（Coordinator），配置完单击“设置”按钮；配置“PAN ID”为 0020，通道号为 20，“设备 ID”必须配置为 0000，配置完单击“设置”按钮。

⑤ 配置 RS485 接口的传输参数，波特率为 9600，数据位为 8bits，校验位为 None，停止位为 1bits，配置完单击“设置”按钮。全部配置完毕后关闭串口和配置工具。

（2）路由器配置

另取一个 ZigBee 通信终端将 ZigBee“电源/通讯”接口连接至计算机的 USB 口，电源开关拨至 OFF。打开 ZigBee 配置工具，要求将“设备类型”配置为路由（Router），“设备 ID”配置为 0002，其他配置和协调器设备一致。

**2．配置 T0222 采集控制器**

本次使用 DAM-T0222 设备的 RS485 通信接口传输数据，因此需要先配置设备的地址和波特率。将 DAM-T0222 的 RS485 接口“波特率”配置成 9600，“设备地址”配置成 2，单击“设定”按钮。到这里我们完成了地址和波特率的配置。

**温馨提示：** 项目 2 任务 2 中，具体介绍了配置方法。

**3．搭建硬件环境**

设备配置完成后，认真识读图 5-3-10 所示的设备接线图，在本项目任务 1、任务 2 的基础上继续完成下列设备的安装和连线，保证设备连线正确。本次任务使用报警灯设备代替灯泡进行实验。

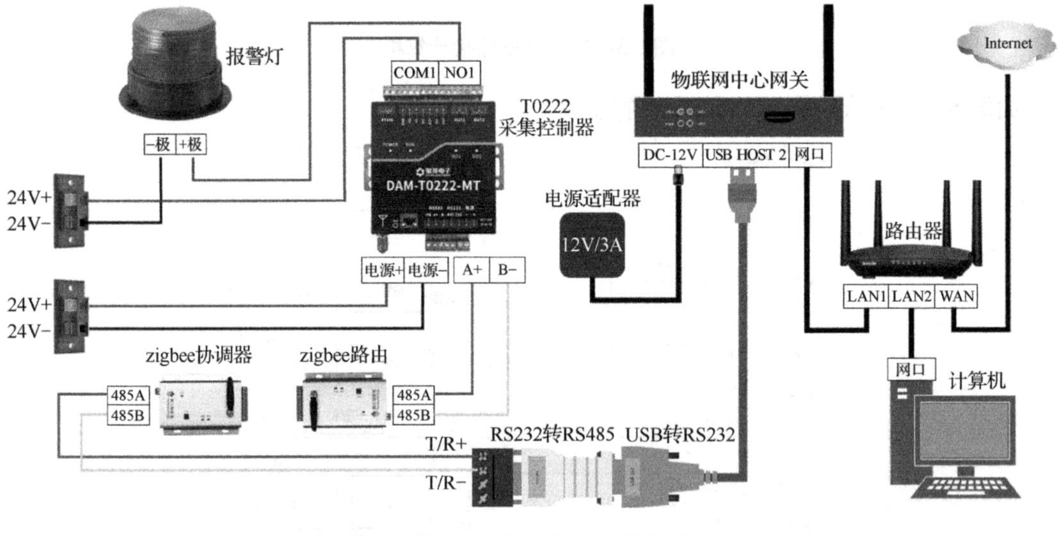


图 5-3-10　远程门禁控制系统接线图

**4．配置物联网中心网关**

系统设备连接完毕，正确配置计算机 IP 地址和路由器 IP 地址，并使用浏览器登入物联网中心网关配置界面。

（1）新增连接器

在物联网中心网关配置界面中，如图 5-3-11 所示，完成连接器添加，其中“连接器设备类型”要选择为“NLE Modbus-RTU SERVER”，该类型可用于任何支持 Modbus 通信的设备。

**温馨提示：**设备直连网关的 RS485 接口时选择“/dev/ttyS3”，设备连接网关的 USB 口时选择“/dev/ttySUSB+”对应的 USB 口号。

（2）添加执行器

打开新建的连接器“T0222 采集控制器”栏目，在右边单击“新增执行器”按钮，按图 5-3-12 所示，完成路灯设备的添加。

图 5-3-11　新建连接器

图 5-3-12　添加路灯设备

- “从机地址”必须填写为 2（该项对应 T0222 设备的地址）。
- “功能号”设置为 01（Modbus 协议中 01 表示控制输出功能）。
- “起始地址”需填写为 0000（因为 T0222 的通信协议中 0000 表示 DO1 口，0001 表示 DO2 口）。
- 采样公式：用于将接收回来的数据进行转换，这里不用配置。

（3）测试功能

在网关的数据监控中心可查看到执行器，可在此对路灯进行远程控制，如图 5-3-13 所示。

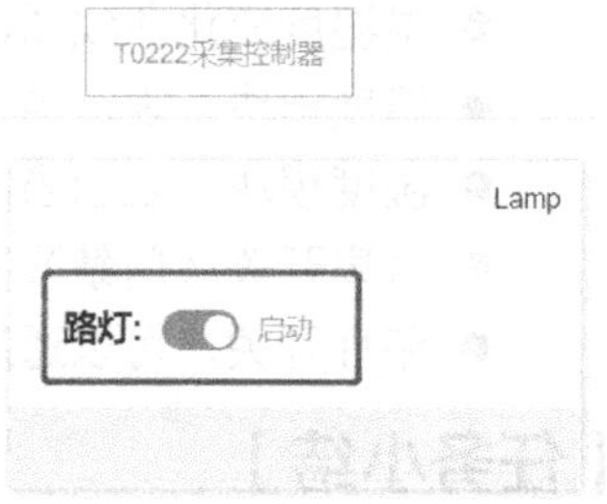


图 5-3-13　控制路灯运转界面

**5. 配置云平台**

进入 Thingsboard 云平台中，本次任务是在任务 2 的基础上进行的，因此已经完成了物联网中心网关与云平台对接这部分的操作，在 ThingsBoard 云平台上只要刷新设备列表，就可以看到物联网中心网关中的路灯设备（Lamp）也显示在设备列表中，如图 5-3-14 所示。

图 5-3-14 刷新设备列表

### 6. 测试功能

打开“园区数字化监控系统”仪表板，在该界面中可以看到本次项目中任务一、任务二和任务三的所有设备，如图 5-3-15 所示。

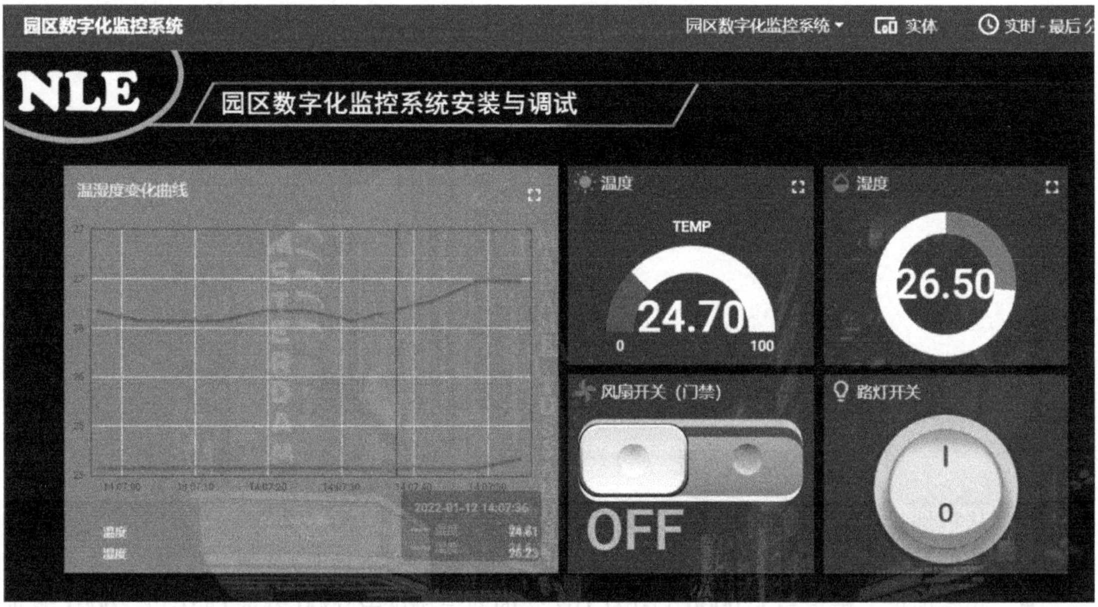


图 5-3-15 园区数字化监控系统界面

如果数据无法显示，需要重新对“实体别名”进行配置操作。

- 温湿度变化曲线图，可以形象地呈现出温湿度的历史波动情况。
- 温度模块，表示当下温湿度变送器检测到的温度值。
- 湿度模块，表示当下温湿度变送器检测到的湿度值。
- 风扇开关（门禁），可以通过按钮实现远程控制风扇的开与关。
- 路灯开关，可以通过按钮实现远程控制路灯的开与关。

## 【任务小结】

本次任务的相关知识小结思维导图如图 5-3-16 所示。

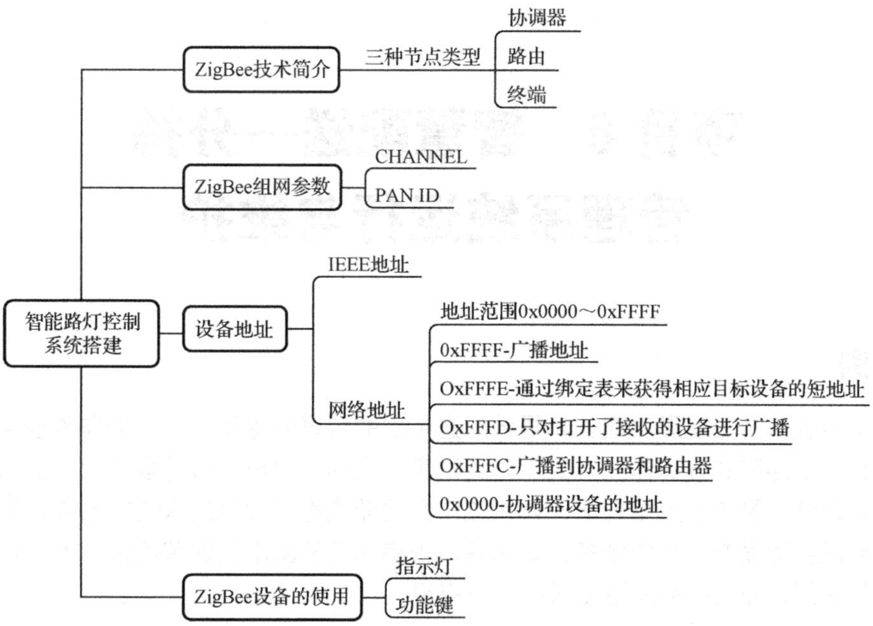


图 5-3-16　智能路灯控制系统搭建思维导图

## 【任务工单】

完整工单存放在本书配套资源中，不在书中体现。

| 项目 5：智慧园区—园区数字化监控系统安装与调试 | 任务 3：智能路灯控制系统搭建 |
| --- | --- |
| 本次任务关键知识引导<br>1．ZigBee 名称来源于（　　　　　　　　）。<br>2．ZigBee 节点通常可以分为三类（　　　　　　）、（　　　　　　）和（　　　　　）。<br>3．ZigBee 的网络支持（　　　　　）、（　　　　　）和（　　　　　）的网络拓扑。<br>4．组建一个完整的 ZigBee 网状网络包括两个步骤：（　　　　　）和（　　　　　）。<br>5．在配置 ZigBee 终端的时候，通常选择的信道号是（　　　　　）。<br>6．PAN ID 由 4 位（　　　　）进制数组成，可选数值范围为（　　　　　　　　）。<br>7．ZigBee 有两种类型的地址，分别是（　　　　　　）和（　　　　　　）。<br>8．ZigBee 中对网络中所有设备广播的广播地址是（　　　　　　），广播到协调器和路由器的地址是（　　　　　）。 | |

# 项目 6　智慧配送—分拣管理系统运行与维护

## 引导案例

随着电商业务量出现爆发增长，导致配送中心的包裹分拣及配送任务非常艰巨，原来的人工、半自动的矩阵式分拣作业方式，已无法满足这种大规模、短时限的配送要求，使得应用了自动输送分拣系统的大型仓配一体物流中心逐渐成为现代物流系统的核心。智能分拣系统能够充分发挥速度快、目的地多、效率高、差错率低和基本实现智能化、无人化作业的优势，目前已在国内外大多数大型配送中心中应用。

自动分拣

人工分拣

自动分拣和人工分拣对比图

在实际运营中，电商、快递、商超的仓配中心内部流程各有特点，自动化程度也高低不同，但其基本流程相差不大，典型的快递中转场的内部处理流程包含：卸车、输送、单件分离、信息识别、分合流、供件、分拣、打包、装车等环节。在配送中心搬运成本中，分拣作业搬运成本约占 80%；在劳动密集型配送中心，与分拣作业直接相关的人力占 50%；分拣作业时间约占整个配送中心作业时间的 30%～40%，所以合理规划与管理分拣作业，对配送中心提高作业效率和降低作业成本具有事半功倍的效果。

智能分拣系统的特点：

（1）能连续、高效地分拣货物

智能分拣系统不受气候、时间、人的体力等因素限制，可以连续运行超过 24 小时以上，每小时可分拣 1 万、2 万甚至 5 万件以上的物品，如用纯人工则每小时只能分拣几百件，需要大量的人员同时作业，而且分拣人员也不能在这种劳动强度下连续工作超过 8 小时。

（2）分拣误差率极低

自动分拣系统的分拣误差率大小，主要取决于所输入分拣信息的准确性，这又取决于分拣信息的输入机制，如果采用人工键盘或语音识别方式输入，则误差率一般在 3%左右，如采用条形码扫描输入，除非条形码的印刷本身有差错，否则基本不会出错（通常准确率在三个 9 以上）。因此，目前自动分拣系统主要采用条形码技术来识别货物，也有一些场景采用 RFID 来进行信息存储与识别。

（3）分拣作业基本实现无人化

采用自动分拣系统的目的之一，就是为了减少作业人员数量，减轻人员的劳动强度，提高人员的使用效率，因此自动分拣系统能最大限度地减少人员的使用，基本做到无人化。

**项目介绍：**

南方物流装备制造企业生产的产品有分拣管理系统、自动化立体仓库系统等。物流分拣管理系统虽然是自动化的，但是，仍然需要工作人员进行定期产品巡检预防故障出现，以及故障排除。

办事处人员的主要工作职责是：

- 接听客户报修电话，远程指导客户解决和排查故障。
- 上门对故障产品进行维护处理。
- 根据公司产品巡检规范要求，定期对所负责区域的产品进行巡检。

# 任务 1　分拣管理系统运行监控

## 【职业能力目标】

- 能够正确识读项目巡检记录表中的监控条目。
- 能够根据要求完成物联网应用系统的监控。
- 掌握物联网项目运行监控的基本内容和要求。

## 【任务描述与要求】

**任务描述：**最近，物流公司要求对公司在杭州西湖区的配送站点进行分拣管理系统产品的定期巡检，对产品产生的隐患进行故障排查。巡检要求按公司产品巡检规范要求进行巡检。

**任务要求：**

- 按设备连线图完成分拣管理系统的硬件环境搭建。
- 完成分拣管理系统的调试和功能测试。
- 按项目巡检记录表完成分拣管理系统的巡检，并填写巡检表。

## 【知识储备】

### 6.1.1　设备巡检方式

对物联网设备的运行状况进行巡视检查，是工作中一项很重要的内容。设备运行时，其环境和状态的变化，尽管可以依靠设备自身的保护机制、监控装置和仪表显示外，设备故障初期的外部现象、故障检测设备和设备早期隐患依然离不开巡检人员的定期和特殊检查来发现。设备巡检质量的高低、全面与否与技术人员的经验、工作责任心和巡视方法都有关系。

目前物联网系统集成项目设备运行监控主要采用现场巡检和远程监控两种方式。

**1. 现场巡检**

物联网系统集成项目运维期内，维保工程师需定期或不定期到设备现场进行巡检。

一般现场巡检分类：

① 定期巡检：掌握线路各部件运行情况及沿线情况，及时发现设备缺陷和威胁线路安全运行的情况。定期巡检每两周一次，巡检区段为全线。

② 故障巡检：查找线路的故障点，查明故障原因及故障情况，故障巡检应在发生故障后及时进行。

③ 特殊巡检：在气候剧烈变化、自然灾害、外力影响、异常运行和其他特殊情况时，及时发现线路的异常现象及部件的变形损坏情况。特殊巡检根据需要及时进行，一般巡检全线、某线段或某部件。

④ 夜间、交叉和诊断性巡检：根据运行季节特点、线路的状况和环境特点确定重点。巡检根据运行情况及时进行（每年应至少进行一次全线夜间巡视），一般巡检全线、某线段或某部件。

⑤ 监察巡检：甲方与乙方共同巡视线路运行情况，检查乙方巡线人员的工作情况。监察巡检每季度一次，一般巡检全线或某线段。

现场巡检设备的一般方法有：

① 眼看：目视设备看得见的部位，观察其外表变化来发现异常现象，是巡视检查最基本的方法，如继电器吸合情况、排风扇叶片旋转情况等。

② 耳听：运行的设备，不论是静止的还是旋转的，有很多都能发出表明其运行状况的声音，如皮带机托辊轴承电机轴承刮板链条异响。值班人员随着经验和知识的积累，只要熟练地掌握了这些设备正常运行时的声音情况，遇有异常时，用耳朵或借助听音器械（如听音棒），就能通过它们的声音高低、节奏、声色的变化、杂音的强弱来判断设备的运行状况。

③ 鼻嗅：鼻子是人的一个向导，对于某些气味（如绝缘烧损的焦糊味）的反应，比用某些自动仪器还灵敏得多。嗅觉功能因人而异，但对于电气设备有机绝缘材料过热所产生的气味，正常人都是可以辨别的。值班人员在巡视过程中，一旦嗅到绝缘烧损的焦糊味，应立即寻找发热元件的具体部位，判别其严重程度，如是否冒烟、变色及有无异音异状，从而对症查处。

④ 用手触试：用手触试设备来判断缺陷和故障是一种必不可少的方法，如检查轴承座轴承箱温度循环水泵离心泵风机异常震动等，但必须强调的是，必须分清可触摸的界限和部位，明确禁止用手触试的部位。

⑤ 使用仪器检查：使用仪器仪表、检测软件等本地使用的软硬件工具，判断设备是否存在异常情况。

**2. 远程监控**

（1）监控辅助软件

远程监控是采用监控设备和传感器对设备进行监控，实际是对设备相关信息的采集分析过程。数据采集模式通常分为轮询、主动推送 2 种类型，采集过程通过设备接口上运行的通信协议实现。有些设备采用一些通用协议，常见协议如 TCP 协议、UDP 协议、SNMP 协议、Modbus 协议等，有些设备采用厂商独立协议。设备运维监控和告警工具可以自行编程开发或者直接采用第三方工具。

通过部署设备运行监控和告警工具采集设备信息，设置相应的规则来判断设备运行状态，若设备运行异常则发出告警，在后端运维工程师可以根据告警信息进行设备故障排查。采集的信息主要包括：

- 传感器设备运行状态、数据状态等，控制设备的运行状态、指令执行状态等；
- 网关的运行状态、日志状态、数据传输状态等；
- 服务器的电源、CPU、内存、硬盘、网卡、HBA 卡状态和服务器日志等；
- 网络设备的电源状态、VLAN 状态、配置状态和设备日志等；
- 安全设备的电源状态、配置状态、安全状态和设备日志等。

终端设备处在网络拓扑结构的前端，是实现采集数据及向网络层发送数据的设备。因此远程监控的主要内容包括设备运行状态、数据状态等，具体为：

① 设备是否在线；
② 设备是否运行；
③ 设备温度多少（若有，可判断是否存在高温隐患）；
④ 设备备用电量（若有）；
⑤ 设备数据采集是否正常；
⑥ 设备数据是否发送正常等。

（2）网络设备监控

网络设备监控的主要内容包括设备状态、设备日志，具体为：

① 设备是否在线；
② 设备端口资源使用情况，如端口流量、速率；
③ 设备受攻击情况；
④ 设备软件服务状态，如网络安全设备的服务是否到期、病毒库是否更新等；
⑤ 设备日志等。

## 6.1.2 故障定义与分类

什么是故障？故障是设备在运行过程中，丧失或降低其规定的功能及不能继续运行的现象。对于巡检人员来说，了解什么是故障、哪些现象属于故障等，在工作中显得尤为重要。

故障可按不同维度进行类型划分。

| 分类方式 | 故障类型 |
|---|---|
| 按工作状态划分 | 间歇性故障，永久性故障 |
| 按发生时间程度划分 | 早发性故障，突发性故障，渐进性故障，复合型故障 |
| 按产生的原因划分 | 人为故障，自然故障 |
| 按表现形式划分 | 物理故障，逻辑故障 |
| 按严重程度划分 | 致命故障、严重故障、一般故障、轻度故障 |
| 按单元功能类别划分 | 通信故障、硬件故障、软件故障 |

### 6.1.3 设备巡检记录表

设备巡检记录表的作用是规范员工的巡检工作事项，防止员工遗漏某些巡检项目，同时也是设备的历史运行数据记录，为后续对设备进行技术分析时提供数据依据。巡检记录表一般由地点、巡检时间、巡检人、巡检产品、设备运行状态、结论几部分组成，表 6-1-1 是一份填写好的分拣管理系统项目巡检记录表。

**表 6-1-1　分拣管理系统项目巡检记录表**

| 巡检记录表 | | | | | |
|---|---|---|---|---|---|
| 地点 | 杭州市西湖区马尚送公司西湖区配送站点 | | 巡检产品 | 分拣管理系统 | |
| 巡检日期 | 2022/12/1 | | 巡检人 | 李四 | |
| 设备状态 | 设备 | 检查项目 | 描述 | 巡检结果 | |
| | 路由器 | 外观 | 无破损、灰尘 | √正常 | □异常 |
| | | 电源指示灯 | 亮 | √正常 | □异常 |
| | | 端口指示灯 | 闪烁 | √正常 | □异常 |
| | | 网线卡口指示灯 | lan1 口、lan2 口绿灯亮 | √正常 | □异常 |
| | 物联网网关 | 外观 | 无破损、灰尘 | √正常 | □异常 |
| | | 电源指示灯 | 亮 | √正常 | □异常 |
| | | 端口指示灯 | 闪烁 | √正常 | □异常 |
| | | 网线卡口指示灯 | 绿灯亮、黄灯闪烁 | √正常 | □异常 |
| | 串口服务器 | 外观 | 轻微灰尘 | √正常 | □异常 |
| | | 电源指示灯 | 亮 | √正常 | □异常 |
| | | 端口指示灯 | RX 灯、TX 灯交替闪烁 | √正常 | □异常 |
| | | 网线卡口指示灯 | 绿灯亮、黄灯闪烁 | √正常 | □异常 |
| | T0222 采集控制器 | 外观 | 有轻微划伤 | √正常 | □异常 |
| | | 电源指示灯 | 亮 | √正常 | □异常 |
| | | 运行指示灯 | 闪烁 | √正常 | □异常 |
| | | 网线卡口指示灯 | 绿灯亮、黄灯闪烁 | √正常 | □异常 |
| | 4150 采集控制器 | 外观 | 有污渍 | √正常 | □异常 |
| | | 运行状态指示灯 | 闪烁 | √正常 | □异常 |
| | | DI 口指示灯 | 不亮 | √正常 | □异常 |
| 关键点电压测量 | 供电电压（工位） | 24V 供电 | 实测数值：24.2V | √正常 | □异常 |
| | | 12V 供电 | 实测数值：12.1V | √正常 | □异常 |
| | 物联网网关 | 电源口 | 实操数值：24.2V | √正常 | □异常 |
| | 未触发限位开关时 | DI0 口电压 | 实测数值：3.3V | √正常 | □异常 |
| | 触发限位开关时 | DI0 口电压 | 实测数值：0V | √正常 | □异常 |
| 平台运行状态 | 云平台显示结果 | 限位开关 | 显示数据：true | √正常 | □异常 |
| | | 报警灯运行状态 | 显示结果：关 | √正常 | □异常 |
| 结论 | √正常　　□异常 | | 异常描述：无 | | |

填写说明：

① 地点：巡检的物联网系统设备所在地。

② 巡检产品：有些客户会安装多套系统，这里填写具体巡检的产品名称。

③ 巡检人：对应巡检的人员。

④ 描述：填写眼睛所看到的实际现象。

⑤ 巡检结果：判断巡检的事项是否符合要求，如果该项要维护处理，需填写为异常。

⑥ 关键点电压测量：使用相关检查工具进行测量。

⑦ 结论：需体现最终巡检结果。

## 【任务实施】

任务实施前必须先准备好以下设备和资源。

| 序　　号 | 设备/资源名称 | 数　　量 | 是否准备到位（√） |
|---|---|---|---|
| 1 | 路由器 | 1 个 | |
| 2 | 交换机 | 1 个 | |
| 3 | T0222 采集控制器 | 1 个 | |
| 4 | 物联网中心网关 | 1 个 | |
| 5 | 串口服务器 | 1 个 | |
| 6 | 4150 采集控制器 | 1 个 | |
| 7 | 报警灯 | 1 个 | |
| 8 | 限位开关 | 1 个 | |
| 9 | 分拣管理系统项目巡检记录表 | 1 份 | |
| 10 | 耗材 | 1 份 | |

### 1. 搭建硬件环境

首先，需要搭建分拣管理系统的硬件环境，认真识读图 6-1-1 所示的设备接线图，严格要求在断电状态下，专心完成设备的安装和连线，保证设备连线正确。

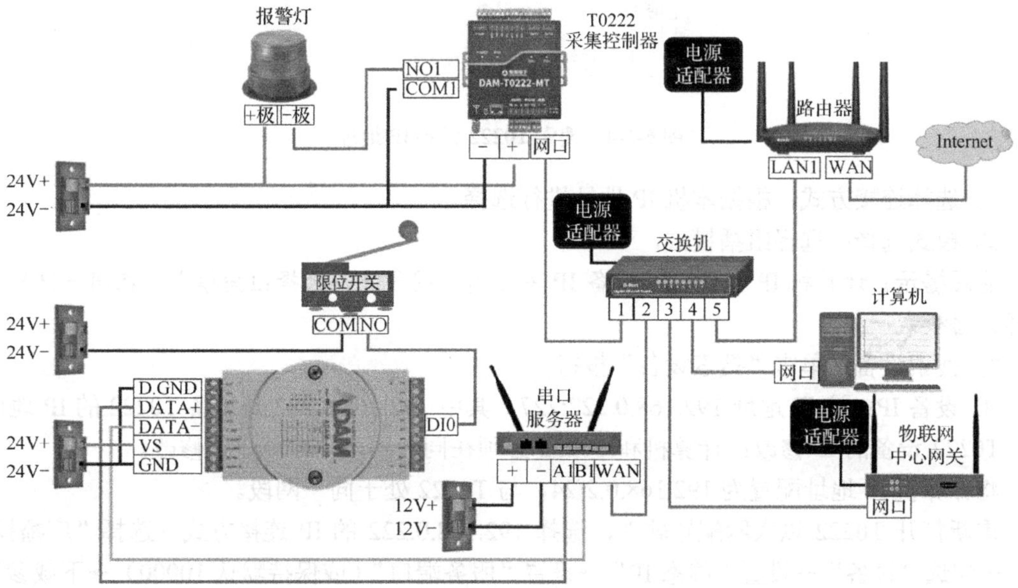


图 6-1-1　分拣管理系统设备接线图

### 2. 配置设备 IP 地址

（1）路由器 IP 地址配置

首先需要获取路由器的 IP 地址才能登录路由器配置界面，配置计算机为自动获取 IP 方式，这时在网络连接详细信息中可以看到默认网关的 IP 地址，该 IP 就是路由器的 IP 地址，如图 6-1-2 所示。

使用浏览器，输入路由器 IP 地址登录路由器配置界面，按图 6-1-3 所示将路由器 IP 地址配置为 192.168.2.254/24。

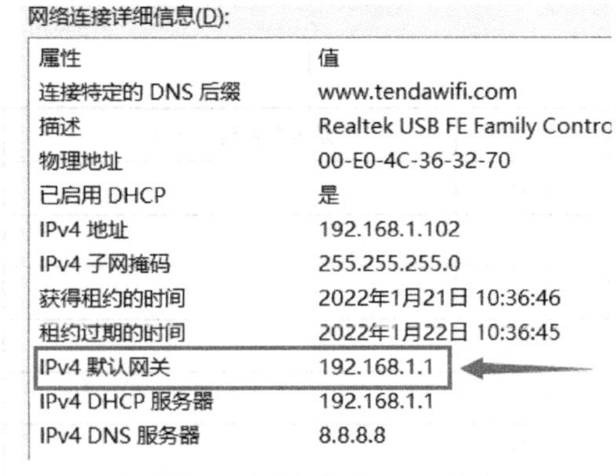


图 6-1-2　查看默认网关 IP

图 6-1-3　查看路由器 IP 地址

（2）T0222 采集控制器 IP 地址配置

打开 T0222 中以太网配置软件，如图 6-1-4 所示，完成设备 IP 搜索。

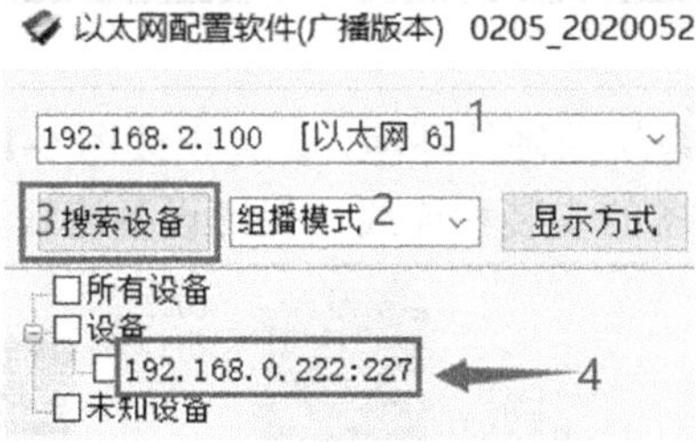


图 6-1-4　搜索 T0222 设备 IP 地址

① 选择连接方式：根据本机 IP 地址进行选择。

② 模式选择：选择组播模式，

**温馨提示**：计算机 IP 和 T0222 设备 IP 不在同一网段下，选择组播模式；在同一网段下，选择广播模式一。

③ 搜索设备：单击“搜索设备”按钮

④ 设备 IP：该 IP 地址 192.168.0.222:227，其中 192.168.0.222 是设备 T0222 的 IP 地址。

T0222 设备的 IP 修改：计算机和 T0222 必须在同一网段下才能进行修改。

将计算机 IP 地址配置为 192.168.0.2/24，与 T0222 处于同一网段。

重新打开 T0222 以太网配置软件，选择 192.168.0.222 的 IP 连接方式→选择“广播模式二”→勾选“设备”→设置“静态 IP”→设置“服务端口”（或保持默认 10000）→下载参数，如图 6-1-5 所示。

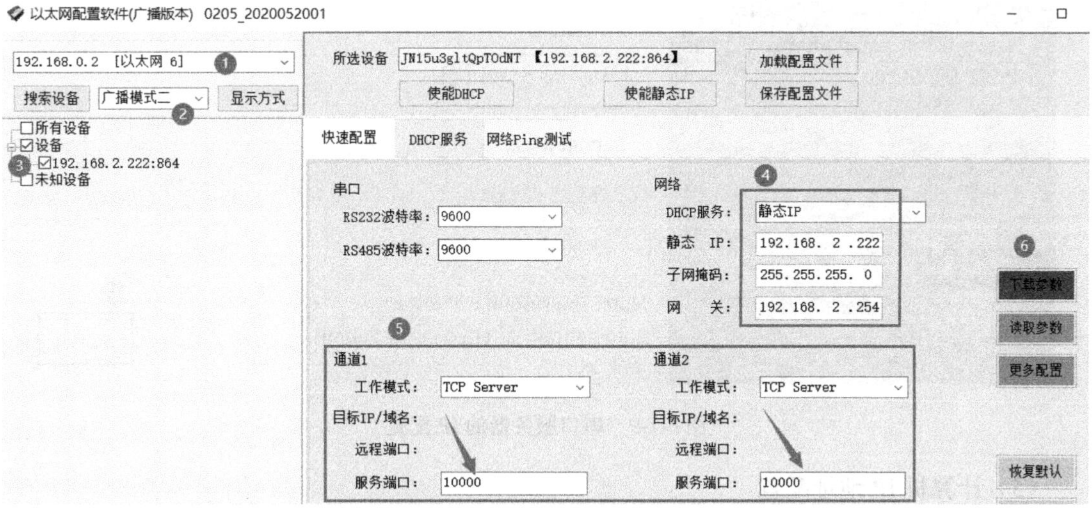


图 6-1-5　T0222 设备的 IP 和端口配置

（3）物联网中心网关 IP 地址配置

配置计算机 IP 地址，如图 6-1-6 所示完成配置。

使用浏览器输入物联网中心网关 IP 地址 192.168.1.100（如果 IP 不对，需复位物联网中心网关，复位方法请查阅设备说明书），登录物联网中心网关配置界面，在“配置”项中选择“设置网关 IP 地址”，如图 6-1-7 所示，完成物联网中心网关 IP 配置。

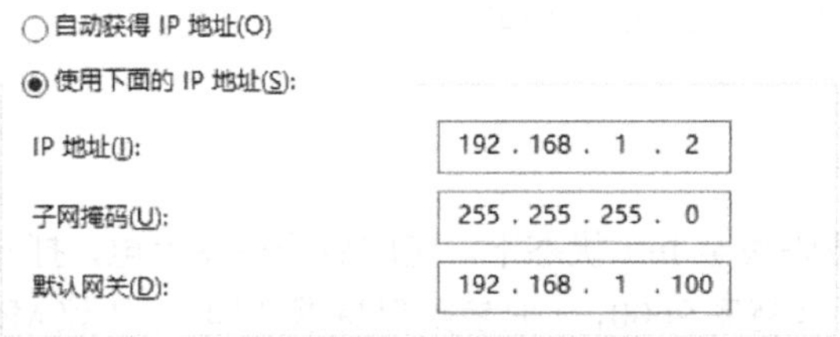


图 6-1-6　计算机 IP 配置

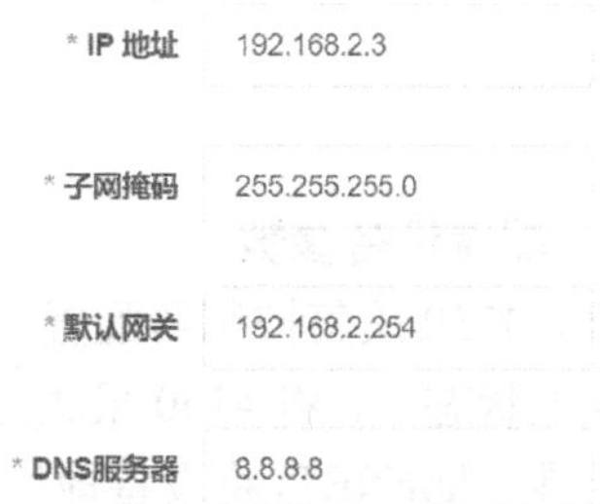


图 6-1-7　物联网中心网关 IP 配置

（4）串口服务器 IP 地址配置

配置串口服务器 IP 地址，如图 6-1-8 所示完成配置。

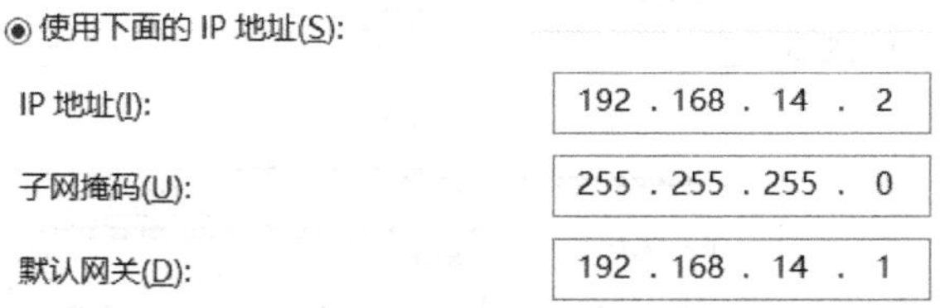


图 6-1-8　串口服务器 IP 地址的配置

串口服务器默认 IP 地址是 192.168.14.200（如果 IP 不对，需复位串口服务器，复位方法请查阅设备说明书），使用浏览器登录串口服务器 IP 配置界面，将 IP 配置为 192.168.2.200，如图 6-1-9 所示。

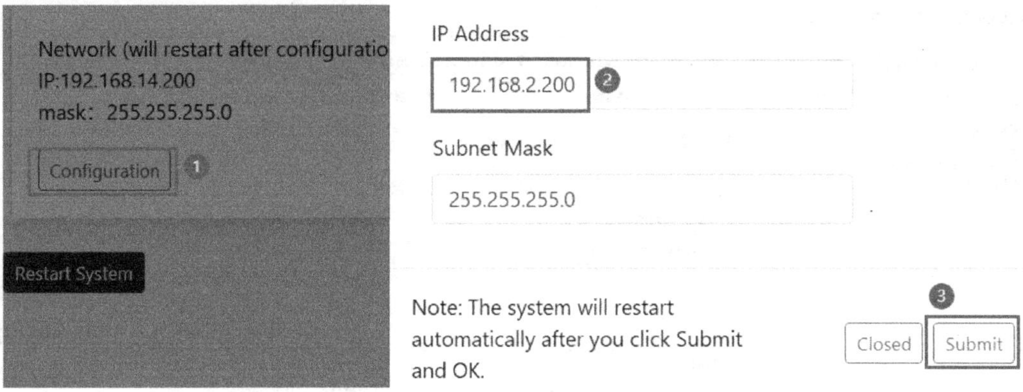


图 6-1-9 串口服务器的 IP 配置

（5）计算机 IP 地址配置

上述设备 IP 配置完成后，需要将计算机的 IP 按图 6-1-10 所示配置，使所有设备都处于同一个网段上。

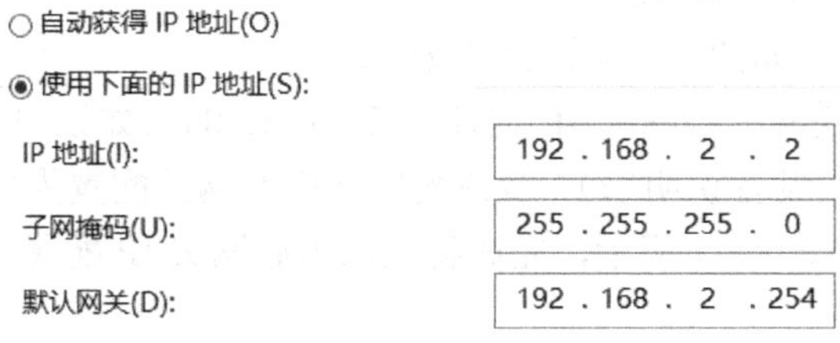


图 6-1-10 计算机 IP 地址的配置

### 3．配置设备参数

（1）4150 采集控制器配置

断电状态下，将 4150 采集控制器的拨码拨至 Init 状态下，完成后给设备上电，打开 4150 配置工具 AdamNET，将设备地址修改为 1，波特率 9600，其他参数保持默认即可（协议 Modbus，数据位 8，停止位 1，校验位 NONE），如图 6-1-11 所示。

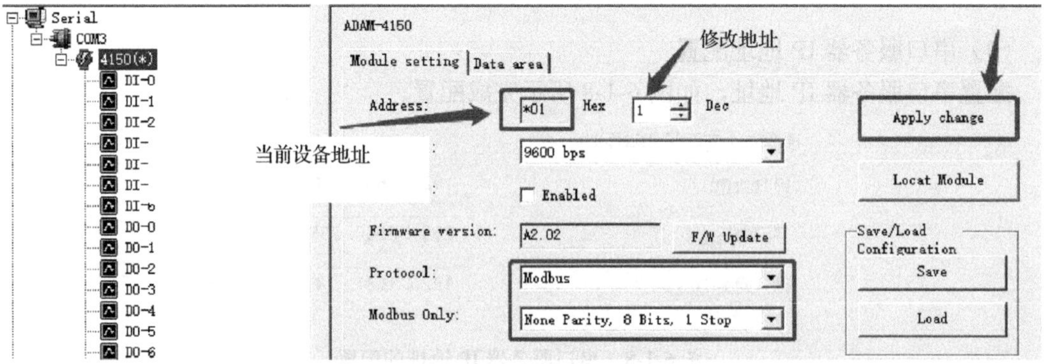


图 6-1-11 4150 采集控制器配置

（2）T0222 采集控制器配置

打开 JYDAM 调试软件→高级设置→将“通讯方式”设为“TCP”，如图 6-1-12 所示。

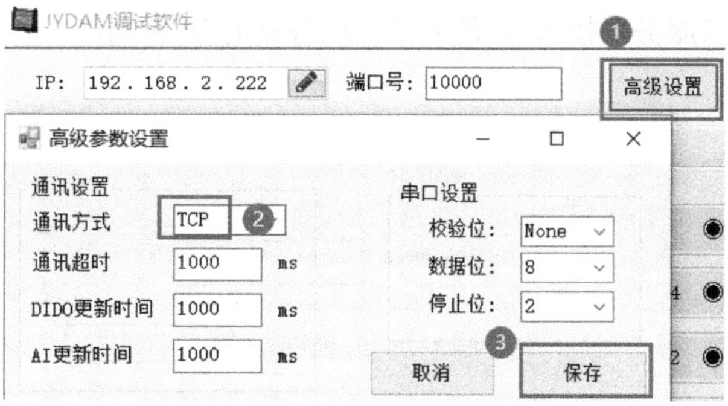


图 6-1-12　T0222 通信连接配置

输入上述配置好的 IP（192.168.2.222）和端口（10000）→打开端口→读取配置信息。若要重新设置设备地址，则单击“设置偏移地址”按钮→输入地址→“设定”，这里将“设备地址”设置为 2，如图 6-1-13 所示。

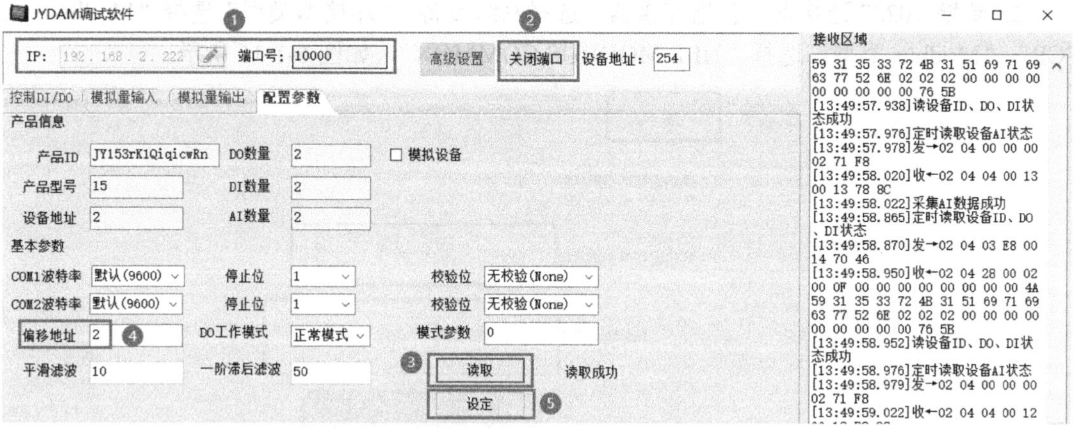


图 6-1-13　T0222 设备配置

（3）串口服务器配置

浏览器打开 192.168.2.200:8400，单击对应端口的“Configuration”按钮，设置端口 5 的波特率为 9600，其他串口参数保持默认，如图 6-1-14 所示。

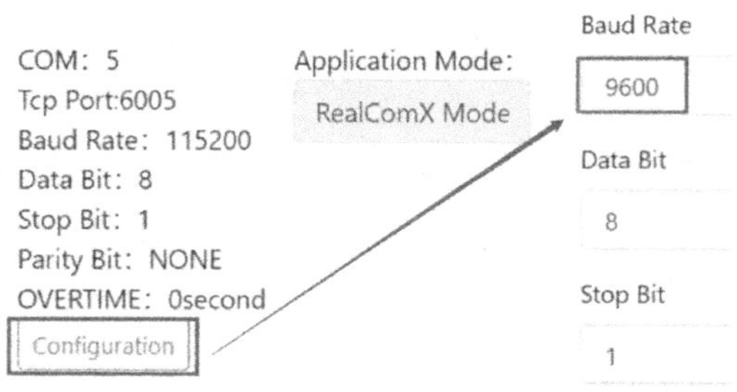


图 6-1-14　串口服务器的串口参数配置

**4．配置物联网中心网关**

（1）新建连接器

① 新增 4150 连接器。选择串口设备，“连接器设备类型”为“Modbus over Serial”，“设

备接入方式”为“串口服务器接入”，填入串口服务器的 IP 和端口，如图 6-1-15 所示。

图 6-1-15　添加 4150 连接器

② 新增 T0222 连接器。新增连接器，选择网络设备，“连接器类型”选择“Modbus over TCP”，“Modbus 类型”选择“NLE MODBUS COMMON”，如图 6-1-16 所示。

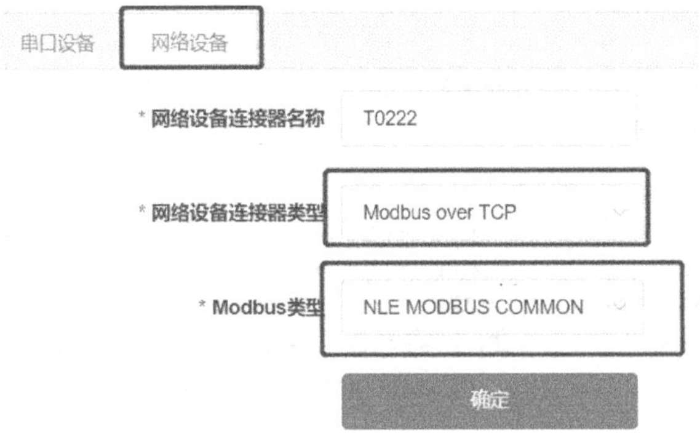


图 6-1-16　T0222 连接器配置

（2）添加设备

在 4150 设备中单击“新增传感器”按钮，新增一个限位开关设备，如图 6-1-17 所示。

图 6-1-17　添加限位开关设备

在 T0222 中单击“新增执行器”按钮，新增一个报警灯，填入 T0222 设备的 IP、端口、从机地址，“功能号”选择 01（线圈），“起始地址”为 0000（第一通道），如图 6-1-18 所示。

图 6-1-18　T0222 连接器添加执行器

（3）网关配置结果

在网关的数据监控中心可查看到限位开关和报警灯状态，如图 6-1-19 所示。

图 6-1-19　网关数据监控中心

## 5．配置云平台

（1）网关和云平台数据对接

在 Thingsboard 上新建一个物联网网关 gateway。

在物联网中心网关中，选择 TBCLient 模块，“MQTT 服务端 IP”设置为 52.131.248.66，端口设置为 1883，Token 为云平台网关的访问令牌，如图 6-1-20 所示。

图 6-1-20　物联网网关与云平台对接配置

配置完成后，单击“刷新”按钮，可在云平台设备列表中查看到所有的设备，如图 6-1-21 所示。

图 6-1-21　云平台的设备列表

（2）仪表板配置

在仪表板库中导入配套资源文件中的“分拣管理系统.json”文件，仪表板的界面如图 6-1-22 所示。

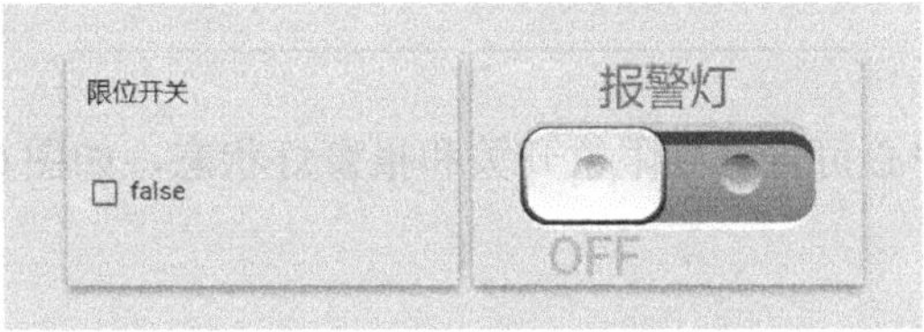


图 6-1-22　仪表板界面

配置结果要求：可以通过报警灯按键远程控制报警灯亮灭，并能实现触碰限位开关时，仪表板上的数据会发生变化。

**6．巡检分拣管理系统**

准备一份“分拣管理系统项目巡检记录表”按照巡检表要求完成分拣管理系统项目的软硬件巡检，将巡检结果填入表中。

## 【任务小结】

本次任务的相关知识小结思维导图如图 6-1-23 所示。

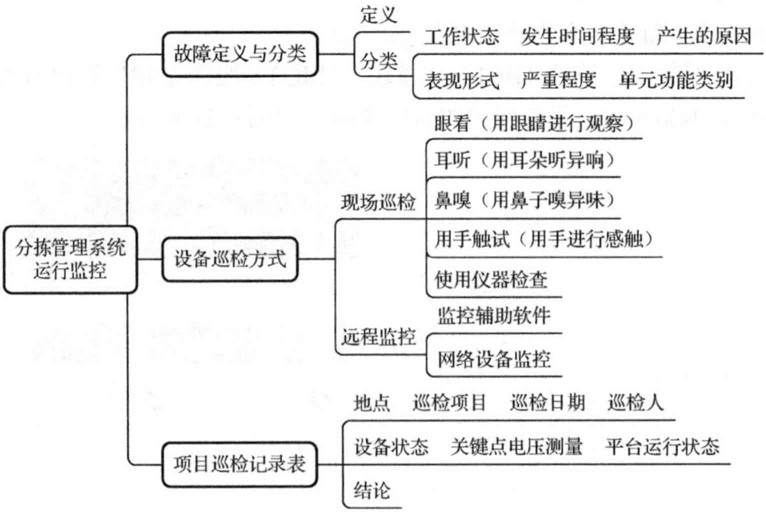


图 6-1-23　任务 1 分拣管理系统运行监控思维导图

## 【任务工单】

完整工单存放在本书配套资源中，不在书中体现。

| 项目 6：智慧仓储—分拣管理系统运行与维护 | 任务 1：分拣管理系统运行监控 |
| --- | --- |
| 本次任务关键知识引导<br>1．故障按产生的原因可以划分为（　　　　　）和（　　　　　）。<br>2．故障按严重程度划分为（　　　　　）、（　　　　　）、（　　　　　）、（　　　　　）。<br>3．设备运行监控主要采用的两种方式是（　　　　　）和（　　　　　）。<br>4．现场巡检中巡检方法是指（　　　　　）、（　　　　　）、（　　　　　）、（　　　　　）、（　　　　　）。<br>5．数据采集模式通常分为（　　　　　）和（　　　　　）2 种类型。<br>6．终端设备远程监控的主要内容包括（　　　　　）和（　　　　　）等。<br>7．网络设备监控的内容主要包括（　　　　　）和（　　　　　）。<br>8．项目巡检记录表的作用是规范员工的（　　　　　）事项，防止员工遗漏（　　　　　）。 | |

# 任务 2　分拣管理系统故障定位

## 【职业能力目标】

- 能够与客户进行远程沟通排查故障。
- 能够应用故障分析法对系统故障进行正确排查。
- 能够规范填写系统故障维护单。

## 【任务描述与要求】

**任务描述：**分拣管理系统使用一段时间后，杭州市西湖区马尚送公司的技术员反馈出现了无法控制报警灯亮灭的故障现象，这时公司运维服务人员需要对故障点进行初步诊断，才能判断是否有必要前往现场维护和应该携带什么设备前往现场维护。

**任务要求：**

- 使用“分析缩减法”确认出故障范围。
- 使用其他故障分析法分析和判断出具体故障位置。
- 填写系统故障维护单。

## 【知识储备】

### 6.2.1　故障分析和查找的方法

按发生状态，设备故障可分为：

① 渐发性故障，是由于设备初始参数逐渐劣化而产生的，大部分机器的故障都属于这类故障，这类故障与材料的磨损、腐蚀、疲劳及蠕变过程有密切的关系。

② 突发性故障，是各种不利因素以及偶然的外界影响共同作用而产生的，这种作用超出了设备所能承受的限度。例如：因设备使用不当或出现超负荷而引起的结构件折断；因设备各项参数达到极值而引起的零件变形或断裂，事先无任何征兆。

突发性故障多发生在设备初始使用阶段，往往是由于设计、制造、装配及材料缺陷，或者操作失误、违章作用而造成的。

设备故障分析有两种情况：

一种是预测性的，在故障未发生之前，根据各种资料和信息，对各种可能发生的故障进行模拟分析，以达到该设备设计的合理性及运行的可靠性。

另一种是事后性的，在故障发生之后，从故障现象入手，通过对过程剖析，找出故障原因及机理，进而制定修复及预防措施等。

产生设备故障的原因可能是多方面的，有些是属于设计结构不合理的原因，有些属于设备安装调试未达技术要求的原因，有些属于零配件的材质方面的原因，还有设备使用不当、违章操作造成故障的原因等。

设备的故障现象、故障机理、故障诱因三者之间存在着密切关系，但是，这些关系很难用准确的方式来表示，因为这种关系及其发生发展过程是十分复杂的，无固定规律可循，故障模式相同，但发生故障的原因和机理不一定相同；而同一故障诱因可能引起两种以上的故障机理。

比如故障方式是破裂，而故障机理可能是蠕变破坏，也可能是由于疲劳引起；故障诱因是冲击，而故障模式可能是变形，也可能是破裂。这就说明，即使全面掌握了设备故障的现象，也还不能完全具备搞清发生故障的原因和机理的条件。

当然，全面掌握和了解设备故障的现象是故障发生原因判断和故障机理分析的必要前提和准备。

图 6-2-1　故障查找

设备故障查找的方法多种多样（图 6-2-1），运维过程中几种常用的方法如下：

（1）常规检查法

依靠人的感觉器官进行判断（如模块指示灯情况，有没有发烫、烧焦味、打火、放电现象等），并借助于简单的仪器（如万用表）来寻找故障原因，这种方法一般应首先采用。

（2）直接检查法

在了解故障原因、根据经验或对于一些特殊故障，可以直接检查所怀疑的故障点。

（3）仪器测试法

借助各种仪器仪表测量各种参数，以便分析故障原因。例如，使用万用表测量设备的电阻、电压、电流，判断设备是否存在硬件故障，利用 Wi-Fi 信号检测软件检测设备 Wi-Fi 通信网络故障原因。

（4）替代法

替代法是在怀疑某个器件或模块有故障时，可用备用的模块器件进行更换，看故障是否消失，系统是否恢复正常。

（5）逐步排除法

逐步排除法是通过逐步切除部分线路以确定故障范围和故障点的方法。

（6）调整参数法

有些故障不是因为元器件损坏，线路接触也良好，只是由于某些参数调整得不合适，导致系统不能正常工作，这时应根据设备的具体情况进行调整。

（7）分析缩减法

根据系统的工作原理及设备之间的关系，结合故障发生情况进行分析和判断，减少测量、检查等环节，迅速判断故障发生的范围。

## 6.2.2　故障排查流程

一个物联网系统会涉及感知设备、网络通信和服务器部分，涉及面很广，所以在排查故障的时候不能漫无目的排查，需要认真分析系统架构，从系统的信息通信流向进行排查。这里以物联网网关设备为例讲解故障排查流程。

物联网应用系统中的核心设备是物联网网关，所以排查系统故障时，可以先查看网关的数据是否正常，图 6-2-2 所示是某款物联网网关数据异常时的故障排查流程。

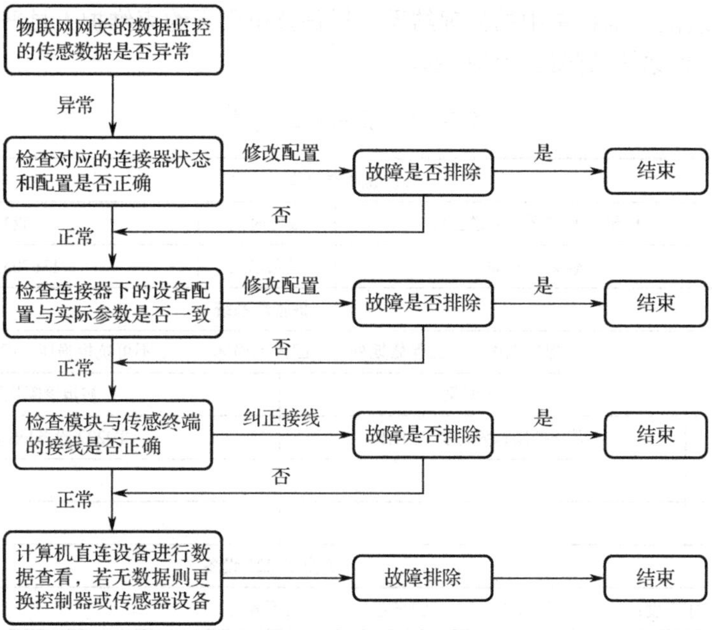


图 6-2-2　故障排查流程

① 检查物联网网关数据监控中是否采集到数据。

② 排查物联网网关下的连接器的状态和配置是否正常。

③ 排查对应连接下的控制器设备和传感器设备的配置是否正常。

④ 排查硬件接线是否正确，包括网关与控制器、控制器与传感器设备的接线。

⑤ 用计算机直连控制器或传感终端，看是否能查看到数据。

⑥ 更换控制器或传感器。

## 6.2.3 常见硬件故障

硬件故障是指系统的硬件，如元器件、集成电路、相关设备等发生实质性的故障。

物联网终端设备硬件故障主要集中在以下几个方面。

① 设备电源故障。

② 设备间连线故障。

③ 设备通信接口故障。

④ 设备长时间工作产生的老化故障。

⑤ 受外力影响产生的设备故障。

在实验过程中，硬件故障基本包括以下几点。

① 设备供电故障。

② 设备连线错误。

## 6.2.4 系统故障维护单

系统故障维护单的作用是记录客户的故障信息，同时也是考核维护人员的工作情况记录单。维护人员通过系统故障维护单获取客户的基本信息和故障情况，携带所需要的设备和工具前往维护。系统故障维护单中的处理结果一栏是公司用于约束维护人员严格遵守职业操守的。表 6-2-1 是一份系统故障维护单样本。

**表 6-2-1　系统故障维护单**

<table>
<tr><td colspan="4">系统故障维护单</td></tr>
<tr><td>客户名称</td><td>杭州市西湖区马尚送公司</td><td>报修时间</td><td>2022/12/2</td></tr>
<tr><td>客户联系人</td><td>蔡菜工程师</td><td>联系电话</td><td>136703333066</td></tr>
<tr><td>产品名称</td><td colspan="3">分拣管理系统</td></tr>
<tr><td>维护性质</td><td colspan="3">√保修期内　□保修期外　□人为损坏　□不可抗拒损坏　□其他</td></tr>
<tr><td>设备/故障点名称</td><td>故障现象</td><td colspan="2">初步诊断原因</td></tr>
<tr><td>仪表板</td><td>无法控制报警灯亮灭工作</td><td colspan="2">T0222 设备网口故障</td></tr>
<tr><td></td><td></td><td colspan="2"></td></tr>
<tr><td></td><td></td><td colspan="2"></td></tr>
<tr><td>处理结果</td><td colspan="3">更换 T0222 设备</td></tr>
<tr><td rowspan="4">客户评价</td><td colspan="3">工作态度：　√非常满意　□满意　□不满意</td></tr>
<tr><td colspan="3">工作效率：　√非常满意　□满意　□不满意</td></tr>
<tr><td colspan="3">完成维护时间：　2022/2/2</td></tr>
<tr><td colspan="3">故障解决情况及建议<br>完美解决故障<br><br>客户负责人：李四</td></tr>
</table>

客户名称、报修时间、客户联系人、联系电话、项目名称、维护性质、设备/故障点名称、

故障现象、初步诊断原因：这些信息由技术服务人员填写。技术服务人员主要负责对故障进行初步判断，确认是否有必要前往现场维护，一般由负责该区域的售后技术人员或区域负责人负责。

处理结果：由前往现场处理故障的售后技术人员负责填写。

客户评价：由客户负责填写。

## 【任务实施】

任务实施前必须先准备好以下设备和资源。

| 序　　号 | 设备/资源名称 | 数　　量 | 是否准备到位（√） |
|---|---|---|---|
| 1 | 路由器 | 1 个 | |
| 2 | 交换机 | 1 个 | |
| 3 | T0222 采集控制器 | 1 个 | |
| 4 | 物联网中心网关 | 1 个 | |
| 5 | 串口服务器 | 1 个 | |
| 6 | 4150 采集控制器 | 1 个 | |
| 7 | 报警灯 | 1 个 | |
| 8 | 限位开关 | 1 个 | |
| 9 | 分拣管理系统项目巡检记录表 | 1 份 | |
| 10 | 耗材 | 1 份 | |

### 1．准备硬件环境

此次任务是在任务一的基础上进行故障定位操作的，所以需要确认硬件环境的安装和连接如图 6-2-3 所示。

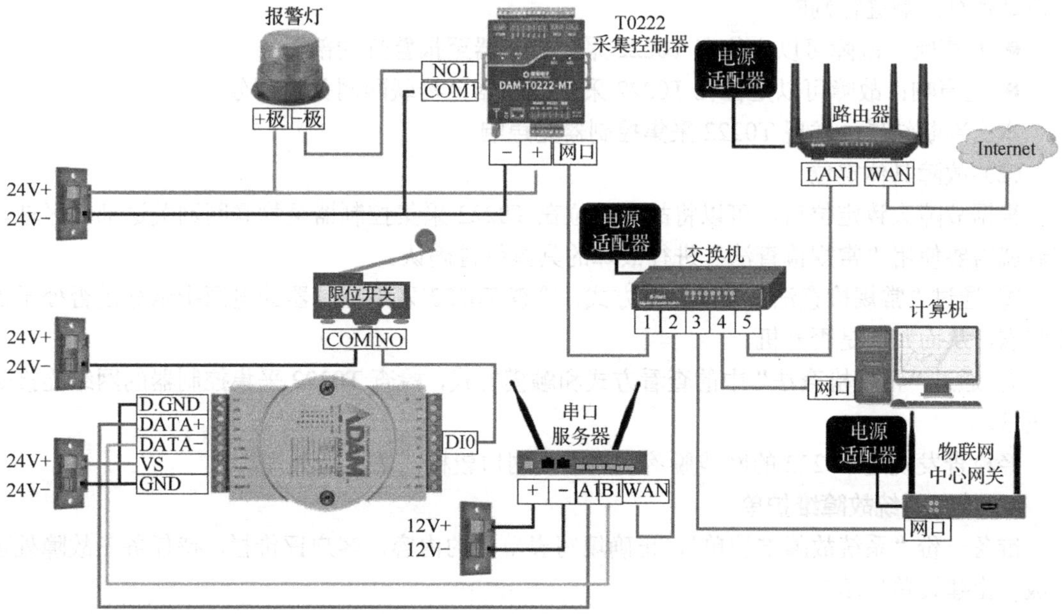


图 6-2-3　分拣管理系统运行监控连接图

2. 实现故障

本次任务的故障现象是仪表板无法控制报警灯亮灭。经过排查最后发现是 T0222 网口的网线脱落造成的，如图 6-2-4 所示。

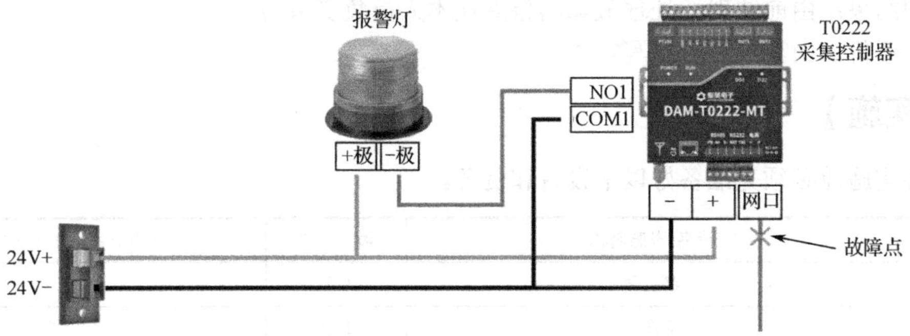


图 6-2-4 T0222 故障点设置

下一步，讲解故障的定位过程。

3. 定位故障

（1）故障大致定位

故障排查的方式很多，本次任务以“分析缩减法”为例讲解故障的排查定位。

按以下方式确认故障的大致位置。

① 确认物联网网关的数据监测界面是否可以控制报警灯亮灭。

- 正常：故障可以定位在物联网网关至仪表板的部分。
- 异常：故障可以定位在物联网网关至报警灯的部分。

本次判断结果：发现物联网网关的数据监测界面功能异常，无法控制报警灯亮灭。

② 确认 T0222 采集控制器能否正常接收物联网网关的控制指令，可以通过 T0222 的输出口是否有声响进行判断。

- 有声响：故障可以定位在 T0222 采集控制器至报警灯的部分。
- 无声响：故障可以定位在 T0222 采集控制器至物联网网关的部分。

本次判断结果：发现 T0222 采集控制器无声响。

（2）故障具体定位

根据故障大致定位后，可以将故障定位在 T0222 采集控制器至物联网网关这部分区域，接着就需要使用“常规检查法”进行故障的具体位置确认。

① 通过“常规检查法”中的查看方式，检查 T0222 采集控制器的电源指示灯是否处于点亮状态，从而判断是否开机。

② 通过“常规检查法”中的查看方式和触摸方式，检查 T0222 采集控制器的网络连接是否正常。

经检查发现是 T0222 的网线脱落，原因是网口较松，需上门处理。

4. 填写系统故障维护单

准备一份“系统故障维护单”，正确填写表单中的内容。客户评价栏，待任务三故障处理完成后由建设单位填写。

## 【任务小结】

本次任务的相关知识小结思维导图如图 6-2-5 所示。

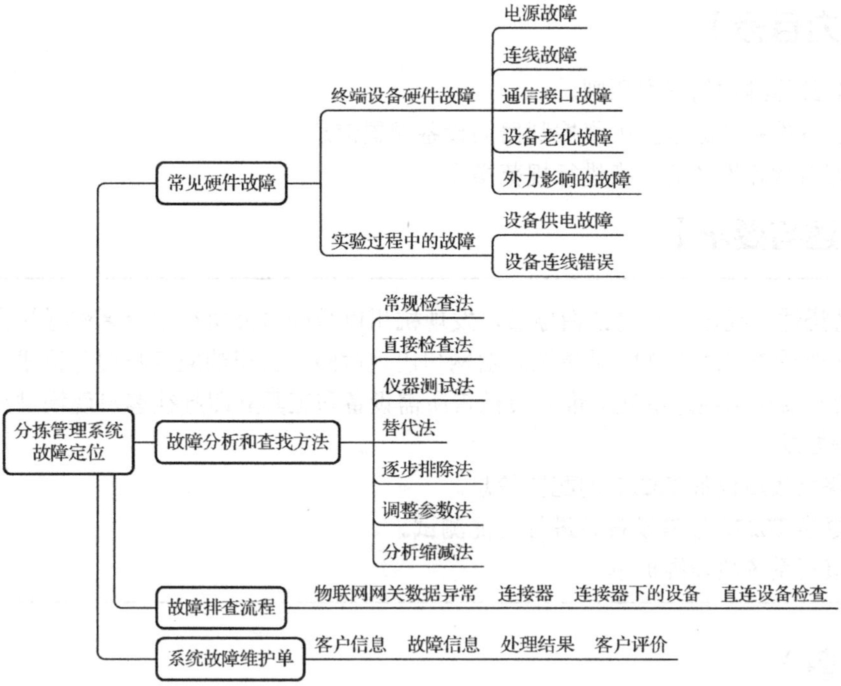


图 6-2-5　任务 2 分拣管理系统故障定位思维导图

## 【任务工单】

完整工单存放在本书配套资源中，不在书中体现。

<table>
<tr><td>项目 6：智慧仓储—分拣管理系统运行与维护</td><td>任务 2：分拣管理系统故障定位</td></tr>
<tr><td colspan="2">本次任务关键知识引导<br>1.（　　　　）是指系统的硬件，如元器件、集成电路、相关设备等发生实质性的故障。<br>2．在运维过程中，能够由运维部门处理的硬件设备主要是本地的（　　　　　　　　）和（　　　　　　　）。<br>3．故障分析和查找的方法有（　　　　　　　　）、（　　　　　　　　）、（　　　　　　　）、（　　　　　　　　）、（　　　　　　　　）、（　　　　　　　　）和（　　　　　　　　）。<br>4．物联网应用系统中的核心设备是（　　　　　　　）。<br>5．系统故障维护单的作用是记录客户的（　　　　　　　　），同时也是（　　　　）维护人员的工作情况记录单。<br>6．系统故障维护单中客户名称、客户联系电话的信息由（　　　　　）填写，处理结果由（　　　　　　）填写，客户评价由（　　　　　　　　）填写。<br>7．维护人员可以通过系统故障维护单获取客户的（　　　　　　　）和（　　　　　　）等信息。</td></tr>
</table>

# 任务 3　分拣管理系统故障处理

## 【职业能力目标】

- 了解故障维护的基本原则。
- 能够备份和还原数据采集控制器的设备配置信息。
- 能够对故障设备的更换进行规范操作。

## 【任务描述与要求】

**任务描述**：经过远程电话指导后，发现杭州市马尚送公司在丰台区配送站安装的一套分拣管理系统中的 T0222 采集控制器网口出现故障。公司响应客户服务需求，不拖泥带水，及时安排当地办事处运维人员携带所需设备和工具立即赶往客户现场进行处理。

**任务要求**：

- 获取故障设备 T0222 的配置信息。
- 更换 T0222 故障设备并进行功能测试。
- 填写系统故障维护单。

## 【知识储备】

### 6.3.1　故障产生的原因

物联网系统出现故障主要有四点原因：外部因素、工程问题、系统原因和操作不当（图 6-3-1）。

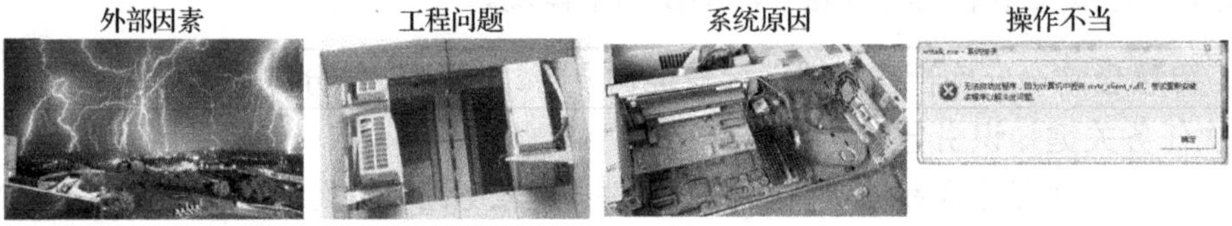


图 6-3-1　造成设备故障的主要原因

**1．外部因素**

外部因素是指除系统自身以外导致系统故障的因素，包括：

① 电源故障，如设备掉电，供电电压过高或过低。

② 通信故障，如通信线路性能劣化、损耗过高，线路损断，插头接触不良。

③ 环境劣化，如雷击、电磁干扰等。

④ 恶意攻击，如病毒、黑客入侵等造成数据异常。

**2．工程问题**

工程问题一般是指工程施工中的不规范或工程质量不过关等原因造成的设备故障。这种类型的问题有的会在工程施工期间就暴露出来，有的可能会在设备运行一段时间后或在某些外因的作用下才暴露出来，所以工程施工一定要遵循工程的施工规范。

工程施工规范是根据工程的自身特点，并结合一些经验教训的基础上总结出来的规范性说明文件，所以，严格按照工程规范施工安装，认真细致地按规范要求进行系统的调试和测试，是防止此类问题出现的有效手段。

**3．系统原因**

系统原因指的是系统本身的原因引发的故障，系统在运行较长的时间后，因软件开发不合理或设备电路板老化出现的损坏，这种故障的特点是：系统已经使用较长的时间，在故障出现之前系统基本能正常使用，出现故障时，系统中的某些功能异常，或在某些外因的作用下出现性能异常现象。

**4．操作不当**

操作不当指的是维护人员对物联网系统的了解不够深入，做出错误的判断和操作，从而导致物联网系统故障。在物联网系统故障维护工作中，若维护人员不是非常清楚新旧设备或软件版本之间的差异，最容易出现操作不当导致的故障，如改网、升级、扩容时，出现新旧设备或软件混用、新旧版本混用，而引发的兼容性或电性能故障。

## 6.3.2　故障排除原则

故障排查应遵循两个基本原则。

**1．维护顺序原则**

应遵循先抢通，后修复；先核心，后边缘；先本端，后对端；先网内，后网外；先软件，后硬件，分故障等级进行处理。

（1）先抢通，后修复

抢通指的是保证系统能用，修复是指彻底找到故障原因。所以故障抢通要比修复容易，所耗的时间也较短。在遇到大型故障时，都是要求先保证系统能正常使用，再慢慢修复故障，例如：移动通信出现故障时，都是要求先保证电话能打，不要影响 110、119、120 这些急救电话的使用后，再对故障原因进行排查。

（2）先核心，后边缘

核心指的是关键设备，在物联网中常见的核心设备是物联网网关、采集器、路由器等设备，不同故障情况下核心设备是不一样的，通常要根据实际故障情况判断核心设备。边缘指的是传感器、执行终端这些末端设备。在一个物联网应用系统中一个核心设备底下通常会连接有多个设备，所以一旦核心设备出现故障，就会造成大面积的系统故障。

（3）先网内，后网外

网内指的是故障所在的局域网或传感网范围，网外指的是不在故障所在的网络范围内。由于网内的面积和距离较近，所以对于故障处理来说相对容易接触到，网外需要涉及到其他设备，有时还需要联系相关设备管理员才能进行处理，较为麻烦。对于故障的原因来说，90%的故障原因都是在网内。

（4）先软件，后硬件

一般情况下，软件故障相对更容易处理一些，所以排除故障应遵循先软后硬的原则，首先通过检测软件或工具软件排除软件故障的可能，然后再检查硬件故障。

**2．维护方法原则**

在排除故障时，维护人员应该遵循的方法是一查、二问、三思、四动的原则，如图 6-3-2 所示。

图 6-3-2　维护方法四原则

（1）查

查就是查看，维护人员到达现场后，首先应该再仔细查看故障现象，包括系统的故障点、故障表现、严重程度、危害程度等。只有对故障现场进行全面了解后，才能发现故障的本质。有些时候报修时的故障现象会和现场维护时的故障现象不一致，这是由于故障具有扩展性的特点。

（2）问

问就是询问，观察完故障现象后，应询问现场技术人员，有没有直接原因或间接原因造成此故障，比如：修改数据、删除文件、停电、雷击等情况，也需要询问在什么情况下和操作下发现故障，这有助于后续分析和找出故障原因。

（3）思

思就是思考，根据现场查看的故障现象和询问的结果，结合自己的知识进行分析，进行故障定位，判断故障点和故障原因。

（4）动

动就是动手，通过前面的查看、询问和思考后，确定了故障的大致位置，下一步就是采取适当的操作来最终确定故障位置，并动手排除。

## 6.3.3　故障排查方法

故障排查就是找出系统中让系统丧失或降低其规定的功能及不能继续运行的现象的原因（图 6-3-3）。常见的故障排查方法有：①先机械，后电路；②先简单，后复杂；③先外部调试，后内部处理；④先静态测试，后动态测量；⑤先公用电路，后专用电路；⑥先检修通病，后攻疑难杂症。

图 6-3-3　故障排查

（1）先机械，后电路

电气设备都以电气—机械原理为基础，特别是机电一体化的先进设备，机械和电气在功能上有机配合，是一个整体的两个方面。往往机械部件出现故障，影响了电气系统，许多电气部件的功能就不起作用了。

因此不要被表面现象迷惑，应透过现象看本质，电气系统出现故障并不全部都是电气本身的问题，有可能是机械部件发生故障引起的。所以先检修机械系统所产生的故障，再排除电气部分的故障，往往会收到事半功倍的效果。

（2）先简单，后复杂

此方法包含有两层含义：一是检修故障时，要先用最简单易行、检修人员最拿手的方法去处理，然后再用复杂、精确的或是自己不熟悉的方法。二是排除故障时，先排除直观、显而易见、简单常见的故障，后排除难度较高、没有处理过的疑难故障。简言之，先易后难。

（3）先外部调试，后内部处理

外部是指暴露在电气设备外壳或密封件外部的各种开关、按钮、插口及指示灯；内部是指在电气设备外壳或密封件内部的印刷电路板、元器件及各种连接导线。

先外部调试，后内部处理，就是在不拆卸电气设备的情况下利用电气设备面板上的开关、按钮、旋钮、插口等调试检查，缩小故障范围。首先排除电气设备外部部件所引起的故障. 再检修设备内部的故障，尽量避免不必要的拆卸。

（4）先静态测试，后动态测量

静态是指发生故障后，在不通电的情况下，对电气设备进行检修；动态是指电气设备通电后对电气设备的检修。大多数电气设备发生故障后检修时，不能立即通电，如果通电的话，可能会人为地扩大故障范围，损毁更多的元器件，造成不应该的损失。因此，在故障电气设备通电前先进行电阻的测量，采取必要的预防措施后，方可通电检修。

（5）先公用电路，后专用电路

任何电气设备的公用电路出故障，其能量、信息就无法传送，分配到各具体电路、专用电路的功能、性能就不起作用。如果一个电气设备的电源部分出了故障，整个系统就无法正常运行，向各种专用电路传递的能量、信息就不可能实现。因此只有遵循先公用电路，后专用电路的顺序，才能快速、准确无误地排除电气设备的故障。

（6）先检修通病，后攻疑难杂症

电气设备经常容易产生相同类型的故障，这就是通病。由于通病比较常见，处理的次数和排除的办法较多，积累的经验较丰富，因此可以快速地排除，这样可以集中精力和时间排除比较少见、难度高、古怪的疑难杂症，简化步骤，缩小范围，有的放矢，提高检修速度。

在物联网系统故障中正确使用指令可以很好地帮助故障的排查和定位。故障排除常用的指令有：ping 指令和 ipconfig 指令。

① ping 指令。可以用 ping 指令来测试网络连通情况。具体操作是在 Window 系统中打开命令提示符窗口（即 CMD），在窗口中输入“ping+空格+对方的 IP 地址”即可。

② ipconfig 指令。该指令可以用于查看本机的 IP 配置信息，无论计算机 IP 是静态 IP 配置还是自动获取配置，都可以通过该指令来查看 IP 地址信息，如图 6-3-4 所示。

根据 ipconfig 指令所获取的数据可知，计算机不仅安装有虚拟网卡，也就是安装了虚拟机 Virtualbox，同时还使用了无线网卡进行联网，计算机上还配置有蓝牙通信模块。这时计算机的无线网络连接所获取的 IP 地址是 192.168.2.103/24。

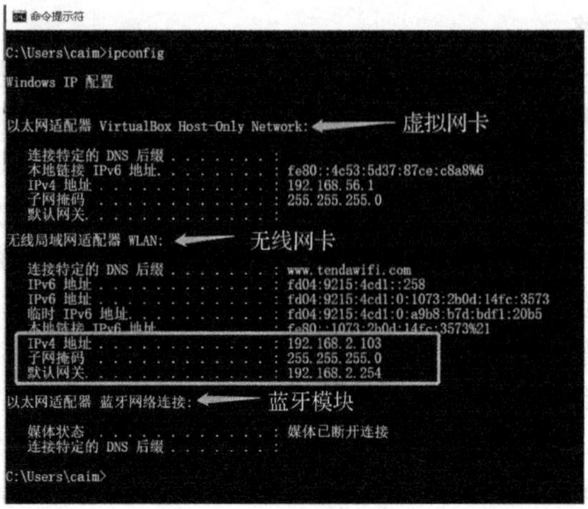


图 6-3-4　ipconfig 结果

### 6.3.4　故障处理注意事项

物联网系统故障处理时需要注意的事项是：

① 面对故障现象不要慌乱，保持头脑清醒，冷静地判断问题。

② 需带着不找到问题原因不离开的心态进行处理问题，不能只是解决了故障就离开，这样容易造成故障重现。

③ 不要过高估计问题的复杂性，要从软到硬，从最简单的情况入手。

④ 要仔细考察故障发生前的系统变动，故障中有 90%的可能性是由最后这一次的软件或硬件变化引起的。

⑤ 及时保存用户配置数据，故障处理完成后，需要将用户数据还原回去。

⑥ 故障处理完成后，需要等待系统运行一段时间，确保故障不再重现或无新故障后方可离去。

## 【任务实施】

任务实施前必须先准备好以下设备和资源。

| 序　号 | 设备/资源名称 | 数　量 | 是否准备到位（√） |
| --- | --- | --- | --- |
| 1 | 路由器 | 1 个 | |
| 2 | 交换机 | 1 个 | |
| 3 | T0222 采集控制器 | 1 个 | |
| 4 | 物联网中心网关 | 1 个 | |
| 5 | 串口服务器 | 1 个 | |
| 6 | 4150 采集控制器 | 1 个 | |
| 7 | 报警灯 | 1 个 | |
| 8 | 限位开关 | 1 个 | |
| 9 | 分拣管理系统项目巡检记录表 | 1 份 | |
| 10 | 耗材 | 1 份 | |

### 1．准备硬件环境

此次任务是在任务 2 的基础上进行故障处理操作，所以需要确认硬件环境的安装和连接如图 6-3-5 所示。

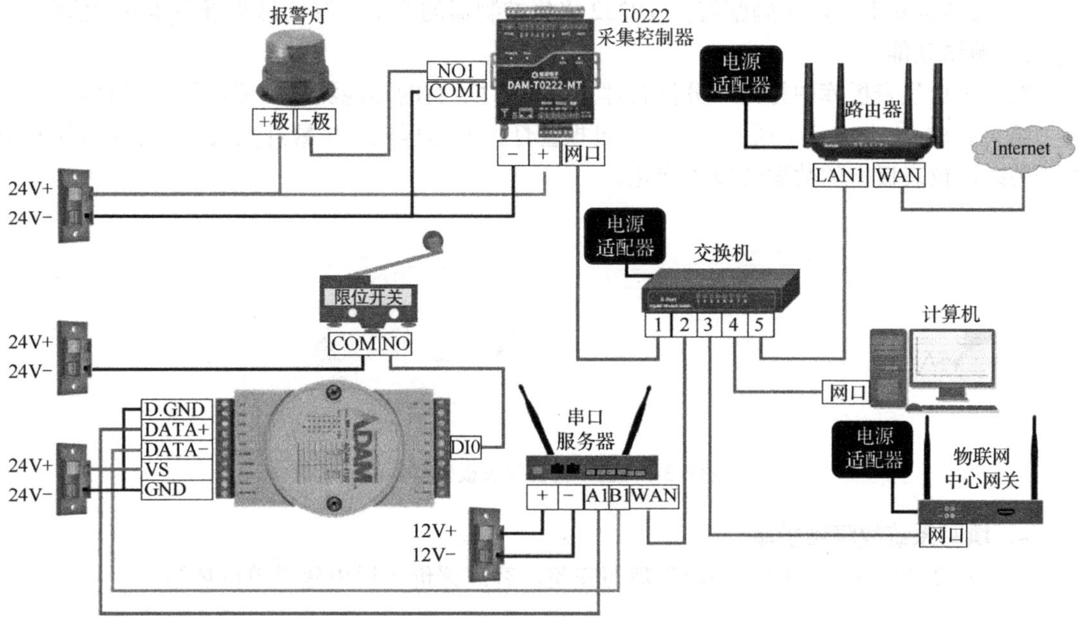


图 6-3-5　分拣管理系统接线图

### 2．处理故障

本次任务的故障是 T0222 采集控制器网口松动，需要更换 T0222 采集控制器。更换 T0222 采集控制器需要先保存 T0222 采集控制器的配置信息。

（1）获取 T0222 采集控制器配置信息

① 使用 ipconfig 指令获取计算机 IP 地址。

② 打开 T0222 中以太网配置软件，完成设备 IP 搜索，如图 6-3-6 所示，记录下网络配置信息和服务器端口信息。

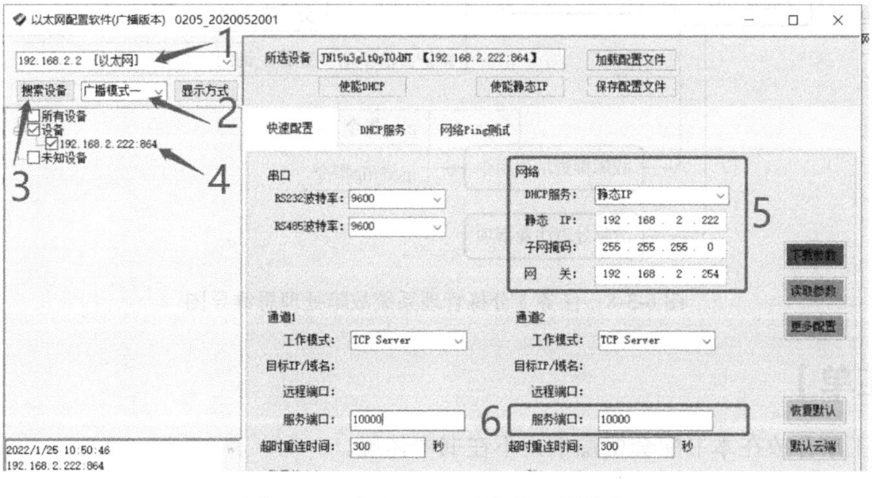


图 6-3-6　读取 T0222 设备的配置信息

（2）更换 T0222 采集控制器

① 断电状态下，拆除故障的 T0222 采集控制器设备，取一个无故障的 T0222 采集控制器设备，按原采集控制器的安装方式安装回原位置。

② 设备重新上电，正确配置回 T0222 采集控制器的网络配置信息和服务器端口信息。

**3．测试功能**

在云平台仪表板库中打开“分拣管理系统”。对所有的功能测试一遍，防止新故障产生。

结果要求：如图 6-3-7 所示，可以通过报警灯按键远程控制报警灯亮灭，并能实现触碰限位开关时，仪表板上的数据会发生变化。

图 6-3-7　云平台的仪表板数据界面

**4．填写系统故障维护单**

将任务 2 中“系统故障维护单”填写完整，客户评价一栏由建设单位填写。

## 【任务小结】

本次任务的相关知识小结思维导图如图 6-3-8 所示。

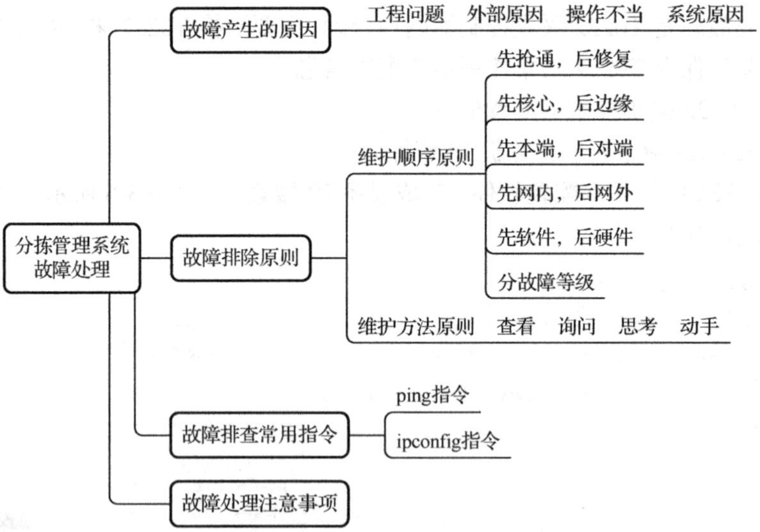


图 6-3-8　任务 3 分拣管理系统故障处理思维导图

## 【任务工单】

完整工单存放在本书配套资源中，不在书中体现。

| 项目 6：智慧仓储—分拣管理系统运行与维护 | 任务 3：分拣管理系统故障处理 |
|---|---|

**本次任务关键知识引导**

1．造成物联网系统出现故障的主要原因有（　　　　　　）、（　　　　　　）、（　　　　　　）和（　　　　　　）。

2．故障维护顺序应遵循先抢通，后（　　　　　　）；先核心，后（　　　　　　）；先本端，后（　　　　　　），分故障等级进行处理。

3．在排除故障时，维护人员应该遵循一（　　）、二（　　）、三（　　）、四（　　）的原则。

4．可以用（　　　　　　）指令来测试网络连通情况，可以用（　　　　　　）指令查看本机计算机的 IP 配置信息。

5．ping 指令，返回的数据中“TTL 值=64”表示对方是（　　　　　　）系统，“TTL 值=128”表示对方是（　　　　　　）系统。

6．故障处理时需要及时保存（　　　　　　）数据，故障处理完成后，需要将（　　　　　　）还原回去。

7．故障处理完成后，需要等待系统运行一段时间，确保故障（　　　　　　）或无新故障后方可离去。

8．下列哪个 ping 指令是正确的（　　）。

A．ping192.168.2.2　　　　B．ping 192.168.2.2/24

C．ping 192.168.2.2　　　　D．ping+192.168.2.2